WIRKLICHKEIT

»Der Arbeiter ist nicht der gleichberechtigte Teilhaber des Arbeitgebers …,
er ist dessen Untergebener, dem er Gehorsam schuldig ist …«

Denkschrift des Centralverbands deutscher Industrieller, 1887

»Die Demokratisierung der Wirtschaft ist so unsinnig wie eine Demokratisierung der Schulen, der Kasernen oder der Zuchthäuser.«

Industriekurier im Oktober 1965

»Mitbestimmung im Aufsichtsrat war ein Irrtum der Geschichte.«

Michael Rogowski, ehemaliger Präsident des Bundesverbands der
deutschen Industrie, 2004

VISION

»Das Maß der Wirtschaft ist der Mensch.«

Wilhelm Röpke, 1937

»Mitbestimmung im Arbeits- und Wirtschaftsprozess ist … wesentlich für
die Demokratisierung der Wirtschafts- und Gesellschaftsordnung.«

Erklärung des DGB zur Montan-Mitbestimmung vom
3. Dezember 1980

»Kreuzigen wird man dich! Naiver, träumender Adam. Wer gegen die Hydra
der menschlichen Natur kämpft, muß dafür mit unendlichem Leid bezahlen,
u. seine Familie bezahlt mit ihm! Erst wenn du deinen letzten Atemzug
getan hast, wirst du begreifen, das dein Leben nicht mehr gewesen ist als
ein Tropfen in einem grenzenlosen Ocean!«
»Was aber ist ein Ocean anderes als eine Vielzahl von Tropfen?«

David Mitchell, *Der Wolkenatlas*, 2006

Andreas Zeuch

ALLE MACHT FÜR NIEMAND

Aufbruch der Unternehmensdemokraten

MURMANN PUBLISHERS

Bibliografische Information der Deutschen Nationalbibliothek
Die Deutsche Nationalbibliothek verzeichnet diese Publikation in
der Deutschen Nationalbibliografie; detaillierte bibliografische
Daten sind im Internet über http://dnb.d-nb.de abrufbar.

Druck und Bindung: Steinmeier GmbH & Co.KG, Deiningen
Printed in Germany

ISBN 978-3-86774-475-1

Besuchen Sie uns im Internet: www.murmann-publishers.de
Ihre Meinung zu diesem Buch interessiert uns!
Zuschriften bitte an info@murmann-publishers.de
Den Newsletter des Murmann Verlages können Sie anfordern unter
newsletter@murmann-publishers.de

Die Website zum Buch mit fortlaufenden aktuellen Beiträgen, Diskussionen und weiteren Fallbeispielen:

www.unternehmensdemokraten.de

Vorwort

Dies ist die konsequente Weiterentwicklung meiner bisherigen konzeptuellen Arbeit im Rahmen professioneller Intuition. Bislang hatte ich fünf Prinzipien einer effektiven EntscheidungsKultur herausgearbeitet: Selbstorganisation, Anfängergeist, Möglichkeitsräume, Fehlerfreundlichkeit und Vertrauen. Mittlerweile ist auch noch das Prinzip der Sinnkopplung hinzugekommen.

In meiner täglichen Arbeit als selbständiger Unternehmensberater, Trainer und Redner wurde ich zunehmend mit dem Thema Selbstorganisation konfrontiert. Schließlich ist es erstens nur dann sinnvoll, intuitiv-emotionale Aspekte in operative, taktische und strategische Entscheidungen miteinzubeziehen, wenn dies auch Teil der EntscheidungsKultur ist. Das setzt ein gewisses Maß an Selbstorganisation und Mitbestimmung voraus. Zweitens wurde mir mit den Jahren klar, dass es eine weitreichende Gemeinsamkeit zwischen intuitiven Entscheidungsprozessen und unternehmerischer Selbstorganisation gibt: Intuition ist informationelle Selbstorganisation. Es gibt keinen Geschäftsführer oder Vorstandsvorsitzenden in unserem Gehirn, der die alleinige Entscheidungsmacht innehat. So setzt der erfolgreiche Einsatz intuitiv-emotionaler Prozesse bei der Entscheidungsfindung auch eine unternehmerische Selbstorganisation voraus. Führungskräfte und Mitarbeiter, die das große Potenzial intuitiver Entscheidungsfindung nutzen wollen, müssen ein gerütteltes Maß an Eigenverantwortung zugebilligt bekommen. Das führte mich zu einer zentralen Frage:

Wieso macht die Demokratie vor den Toren der Arbeitswelt halt?

Für viele ist Demokratie gut und richtig, sie ist in Verfassungen und Grundgesetzen festgeschrieben. Sie gilt aber plötzlich nicht mehr, sobald man als Arbeitnehmer, egal ob Führungskraft oder Mitarbeiter, die Räume des Arbeitgebers betritt. Dann herrschen Bedingungen, die nur noch entfernt demokratisch sind. Am augenfälligsten wird dies, wenn man sich vergegenwärtigt, wie das Topmanagement an die Macht gelangt. Es ist ein autokratisches Vorgehen: Die Führungsspitze entscheidet alleine, ohne Mitbestimmung und Einverständnis der breiten Masse der Belegschaft, wer in Zukunft regiert. Würden wir dies in unserer Gesellschaft akzeptieren?

Als ich das bei Vorträgen, Seminaren und Workshops zunehmend ansprach, kam es überwiegend zu ähnlichen Reaktionen: »Ein Unternehmen ist keine demokratische Veranstaltung«, hieß es dann oder, noch beliebter: »Wir brauchen nicht nur Häuptlinge, sondern auch Indianer.« An diesen Glaubenssätzen gegen mehr Selbstorganisation, Mitbestimmung und Demokratie am Arbeitsplatz war auch dann nicht zu rütteln, wenn ich über erfolgreiche Fallbeispiele berichtete. So entstand die Idee zu diesem Buch: Erstens das Für und Wider der Demokratisierung kritisch zu reflektieren und zweitens verdichtet und ausführlicher als andernorts weitere Fallbeispiele erfolgreicher Unternehmensdemokratie vorzustellen. Das Ziel ist dabei, andere zu inspirieren und Mut zu machen, um sich selbst auf den Weg der Demokratisierung zu begeben.

Auch auf die Gefahr hin, als naiver, träumender Adam dazustehen: Ich spüre die Natur des Ozeans und träume von einer Welt, in der wir auch unsere Arbeit demokratisch gestalten und leben. Ich glaube daran, dass dies eine Welt wäre, in der für uns alle viel mehr möglich werden würde, als wir bisher erreicht haben.

St.-Légier-la-Chiésaz

TEIL 1_ PROVOKATION

Überblick

In diesem ersten Teil entsteht peu à peu ein Bezugssystem zur Entwicklung und Pflege von Unternehmensdemokratie. Der naheliegende Anfang besteht darin, bei der gängigen unternehmerischen Priorisierung zu beginnen: Wirtschaftlichkeit. Unternehmen waren bislang so gut wie nie demokratische Veranstaltungen aufgrund der kritischen Annahme, dass sich eine weitreichende Beteiligung der Belegschaft an der Steuerung und Gestaltung eines Unternehmens negativ auf die Wirtschaftlichkeit auswirkt. Zahlen, Daten und Fakten sprechen jedoch eine andere Sprache. Empirische Studien verdeutlichen den Zusammenhang mangelnder Mitbestimmung und daraus entstehender Kosten und nicht realisierter Gewinne. Die ökonomische Perspektive ist der erste Bezugspunkt.

Aber es geht, und das liegt mir besonders am Herzen, um weitaus mehr als nur den ökonomischen Zugewinn. Unternehmen sind keine Maschinen zur Gewinnmaximierung. Es sind soziale Systeme, getragen von Menschen für Menschen. Genau deshalb geht es auch darum, eine Arbeitswelt zu schaffen, in der die tägliche Arbeit (mehr) Spaß macht und als sinnvoll erlebt wird. Dazu bedarf es einer Auseinandersetzung mit den weiteren gängigen Argumenten gegen eine Demokratisierung. Denn die basieren größtenteils auf einem ebenso negativen wie fragwürdigen Menschenbild. Was bleibt bei genauerer Betrachtung eigentlich übrig von diesen Argumenten? Die menschliche Seite ist der zweite Bezugspunkt.

Des Weiteren sind alle Unternehmen ein Teil unserer demokratischen Gesellschaft. Deshalb stellt sich die Frage, warum Unternehmen in mancherlei Hinsicht eine demokratiefreie Zone sind. Wäre es aus gesellschaftlicher Sicht nicht sinnvoll, wenn unsere Unternehmen ebenfalls demokratische Werte vertreten und im Innenverhältnis verwirklichen würden? Was würde es in der Gesellschaft bewirken, wenn das der Fall wäre? Die Verankerung der Unternehmen in einer demokratischen Gesellschaft ist der dritte Bezugspunkt.

Letztlich stellt sich im Übergang zu den Fallbeispielen die Frage: Was genau ist eigentlich »Unternehmensdemokratie«? Welche vergleichbaren Begriffe und Konzepte gibt es? Welche Ausprägungen von Unternehmensdemokratie lassen sich beschreiben? Wo sind die im zweiten Teil beschriebenen Unternehmen einzuordnen? Dies ist deshalb wichtig, weil der Begriff und das damit verbundene Konzept der Unternehmensdemokratie noch äußerst unscharf sind. Mit einer passenden Landkarte lässt es sich besser durch unbekanntes Gebiet navigieren als ohne. Ein schlüssiges begriffliches Verständnis ist der vierte und letzte Bezugspunkt.

Mehr Wert!

In diesem Kapitel erfahren Sie
- was unsere Wirtschaft die Folgen der Demotivation infolge mangelnder Mitbestimmung kosten,
- welche Zusammenhänge zwischen mangelnder Mitbestimmung und Motivation bestehen,
- welche Studien dazu welche Ergebnisse aufführen und wie sie sich ergänzend lesen lassen.

1 306 900 000 000

Rund 1,3 Billionen Euro. Und zwar in einem Zeitraum von 13 Jahren zwischen 2001 und 2013.

Das ist die Summe, die deutschen Unternehmen und damit unserer Gesellschaft verloren gegangen ist. Wodurch? Durch mangelhafte Motivation der Mitarbeiter und Führungskräfte. Es ist die aufaddierte Summe der einzelnen Jahresverluste, die das Marktforschungs- und Beratungsunternehmen Gallup seit 2009 jährlich in Deutschland errechnet hat.

Gallup Engagement Index

Das Unternehmen stellt mit seinem Index fest, wie viele der Angestellten eine hohe, geringe oder keine emotionale Bindung an den Arbeitgeber aufweisen. Angestellte mit einer geringen emotionalen Bindung schieben in der Gallup-Formulierung »Dienst nach Vorschrift«, während die Angestellten mit keiner emotionalen Bindung bereits in der »innerlichen Kündigung« sind. Im Durchschnitt des betrachteten Zeitraums befinden sich fast 20 Prozent in der inneren Kündigung, knapp 62 Prozent schieben Dienst nach Vorschrift, und lediglich runde 14 Prozent gehen in ihrer Arbeit auf. So weit die erste Feststellung. Im Folgenden eine kurze Erläuterung, wie Gallup die Kosten der mangelnden Mitbestimmung errechnet hat und wie ich diese Daten hochgerechnet habe.

Zunächst zur Berechnung der jährlichen Verluste von 2009 bis 2013: Gallup hat eine konservative Rechnung aufgestellt, die vereinfacht[1] so dargestellt werden kann: Die jährlichen Kosten, die durch Fehlzeiten und Fluktuationen zustande kamen, wurden addiert. Dabei diente jeweils die Selbstauskunft der befragten Teilnehmer als Grundlage. Es ist also durchaus denkbar, dass längst nicht alle Personen die tatsächliche Höhe der Fehlzeiten und Fluktuationsneigung angegeben, sondern diese stattdessen geschönt haben.

Der zweite Teil der Bemessungsgrundlage waren unter anderem Daten des Statistischen Bundesamtes. Auf diesem Wege konnten die Fehlzeiten berechnet werden. Die Fluktuationskosten wurden auf Grundlage der Selbstauskunft der Teilnehmer plausibel geschätzt, unter anderem durch Beantwortung der Frage, ob sie »beabsichtigen, heute in einem Jahr noch bei meiner derzeitigen Firma zu sein«. Logischerweise ist der Anteil derjenigen, die dieser Aussage bedingungslos widersprechen, bei den Mitarbeitern, die Dienst nach Vorschrift schieben oder sogar innerlich gekündigt haben, deutlich höher als bei denjenigen, die sich ihrem Arbeitgeber positiv emotional verbunden fühlen. Wer einen guten Arbeitsplatz hat und seinen Arbeitgeber schätzt, wird nicht aus Unzufriedenheit kündigen, sondern eher anderen von seinem guten Arbeitgeber berichten.

Nun ließe sich zu Recht einwenden, dass sich aus dem eben erläuterten Vorgehen keine genauen Daten ableiten lassen. Deshalb hat Gallup auch stets einen Rahmen für den bezifferten Schaden angegeben, so zum Beispiel für das Jahr 2013 zwischen 98,5 und 118,4 Milliarden Euro.

Jetzt zu meiner Berechnung: Ich habe für alle Jahre, in denen Gallup den Schaden berechnet hat, immer nur die *untere* Grenze herangezogen. Basierend auf diesen Zahlen habe ich den Jahresdurchschnitt von 2009 bis 2013 ermittelt und bin bei rund 109 Milliarden gelandet. Diesen Betrag habe ich großzügig auf 100 Milliarden eingedampft. Für 2005 bis 2008, die Jahre ohne Gallup-Berechnung, habe ich den Jahresdurchschnitt von 100 Milliarden zugrunde gelegt und für 2001 bis 2004 nochmals einen reduzierten Betrag von 90 Milliarden angenommen. Das ergibt die Summe von gut 1,3 Billionen Euro.

Ist das eine Milchmädchenrechnung? Ja – und zwar zugunsten der Verschwendung infolge mangelnder Mitbestimmung. Hätte ich die *oberen* Grenzwerte von Gallup genommen, könnten sich die Kosten für die berechneten 13 Jahre auf gut 1,5 Billionen und mehr aufsummieren. Das bedeutet eine Differenz von 200 Milliarden Euro. Bei alldem ist vor allem eines in Rechnung zu stellen: Gallup hat mit seriöser Vorsicht und Umsicht nur das berechnet, was sich auch einigermaßen beziffern lässt. Dabei hat die Demotivation noch wesentlich weiter reichende negative Auswirkungen. Es dürfte kaum an den Haaren herbeigezogen sein, wenn wir folgende weitere Aspekte annehmen, die zusätzliche Kosten beziehungsweise Verluste über die Fehlzeiten und Fluktuation hinaus hervorrufen:

- verminderte Produktivität,
- erhöhte Fehleranzahl mit entsprechenden Reklamationen,
- mangelnde Kreativität,
- geringere Innovationskraft,
- schlechte Mund-zu-Mund-Propaganda,
- Sabotage,
- Veruntreuung,
- Diebstahl.

Jetzt stellt sich eine entscheidende Frage: Was sind denn überhaupt die Ursachen für die katastrophale Demotivation? Die Studienteilnehmer bemängelten über die Jahre hinweg immer wieder

- zu geringe Anerkennung,
- unzureichende Förderung der eigenen Entwicklung,
- als Mensch nicht ausreichend gesehen zu werden,
- dass der Vorgesetzte für Ideen und Vorschläge nicht offen ist,
- dass die eigene Meinung nicht zählt.

Interessant sind dabei die letzten beiden Punkte, da sie sich unter einer Kategorie zusammenfassen lassen: Mitgestaltung, Mitbestimmung oder Selbstorganisation.[2] Wenn die Meinung von Mitarbeitern nicht zählt und deren Ideen zur Verbesserung von Prozessen, Produkten oder Dienstleistungen oder gar Ideen zur Entwicklung neuer Produkte oder Dienstleistungen ignoriert werden, dann sind sie von der Gestaltung und Steuerung des Unternehmens ausgeschlossen. Umgekehrt werden die Mitarbeiter nur dann zur Mitbestimmung eingeladen, wenn ihre Arbeit im Allgemeinen auch anerkannt wird. Wen man nicht anerkennt, lädt man nicht zur Mitbestimmung ein. Die Einbindung in kurz-, mittel- und langfristige Entscheidungen ist ein zentraler Aspekt der Motivation.

Nun ließe sich argumentieren, dass eine Studie noch kein ausreichender Beleg ist. Ein Tropfen macht gewissermaßen noch kein Unwetter. Deshalb im Folgenden weitere repräsentative Studien, die den Gallup Engagement Index untermauern und ergänzen.

DGB-Index »Gute Arbeit«

2007 gründete der Deutsche Gewerkschaftsbund die DGB-Index Gute Arbeit GmbH. Der Unternehmenszweck besteht im Einsatz des DGB-Index Gute Arbeit in deutschen Betrieben, Unternehmen, Institutionen und Organisationen. Das Unternehmen koordiniert seit der Gründung die jährlichen Repräsentativerhebungen, erstellt Sonderauswertungen und berät bei der Umsetzung von Beschäftigtenbefragungen. Der Index umfasst 15 Dimensionen, zusammengefasst in den drei Teilindizes Ressourcen, Belastungen sowie Einkommen und Sicherheit.

Darunter finden sich Dimensionen wie Einfluss- und Gestaltungsmöglichkeiten, Möglichkeiten für Kreativität, Betriebskultur, Arbeitszeitgestaltung und Sinngehalt der Arbeit. »Die Beschäftigten beurteilen ihre Arbeitssituation in allen 15 Dimensionen, an deren Gestaltung die Qualität der Arbeit zu messen ist. Ein Beispiel: ›Können Sie eigene Ideen in Ihre Arbeit einbringen?‹ Auf diese Frage antworten die Befragten, ob und in welchem Maße das der Fall ist; antworten sie mit ›Nein‹ oder ›In geringem Maße‹, werden sie zusätzlich um Auskunft gebeten, ob und in welchem Maße sie sich dadurch belastet fühlen. Auf der Basis gesicherter arbeitswissenschaftlicher Erkenntnisse werden für jede Dimension und für jeden der drei Teilbereiche – Ressourcen, Belastungen, Einkommen und Sicherheit – Indexwerte ermittelt. Die drei Teilindizes gehen zu je einem Drittel in den Gesamt-Indexwert ein. Indexwerte sind also keine Prozentwerte.«[3] Am Ende werden die Dimensionen den drei großen Teilbereichen gute, mittelmäßige und schlechte Arbeit zugeordnet. Gute Arbeit muss mindestens 80 und mittelmäßige Arbeit mindestens 50 von maximal 100 möglichen Punkten erreichen. Unter 50 Punkten wird eine Arbeit als schlechte Arbeit eingestuft.

Damit ist der DGB-Index Gute Arbeit in zweierlei Hinsicht vergleichbar mit dem Gallup Engagement Index: erstens bezüglich der drei Bereiche gute, mittelmäßige und schlechte Arbeit, die mit den Bereichen hohe, geringe und keine emotionale Bindung in augenscheinlicher Verbindung stehen. Wer schlechte Arbeit leisten muss und viele der beim DGB-Index ermittelten Dimensionen schlecht bewertet, wird kaum eine hohe emotionale Bindung verspüren. Umgekehrt werden Mitarbeiter, die diese Dimensionen deutlich besser bewerten, mit ihrem Arbeitgeber zufriedener sein und in Richtung hoher emotionaler Bindung tendieren.

Zweitens findet sich, wie oben schon erwähnt, auch beim DGB-Index die Dimension der Gestaltungsmöglichkeit und Möglichkeiten für Kreativität. Diese Dimension erreicht durchgängig seit der ersten Erhebung des DGB-Index im Jahr 2007 einen Wert von 60 bis 61 Punkten, was in Anbetracht von 100 erreichbaren Punkten nicht schlecht erscheint. Vor allem, weil zumeist die vier Dimensionen Einkommen, Aufstiegsmöglichkeiten, berufliche Zukunftsaussichten und Arbeitsplatzsicherheit sowie Qualifizierungs- und Entwicklungsmöglichkeiten schlechtere Werte erzielen. Die am schlechtesten bewertete Dimension ist mit 40 bis 46 Punkten das Einkommen.

Das entscheidende Argument ist jedoch nicht, dass diese Dimensionen schlechter bewertet werden als die Gestaltungsmöglichkeiten. Entscheidend ist ein Zusammenhang, der in den DGB-Studien gar nicht erwähnt wird: Wer weitreichende Gestaltungsmöglichkeiten hat, kann eventuell auch sein Einkommen in einem gewissen Rahmen selber bestimmen. Dies ist keine wirre Fantasie, sondern längst Fakt in zunehmend mehr Unternehmen, wenngleich diese auch immer noch die absolute Minderheit ausmachen. So hatte bereits die für ihre radikale Demokratisierung bekannte brasilianische Firma Semco vor fast 40 Jahren damit begonnen, ihre Mitarbeiter die Gehälter selber bestimmen zu lassen.[4]

Es hat eine ganze Weile gedauert, aber mittlerweile macht das Modell Schule, und auch erste deutsche Unternehmen wie das Beratungshaus Vollmer & Scheffzyk übernehmen erfolgreich diese wichtige Gestaltungsmöglichkeit. Ein weiteres Beispiel für die zentrale Bedeutung der Dimension Gestaltungsmöglichkeit ist der deutsche Hersteller von Ladegutsicherungen und Transportsystemen allsafe Jungfalk GmbH & Co. KG. Dort gibt es keinerlei Vorgaben zu Qualifizierungs- und Entwicklungsmöglichkeiten. Die eigene Entwicklung bestimmen die Mitarbeiter ganz einfach selber.[5]

Die Dimension der Gestaltungsmöglichkeit kann in einem weiter reichenden Sinne also gar nicht so gut sein kann, wie sie von den Befragten selbst eingeschätzt wird. Das liegt, wie immer, an den Fragen, die nur die üblichen Gestaltungsmöglichkeiten erheben: Arbeit selbständig planen und einteilen, Einfluss auf die Arbeitsmenge und Einfluss auf die Arbeitszeitgestaltung. Offensichtlich sind darüber hinausgehende Gestaltungsmöglichkeiten nicht auf der inneren Landkarte der verantwortlichen Studienleiter.

Auffällig sind – bei völliger Unabhängigkeit der Studien – die überraschend ähnlichen Ergebnisse in den drei Bereichen gute Arbeit/hohe emotionale Bindung, mittelmäßige Arbeit/geringe emotionale Bindung und schlechte Arbeit/keine emotionale Bindung zwischen DGB und Gallup: 15 Prozent beurteilen 2010 ihre Arbeit als gute Arbeit, während 13 Prozent der durch Gallup Befragten im Jahr 2010 eine hohe emotionale Bindung aufweisen. Die restlichen 85 Prozent beim DGB-Index gehen einer mittelmäßigen bis schlechten Arbeit nach, während 87 Prozent nur eine geringe bis gar keine emotionale Bindung zum Arbeitgeber in der Gallup-Studie aufweisen. Ähnlich verhalten sich die Werte der anderen Jahre.

INQA-Studie »Was ist gute Arbeit«

2002 wurde die Initiative Neue Qualität in der Arbeit als unabhängige Plattform gegründet. Dort finden sich Vertreter von Bund, Ländern, Verbänden und Institutionen der Wirtschaft, Gewerkschaften, der Bundesagentur für Arbeit, Unternehmen, Sozialversicherungsträgern und Stiftungen. Der zentrale Steuerkreis ist gleichermaßen durch Vertreter von Wirtschaft und Gewerkschaften besetzt. Die Initiative verfolgt vor allem eine zentrale Frage: »Wie kann Arbeit für Unternehmen rentabel und für Beschäftigte gesund, motivierend und attraktiv gestaltet werden?« Zu diesem Zweck wurde unter anderem bereits 2004 die repräsentative Untersuchung »Was ist gute Arbeit? Anforderungen aus der Sicht von Erwerbstätigen« durchgeführt, für die immerhin bei über 5300 Personen Daten erhoben wurden.

In der Kurzfassung des Berichts Nr. 19 findet sich folgendes Ergebnis: »Lediglich 40 % der Befragten geben an, dass sie auf verschiedene Weise Einfluss auf ihre Arbeit nehmen können, die Mehrheit dagegen hat nur wenig oder gar keinen Einfluss auf Arbeitsplanung, Pausenregelungen, Arbeitszeitgestaltung, die Gestaltung des Arbeitsplatzes, die Art der Arbeitsaufgabe oder die Arbeitsmenge.«[6] Genauso wie beim DGB-Index ist auffällig, dass das Verständnis der Gestaltungsmöglichkeiten ausgesprochen konservativ und beschränkt ist. Dabei werden diese dürftigen Einflussmöglichkeiten bereits als »hoher Einfluss- und Handlungsspielraum« beschrieben.[7] Das heißt im Klartext: Im weiteren Sinne echter Gestaltungsmöglichkeiten, die über kosmetische Mitbestimmung hinausgehen, haben wohl wesentlich weniger Studienteilnehmer Einfluss auf ihre Arbeit. Alles in allem kommt die INQA-Studie zu dem Ergebnis, das nur 13 Prozent der Arbeitsplätze eine gute und entwicklungsfähige Basis aufweisen: Dort finden sich unter anderem existenzsichernde Einkommen, Einfluss- und Entwicklungsmöglichkeiten.

Mit dieser Studie zeichnet sich langsam, aber sicher ein durchgängiges Bild ab. Daran ändert sich sogar dann nichts Wesentliches, wenn man eine weitere Studie hinzuzieht, bei der immerhin fast doppelt so viele motivierte Arbeitnehmer einer guten Arbeit nachgehen und somit eine hohe Motivation aufweisen:

»Global Worksforce Study« von Towers Watson

Das amerikanische Beratungsunternehmen Towers Watson fokussiert auf betriebliche Altersversorgung, Talent- und Vergütungsmanagement sowie Risiko- und Kapitalmanagement. Seit 2008 führt das Unternehmen eine weltweite Befragung durch, um herauszuarbeiten, woraus sich Mitarbeiterengagement ergibt. An der Studie von 2012[8] nahmen weltweit über 32 000 und in Deutschland über 1000 Personen teil.

Die Studie beinhaltet das Towers-Watson-Modell für nachhaltiges Engagement mit drei Bausteinen: erstens das klassische Engagement mit der Frage, ob die Mitarbeiter die Ziele und Werte ihres Arbeitgebers verstehen, sich ihm verbunden fühlen und ihre Motivation in Handeln umsetzen. Zweitens geht es um die Befähigung: Bekommen die Mitarbeiter nötige Ressourcen, technische Unterstützung und ein produktivitätsförderndes Arbeitsumfeld geboten? Drittens stellt sich die Frage, ob die Mitarbeiter aus dem durch die Arbeit entwickelten Wohlbefinden, der erhaltenen Anerkennung und der Teamarbeit ausreichend

Energie ziehen können, um ihr Leistungsniveau langfristig aufrechtzuerhalten.

Des Weiteren wurden vier verschiedene Engagement-Typen herausgearbeitet: nachhaltig Engagierte (29 Prozent), engagiert, aber ausgebrannt (23 Prozent), Dienst nach Vorschrift (22 Prozent) und ungenutztes Potenzial (26 Prozent). Auch in dieser Studie wird damit die Nähe und Vergleichbarkeit mit dem Gallup- und DGB-Index deutlich, bis hin zur Benennung des Typs »Dienst nach Vorschrift«. Man kann guten Gewissens die beiden mittleren Engagement-Typen zusammenfassen, insbesondere durch die begriffliche Identität mit der Gallup-Typologie. Dann wären mit 29 Prozent knapp ein Drittel der Mitarbeiter mit hoher emotionaler Bindung in vermutlich guter Arbeit tätig, mit 45 Prozent wäre knapp die Hälfte mit einer geringen emotionalen Bindung in mittelmäßiger Arbeit beschäftigt und mit 26 Prozent sogar fast ein Drittel der Mitarbeiter ohne emotionale Bindung in schlechter Arbeit angestellt.

Für die Gewinnung neuer Mitarbeiter wurden drei »Top-Treiber« identifiziert: Sicherheit des Arbeitsplatzes, Grundgehalt und ein hohes Maß an Eigenständigkeit am Arbeitsplatz. Es erscheint unmittelbar einsichtig, dass die Arbeitsplatzsicherheit sowie das Grundgehalt die wichtigsten Punkte sind. Das auch, weil die Eigenständigkeit mal wieder, genauso wie beim DGB-Index Gute Arbeit und bei der INQA-Studie nur auf die üblichen Verdächtigen beschränkt ist. Einmal mehr wurden weitergehende Möglichkeiten der Mitbestimmung erst gar nicht konzeptualisiert und abgefragt.

Besonders interessant ist letztlich der Vergleich der beiden extremen Pole der Engagement-Typen, dem »ungenutzten Potenzial« und den »nachhaltig engagierten« Mitarbeitern. Das Grundgehalt spielt bei den Mitarbeitern mit ungenutztem Potenzial mit 54 Prozent eine fast doppelt so wichtige Rolle wie bei den nachhaltig Engagierten mit 30 Prozent. Fast spiegelbildlich verhält es sich hingegen mit dem »hohen Maß an Eigenständigkeit am Arbeitsplatz«. Dieser Treiber ist nur für 32 Prozent der Mitarbeiter mit ungenutztem Potenzial wichtig, jedoch für 53 Prozent der nachhaltig Engagierten. Es sieht ganz danach aus, als ob es eine Verbindung gibt zwischen nachhaltigem Engagement, Gestaltungsmöglichkeiten und der damit verbundenen Eigenständigkeit. *Wer nachhaltig engagierte Mitarbeiter sucht, sollte demzufolge ein möglichst hohes Maß an Gestaltungsmöglichkeiten einräumen.* Das führt dann konsequenterweise auch dazu, dass die nachhaltig Engagierten deutlich zufriedener mit ihrem Unternehmen sind und dass ihrem Wohlbefinden Interesse entgegengebracht wird – ganz im Gegensatz zum anderen Extrem der Engagement-Typen. Das wiederum hat niedrigere Fluktuationen und vermutlich auch geringere Krankschreibungen zur Folge, wie Gallup mit dem Index seit 2001 herausgearbeitet hat.

INQA-Studie »Führungskultur im Wandel«

Die aktuellste Studie wurde wiederum von der Initiative Neue Qualität der Arbeit in Auftrag gegeben. Gefördert durch das Bundesministerium für Arbeit und Soziales, erschien diese Untersuchung im September 2014.

Vierhundert Führungskräfte wurden in Tiefeninterviews befragt, so dass die Vorteile qualitativer und quantitativer Forschungsmethoden miteinander kombiniert werden konnten. Die »Ergebnisse überraschen in ihrer Deutlichkeit«, wie auf der Homepage der INQA zu lesen ist. Hier einige Kernaussagen zu einer neuen Führungskultur:

1. *Flexibilität und Diversität sind akzeptierte Erfolgsfaktoren.* Das ist die Voraussetzung für demokratische Vielfalt. Natürlich noch nicht ausreichend, aber doch wichtig.
2. *Prozesskompetenz ist für alle das wichtigste Entwicklungsziel.* Das zeigt, dass der Glaube an ausreichend genaue und gültige Voraussagen schwindet und stattdessen iterative, intuitiv-improvisierende Vorgehensweisen wichtiger werden. Dies hängt eng mit der Ermächtigung der Mitarbeiter zusammen, denn das gewünschte kurz-

schleifige Vorgehen ist nur möglich, wenn diese auch selbst entscheiden dürfen, wie sie weiter vorgehen.

3. *Selbstorganisierende Netzwerke sind das favorisierte Zukunftsmodell.* Das passt plausibel zu den Ergebnissen der vorherigen vier Studien. Selbstorganisation statt Fremdorganisation, dynamische statt fixierte Hierarchie. Was zusätzlich durch die vierte Kernaussage untermauert wird:

4. *Hierarchisch steuerndem Management wird mehrfach eine Absage erteilt.* Die Befragten gingen sogar so weit, die klassische Linienführung zum »Gegenentwurf von guter Führung« zu machen.

5. *Kooperationsfähigkeit hat Vorrang vor alleiniger Renditefixierung.* Zusammenarbeit wird wichtiger, die reine Wettbewerbslogik ist an ihre Grenzen gekommen. Nur knapp 30 Prozent der Befragten sehen ihr Führungsideal in der alleinigen Orientierung an der Profitmaximierung.

6. *Persönliches Coaching ist ein unverzichtbares Werkzeug für Führung.* Die Befragten gehen davon aus, dass reine Anweisungen immer weniger erfolgversprechend sein werden. Deshalb braucht die Belegschaft zunehmend Reflexion und Entwicklungsbegleitung.

7. *Motivation wird an Selbstbestimmung und Wertschätzung gekoppelt.* Der persönliche Einsatz bei der Arbeit hängt vom Maß der Autonomie und dem subjektiv wahrgenommenen Sinn der eigenen Tätigkeit ab.

8. *Gesellschaftliche Themen rücken in den Fokus der Aufmerksamkeit.* Die Verankerung der Unternehmen in der Gesellschaft findet ihren Ausdruck in einer stärker werdenden Stakeholder-Perspektive.

9. *Führungskräfte wünschen sich einen Paradigmenwechsel in der Führungskultur.* Ein Großteil der Führungskräfte glaubt, dass Deutschland sein Potenzial bei weitem nicht ausschöpft, wenn es keinen deutlichen Wandel in der Führungskultur gibt.

10. *Führungskultur wird kontrovers diskutiert.* Es gibt den Befragten zufolge eine jahrelang fehlleitende Entwicklung der Führungskul-

tur. »Die Gefahr, den Anschluss zu verpassen, nehme kontinuierlich zu.«[9]

Auch diese Untersuchung zeigt die Problematik einer mangelnden
demokratischen Verfassung von Unternehmen. Sie ergänzt durch ihren
qualitativen Charakter auf interessante Weise die vier quantitativ
orientierten Studien von Gallup, DGB-Index, INQA 2006 und Towers
Watson.

In allen Studien zusammen wurden rund 12 300 Mitarbeiter und Führungskräfte in einem Zeitraum von acht Jahren erfasst. Bei aller noch
möglichen Kritik lässt sich doch eine gewisse Tendenz erkennen, die
dafür spricht, die bisherigen Management- und Führungsparadigmen
zu hinterfragen. Wenn man dann noch die finanziellen Auswirkungen, die durch Gallup errechnet wurden, hinzuzieht, muss man schon
sehr gewieft argumentieren, um formale Hierarchien, Fremdbestim-

Studien zu Arbeitszufriedenheit, Engagement und Leistungsbereitschaft von
Mitarbeitern

Studie	Stichproben-größe Deutschland	Anzahl hoch motivierter Führungskräfte & Mit-arbeiter/gute Arbeitsbedingungen	Mitursachen für mangelnde Motivation & Leistungsbereitschaft
DGB-Index »Gute Arbeit, schlechte Arbeit«, 2010	N=4150	15 Prozent	Mangelnde Einfluss- & Gestaltungsmöglichkeiten
Gallup »Engagement Index«, 2013	N=1368	17 Prozent	Mangelhafte Mitgestal-tung. Durch die Strategie kein Gefühl, dass die eigene Arbeit wichtig ist
INQA-Studie »Was ist gute Arbeit«, 2006	N=5388	13 Prozent	Mangelnde Einflussmög-lichkeiten
Towers Watson »Global Work-force Study«, 2012	N=1000	29 Prozent	Mangelnde Eigenständig-keit am Arbeitsplatz
Gesamtdurch-schnitt	N=11 906	18 Prozent	

mung und Zentralisierung als ökonomisch sinnvolle Konzepte weiter für das Maß der Dinge zu halten.

Nun liegen einige wichtige Zahlen, Daten und Fakten auf dem Tisch. Inklusive meiner daraus abgeleiteten Verbindungen und Schlussfolgerungen. Entscheidend ist bei all dem Zahlenwerk aber nicht, ob die Demokratisierung von Unternehmen zu besseren wirtschaftlichen Ergebnissen führt. Das ist nur der Anfang der Reise, der erste Bezugspunkt. Zentral ist eine andere Frage.

In welcher Welt wollen Sie leben?

In diesem Kapitel erfahren Sie

- was die wichtigsten sechs Argumente gegen Unternehmensdemokratie sind,
- warum diese Argumente nicht greifen,
- wie es sich stattdessen verhält.

Unternehmen können sich nicht ändern

Da war es wieder, das typische Argument: »Das, was Sie da berichten, geht nur in kleinen, jungen Firmen, die noch nicht lange existieren. Bei etablierten Unternehmen ist das nicht möglich.« So der Einwand eines Teilnehmers bei einem meiner Vorträge vor rund 70 Filialdirektoren eines Finanzdienstleisters. Und zwar nachdem ich gleich zwei Fallbeispiele aus dem Finanzsektor brachte, in denen ein *Change* stattgefunden hatte, von der üblichen Top-down-Hierarchie hin zu selbstorganisierten Unternehmen. Dabei handelte es sich erstens um die Svenska Handelsbanken aus Schweden, einen der Klassiker alternativer Unternehmenssteuerung, und zweitens um die Volksbank Heilbronn, die auch zu den ausführlichen Fallbeispielen in diesem Buch gehört. Beide Banken waren keine erst gestern gegründeten Start-ups, keine Drei-Mann-Buden. Svenska hatte zum Zeitpunkt der Transformation eine fast 100-jährige Geschichte hinter sich und beschäftigte rund 8000 Mitarbeiter. Die Volksbank Heilbronn existierte ebenfalls bereits gut 100 Jahre und hatte rund 380 Mitarbeiter. Entweder verfügte der Teilnehmer über äußerst erfolgreiche und robuste Verleugnungsmechanismen, oder er hatte in den rund 45 Minuten zuvor geschlafen. Mit seinem Argument war und ist er aber in guter Gesellschaft. Es ist ein regelmäßiger Einwand, wenn es darum geht, alle interessierten Mitarbeiter zu wichtigen Entscheidungsprozessen einzuladen.

Schließlich gibt es nicht nur die beiden eben genannten Banken, die trotz einer langjährigen traditionellen Hierarchiegeschichte eine Änderung vollzogen haben. Auch weitere Unternehmen, wie die späteren Fallbeispiele zeigen, haben zum Teil genau dies geleistet. Ergänzend gibt es schon seit vielen Jahren andere, immer wieder erwähnte Fallbeispiele. Das vermutlich bekannteste ist die brasilianische Firma Semco, die eine geradezu anarchisch wirkende Selbstorganisation verwirklicht hat und damit in den letzten 30 Jahren überaus erfolgreich von rund 200 Mitarbeitern auf über 3000 angewachsen ist[10]. Oder der Wandel von dm-drogerie markt zu dem, was das Unternehmen heute ist, mit immerhin über 52 000 Mitarbeitern im Geschäftsjahr 2013/2014.

Die verallgemeinernde Aussage, langjährig bestehende Unternehmen könnten sich nicht demokratisieren, ist in der Form ganz offensichtlich falsch. Es gibt Unternehmen, die den Wandel geleistet haben. Erfolgreich.

Ohne Führung geht es nicht

Ein mindestens ebenso beliebtes anderes Statement taucht immer wieder in Form einer illustren Metapher auf, wie schon im Vorwort erwähnt: »Wir brauchen nicht nur Häuptlinge, sondern auch Indianer.« Howgh. Das ist der Witz an der Sache: Wer *formal fixierte* Hierarchien abschafft oder – anders formuliert – *Führung dynamisiert*; wer statt der üblichen Hierarchie Heterarchie aufbauen will, also eine Führung durch wechselnde Personen, der schafft deswegen keine anarchische Horde jederzeit gleichberechtigter Indianer, die führungslos völlig sinnentleert in Dutzende verschiedene Richtungen galoppieren und ihre Pfeile in alle Himmelsrichtungen abschießen. Es ist auffällig, dass sich bislang immer Männer dieser Metapher bedienen und diesem Missverständnis verfallen. Eben echte Häuptlinge.

Die besondere Ironie im Gebrauch dieser Metapher liegt darin, dass der Begriff des »Häuptlings« in unserem Sprachgebrauch erst durch die

Kolonialmächte gebildet wurde. Denn diese forderten im Zuge der Kolonialisierung Handlungsbevollmächtige bei den Indianern ein.

Unser Alltagsverständnis des indianischen Häuptlings ist völlig ungeeignet, die Hierarchiestrukturen indianischer Kulturen angemessen wiederzugeben. Unser banaler Begriffsgebrauch planiert die faktisch vorhandene Unterscheidung in funktional beschränkte Häuptlingstätigkeiten. Es gab in diversen Stämmen Kriegs-, Friedens- und/oder Jagdhäuptlinge. Des Weiteren waren die Häuptlinge längst nicht mit der Macht ausgestattet, die unser Sprachgebrauch suggeriert. Obendrein waren Häuptlingsrollen erstens zeitlich stark begrenzt und mussten sich zweitens dem Ältesten- oder Stammesrat bei Entscheidungen beugen, ganz im Gegensatz zu den meisten Geschäftsführern oder Vorstandsvorsitzenden. Die bitterste Pille besteht darin, dass der Häuptlingsbegriff auch Kulturen übergestülpt wurde, deren Führung gerade nicht durch eine einzelne männliche Person erfolgte, sondern durch eine Gruppe von Frauen oder einen Ältesten- oder Stammesrat. Der Griff zur Häuptlings-Indianer-Metapher ist vielmehr ein Beleg für die Ahnungslosigkeit ihrer Nutzer als ein Argument gegen Mitbestimmung und Demokratisierung.

Ein zentraler Aspekt menschlicher und damit agiler und innovativer Unternehmen besteht darin, mehr Selbstorganisation zu ermöglichen. Das heißt erstens, Mitarbeiter bezüglich des eigenen Umfelds wie auch der Unternehmensgeschicke entscheiden zu lassen, und zweitens, den Staffelstab der Führung bei Bedarf blitzschnell weiterzureichen. Das ist alles. Geführt wird immer noch. Führung ist notwendig. Kein Unternehmen, kein soziales System kann dauerhaft erfolgreich überleben, wenn alle Mitglieder zu jedem Zeitpunkt gleichberechtigt führen – oder folgen, wie auch immer. Das gilt schon für ein Tanzpaar.[11]

In der Organisationsforschung zeigte sich immer wieder, dass Versuche, Hierarchien dauerhaft abzuschaffen, misslangen. Wurden formale Hierarchien abgebaut, bildeten sich neue, informelle Hierarchien. Andere Studien verwiesen auf die natürlichen Vorteile hierarchischer Strukturen. Gruppen konnten ihnen zufolge Aufgaben erfolgreicher lösen, wenn hierarchische Gefälle existierten, als in gleichberechtigten Strukturen.[12] Das deckt sich mit einer Studie von 2015, die noch einen anderen Zusammenhang aufdeckte. Die Untersuchung von 5104 Himalaya-Expeditionen zeigte, dass zwar in hierarchisch geprägten Gruppen mehr Bergsteiger ihr Ziel erreichten, dafür aber auch mehr ums Leben[13] kamen. Diese risikobehafteten »Erfolge« sind natürlich kein Argument für *formal fixierte* Hierarchien – oder in der Sprache der Unternehmenshäuptlinge: für die Notwendigkeit dauerhaft festgelegter Indianer- und Häuptlingsrollen. Die Ergebnisse zeigen vielmehr, dass Führen und Folgen ein *natürlicher* Prozess ist. Dies aber nicht aufgrund eines einmal festgeschriebenen Oben-Unten-Status, sondern aufgrund echter Kompetenzen, natürlicher Autorität und Legitimation durch die Geführten.

Das gilt umso mehr, wenn Befürworter der klassischen Hierarchie Hackordnung und Rangkämpfe aus dem Tierreich zitieren. Weder kommt ein Leitwolf auf seine Position, noch bleibt er dort, weil er dorthin befördert wurde, weil es eine Stellenbeschreibung so vorsieht, ein Gesellschaftsvertrag einen verantwortlichen Geschäftsführer verlangt, er als Erbe das Unternehmen vom Vater übernimmt oder er über ein gut funktionierendes Netzwerk (vulgo: Seilschaft) verfügt. Abgesehen davon ist es ohnehin unsinnig, das Tierreich als Vergleich heranzuziehen, egal ob damit Hierarchien (»Ränge«) oder Schwarmintelligenz begründet werden sollen. Als Menschen zeichnet uns einiges aus, was uns von unseren tierischen Gefährten unterscheidet. Selbst von Menschenaffen, die uns so nah sind. Was eine schöne Überleitung zu einer Randbemerkung über den Begriff »Hierarchie« darstellt.

Das Wort leitet sich aus den beiden griechischen Wörtern *hierós* für heilig, gottgeweiht und *árchein* für herrschen ab. Es meinte ursprünglich die Herrschaft der Heiligen, Gottgeweihten, mithin der Priester.[14] Folgerichtig kam es zu der kirchenlateinischen Bedeutung von *hierarchia*: die heilige Rangordnung, bei der der Papst natürlich grundsätzlich das letzte Wort hatte. Diese Wortherkunft ist sicherlich kein Argument, um konservative Hierarchie infrage zu stellen. Aber sie verweist auf ein Selbstverständnis und auf Handlungsweisen, die sich selbst heute noch bei so manchem Topmanager finden lassen. Prototypisch dazu die Worte Frank Bormanns, Ex-CEO von Eastern Airlines, als es um mehr Mitbestimmung im Unternehmen ging:»Ich lasse die Affen[15] doch nicht den Zoo regieren.« Da könnte man und frau das Gefühl bekommen, das Topmanagement gehe doch von einer heiligen Rangordnung aus. Um ein etwaiges Gegenargument vorwegzunehmen: Frank Bormanns Regierungszeit als Zoodirektor fiel mit den bis dahin vier erfolgreichsten Jahren bei Eastern Airlines zusammen. Ob das seine alleinige Leistung ist, weil alle Mitarbeiter schließlich Affen sind, halte ich für fragwürdig. Aber das spielt keine Rolle. Es geht um mehr, um etwas anderes. Vorher lohnt aber noch ein Blick auf weitere kritische Argumente gegen die Demokratisierung von Unternehmen. Zum Beispiel die

Trägheit der Masse

Dies ist ein weiterer Standardeinwand: Massenentscheidungen seien im Vergleich zu Entscheidungen einzelner oder einiger weniger Personen wie einer Geschäftsführung viel zu langsam.

Beginnen wir mit der einfachsten Variante: Ein Mensch entscheidet alleine. Es scheint auf den ersten Blick logisch, dass eine Entscheidung durch eine einzelne Person wesentlich schneller abläuft, als wenn auch nur zwei Personen das Für und Wider ihrer Argumente, Werte und Vorlieben diskutieren müssen und sich dann gemeinsam entscheiden. Noch schwieriger wird es bei einer steigenden Anzahl von Personen. Das, was der gesunde Menschenverstand aus der schnelleren Entscheidung ableitet, entpuppt sich jedoch infolge einiger übersehener oder verleugneter Fakten schnell als irrationale Fehleinschätzung – aus einem einfachen Grund: Mit der Entscheidung allein ist es noch nicht getan, es braucht noch die Umsetzung.

Gerade bei weitreichenden unternehmerischen Entscheidungen wie Strategieentwicklungen gibt es das Phänomen der Reziprozität von Entscheidungs- und Umsetzungsgeschwindigkeit. Das hat der ehemalige Bremer Organisationspsychologe Peter Kruse ironisch auf den Punkt gebracht: Die Umsetzungsgeschwindigkeit in Unternehmen verhält sich umgekehrt proportional zur Entscheidungsgeschwindigkeit. Je schneller etwas entschieden wird, desto länger dauert die Umsetzung. Das gilt natürlich insbesondere dann, wenn die Belegschaft von der Entscheidung breitflächig und weitreichend betroffen ist.

Dieses Problem hat 2012 eine Studie der Firma Stepstone[16] mit rund 4800 Fach- und Führungskräften auf indirekte Weise gezeigt. Von den Befragten kannten 56 Prozent die aktuelle Strategie des Unternehmens entweder gar nicht oder nur unzulänglich (sechs Jahre vorher kannten immerhin noch 69 Prozent die Strategie). Also stellt sich die Frage, wie diese Führungskräfte die Strategie auf der operativen Ebene umsetzen sollen. Nun könnte man einwenden, die Strategie sei nicht ausreichend kommuniziert worden. Das ist offensichtlich. Aber was, wenn die Strategie bekannt gewesen wäre? Würde das automatisch bedeuten, dass die Führungskräfte sie auch verstanden hätten und mit ihr einverstanden gewesen wären?

Nein, denn gehört ist leider nicht verstanden, verstanden nicht einverstanden, einverstanden noch längst nicht umgesetzt. Dagegen ließe sich wiederum einwenden, dass mittlere Führungskräfte ja nicht einverstanden sein müssen, sondern nur umsetzen sollen. Das kann man so sehen. Allerdings wird man sich dann die Frage gefallen lassen müssen, wer wohl engagierter ans Werk geht: jemand, der angewiesen wird und den Sinn davon nicht versteht oder die Zielsetzung sogar unsinnig findet, oder jemand, der eine Entscheidung, in die er eingebunden wurde, für sinnvoll und richtig hält?

Die Stepstone-Studie zeigte aber vor allem eines: Vielleicht entscheidet der Vorstand schneller, dafür aber muss er diese Ergebnisse im Anschluss aufwendig kommunizieren (lassen), und zwar so, dass aus gehört verstanden und daraus Einverständnis mit anschließender Handlung wird. Wenn wir diesen zusätzlichen Aufwand in Rechnung stellen, wird allmählich fraglich, ob die ursprünglich schnellere Entscheidungsfindung auch tatsächlich zu einer schnelleren Umsetzung führt. Ganz zu schweigen von dem Motivationsproblem, das man sich durch die üblichen Top-down-Entscheidungen einhandelt, wie die im vorigen Kapitel diskutierten Studien zeigen.

Neben den bisher ins Auge gefassten weitreichenden Entscheidungen gibt es aber vor allem die vielen täglichen kleineren Entscheidungen. Gerade da wird das Argument der Trägheit der Masse besonders widersprüchlich. Denn dann sollten speziell die Mitarbeiter, die täglich im Kontakt mit Kunden und Geschäftspartnern sind, erhebliche Entscheidungsbefugnisse bekommen. Ansonsten droht die übliche Verlangsamung durch den bürokratischen Prozess, eine Entscheidung durch verschiedene Hierarchiestufen hindurch bis zum eigentlich Entscheidungsbefugten durchzureichen. In der Zwischenzeit darf der Kunde warten und ärgert sich. Er wird dann mit steigender Wahrscheinlichkeit jetzt oder in Zukunft anderswo einkaufen. Wir alle kennen dieses Problem zumindest von Call- und Supportcentern. Aber selbst bei internen Entscheidungen muss häufig die »Befehlskette« auf geradezu absurde Weise eingehalten werden. Vor ein paar Jahren berichtete mir ein Meister, der selbst rund 100 Mitarbeiter zu führen hatte, dass er nicht einmal eigenverantwortlich einen ergonomischen Bürostuhl für einen seiner Mitarbeiter einkaufen durfte, obwohl ein ärztliches Attest die Notwendigkeit bestätigte. Also wurde der Einkaufsschein zur Unterschriftenkette durch drei Hierarchiestufen geschickt. Ganz überraschend war eine Führungskraft auf Dienstreise und eine weitere im Urlaub. So verzögerte sich die Anschaffung um mehrere Wochen, in denen der betroffene Mitarbeiter auf seinem bisherigen Stuhl seine Schmerzen aushalten musste. Die formal fixierte Hierarchie erbrachte damit eine wahre Meisterleistung an Effizienz und Motivation.

Die vielen sind dumm

Wer damit argumentiert, dass die vielen dumm seien, ist in bester Gesellschaft. Es ist eine durch und durch gesellschaftlich etablierte Sicht, die sich bei einigen großen Denkern bedienen kann: »Die Masse erreicht niemals das geistige Niveau ihres herausragendsten Mitglieds, sondern sinkt vielmehr auf das unterste individuelle Niveau in ihren Reihen« (Henry David Thoreau). »Der Irrsinn ist bei Einzelnen etwas Seltenes – aber bei Gruppen die Regel« (Friedrich Nietzsche). »Ich glaube nicht an die kollektive Weisheit individueller Ignoranz« (Thomas Carlyle). »Menschen … denken in Herden. Wie zu zeigen sein wird, werden sie im Herdenverbund verrückt; zu Verstand kommen sie nur langsam und nur jeder für sich allein« (Charles Mackay).[17]

Das Schwierige dabei: Wie so oft gibt es keine eindeutige Wahrheit. Keine Frage, es gibt die Dummheit der Masse, das »Herdenverhalten«. Das letzte große Beispiel ist die massenhafte Vergabe von Subprime-Krediten, die Entwicklung und der anschließende Handel mit Derivaten im Vorfeld der Finanz- und Wirtschaftskrise 2007/2008. Anstelle von Herdenverhalten spreche ich allerdings lieber im Gegensatz zur Schwarmintelligenz von *Schwarmdummheit*.[18] Wobei ich gestehe, dass mich auch der Begriff Schwarmintelligenz nicht überzeugt. Schließlich sind wir weder Fische noch Vögel, weder Termiten noch Bienen. Es gibt ein paar fundamentale Unterschiede zum Tierreich. So haben wir in allen sozialen Systemen wie Unternehmen komplexere Fragen und Probleme zu lösen, als uns gegen Räuber zu wehren, nach Futter zu suchen oder in den Süden zu ziehen. Es ist amüsant: Im kollektiven Gebrauch des Begriffs Schwarmintelligenz zeigt sich einmal mehr die Schwarmdummheit, ebenso wie mein Ausdruck der Schwarmdummheit nicht der Gipfel der Intelligenz ist. Beide Begriffe sind Lückenfüller, so lange, bis wir etwas Präziseres gefunden haben.

Zu behaupten, die vielen seien dumm, ist schon deswegen falsch, weil Einzelne oder kleine Gruppen keineswegs immer intelligenter entscheiden als große, vielfältige Gruppen. Im Gegenteil: Häufig verfehlen sie sogar unabhängig vom Vergleich erfolgreiche Ergebnisse. Das liegt am Risiko kleiner und einheitlicher (homogener) Gruppen, den negativen Effekten des Gruppendenkens zu verfallen. Damit ist gemeint, nicht zielführende Übereinstimmung in Gruppen bei Entscheidungsprozessen zu erreichen, die auf verschiedenen Phänomenen gründet:

- gleiche Grundannahmen und Werte,
- gleiches oder ähnliches Fachwissen,
- Konformitätsdruck, soziale Identität,
- Zeitdruck und Stress.

Die typischen Anzeichen für Gruppendenken sind:

- großer Optimismus,
- gemeinsame Rationalisierungen,
- Glaube an die intellektuelle und moralische Überlegenheit der eigenen Gruppe,
- Unterdrückung eventuell auftretender anderer Meinungen
- Glaube an die Einheitlichkeit der Gruppenmeinung.

Zudem überschätzen Experten ihr Wissen und unterschätzen ihr Nichtwissen. Nassim Nicholas Taleb, Autor des Weltbestsellers *Der schwarze Schwan*, nennt das *epistemische Arroganz*. All das passiert auch Nichtexperten – aber die haben nicht den Ruf, es besser zu wissen. Sie sind keine Autoritäten. Sie spielen nicht die Hauptrolle im Drama der Expertokratie, vor der uns unser ehemaliger Bundespräsident Roman Herzog einst warnte[19]. Aber auch die unternehmerische Praxis beweist nicht, dass Experten wesentlich besser abschneiden als Laien. Denken Sie einfach noch mal an die Krise 2007/2008, bei der Tausende hoch bezahlter Experten ganz offensichtlich nicht wissend genug waren. Ein gutes Beispiel dafür ist Charles Prince, ehemaliger CEO der Citigroup, der den Zusammenbruch der Häuserpreise als »völlig unvorhersehbar« bezeichnete.

Aus wissenschaftlicher Sicht ist das nicht weiter verwunderlich. J. Scott Armstrong, Professor an der Wharton University, untersuchte Studien zum Verhältnis von Expertenprognosen und deren Wahrheitsgehalt. Er fand nicht eine einzige Studie, die bei Prognosen einen überzufälligen Vorteil von Fachkenntnis zeigte. Nicht viel schmeichelhafter fiel das Ergebnis von James Shanteau aus, Psychologe an der Kansas State University: Expertenentscheidungen sind nach seinen Erkenntnissen häufig fehlerhaft. Solche empirischen Forschungsergebnisse werden durch praktische Erfolge kollektiver Intelligenz untermauert. Drei Beispiele illustrieren das.

Eine bunte Gruppe aus verschiedenen Experten war in der Lage, das im Mai 1968 im offenen Atlantik verschollene US-amerikanischen U-Boot *Scorpion* mit einer Genauigkeit von 75 Metern zu orten. Und zwar ohne genaue Fakten über die Gründe des Untergangs, den Neigungswinkel oder die zuletzt gemeldete Geschwindigkeit. Das Ergebnis beruhte keineswegs auf der Angabe des intelligentesten Gruppenmitglieds, sondern wurde aus allen Aussagen heraus nach einem spezifischen Verfahren ermittelt.

Kollektive Intelligenz zeigte sich auch auf faszinierende Weise nur wenige Minuten nach der Explosion des Spaceshuttle *Challenger* am 28. Januar 1986: Plötzlich stürzten die Aktien des Herstellers Morton Thiokol ein, der die Feststoff-Trägerrakete hergestellt hatte. Zwar büßten auch andere Hersteller an Aktienwert ein, aber im Gegensatz zu diesen erholte sich die Aktie von Morton Thiokol nicht. Dabei gab es zu dem Zeitpunkt noch nicht einmal einen ersten Verdacht in der Untersuchungskommission, warum es zu dem Unglück gekommen war. Erst sechs Monate später stellte sich heraus, dass es tatsächlich die Trägerraketen von Thiokol waren, die den Absturz verursacht hatten. Die vielen verschiedenen Marktteilnehmer hatten wesentlich schneller die Zusammenhänge erkannt als die Experten der Untersuchungskommission.[20]

Und schließlich widerlegt der »Iowa Electronic Market« die vorurteilsbehaftete Schauermär von der immerwährend tumben Masse: Von

1988 bis 2004 erzielte dieser elektronische Prognosemarkt bei 13 US-Wahlen und Gouverneurskandidaturen im Vergleich zu anderen Umfragen wesentlich höhere Prognosegenauigkeiten. Und das nicht, *obwohl*, sondern *weil* dort nicht nur einige wenige Experten, sondern die Weisheit der vielen abgefragt wurde. Ähnlich verhielt es sich mit der Hollywood Stock Exchange, bei der immer wieder eine überzufällig höhere Trefferquote bei der Vorhersage von Oscar-Gewinnern erzielt wurde als bei Expertenvorhersagen. Neben solchen sogenannten offenen Prognosemärkten gibt es auch unternehmensinterne geschlossene Märkte. Mit einem derartigen Instrument konnte Hewlett-Packard deutlich genauere Vorhersagen erreichen als durch die eigenen Experten.

So weit zur Dummheit der vielen. Wie aber steht es um die einzelnen Mitarbeiter? Sind die schlauer und besser geeignet für Mitbestimmung als der dumme Mob?

Einzelne sind dumm, faul und eigennützig!

Die eben gestellte Frage ist schnell beantwortet: Keineswegs. Mitarbeiter sind auch dann dumm, faul und eigennützig, wenn sie nicht in der Herde, sondern einzeln auftreten. Kurz und bündig auf den Punkt gebracht, ohne lange politisch korrekt darum herumzumäandrieren. Im Kern scheint es das zu sein, was zumindest in Teilen die Meinung derjenigen am ehesten trifft, die gegen eine Demokratisierung von Unternehmen sind. Es ist ein wirklich ermutigendes misanthropisches Menschenbild, was da gehegt und gepflegt wird. Keine Frage: Natürlich gibt es Menschen, die weder Einsteins großer noch kleiner Bruder sind; es gibt Menschen, die der Nachwelt keine von Fleiß und Durchhaltevermögen strotzenden, monumentalen Lebenswerke wie Gandhi oder Mandela hinterlassen; Menschen, die nicht im Entferntesten so gemeinnützig sind wie Mutter Teresa. Ja, es gibt die dummen, faulen und eigennützigen Menschen. Aber sie sind wohl kaum die Regel, sondern nur *eine* Möglichkeit menschlichen Seins.

Es gibt einen wesentlichen Fakt, der klarstellt, warum es sinnvoll ist, an die positiven Eigenschaften zu glauben, ohne in blinde Naivität zu verfallen: der *Erwartungseffekt*, in Variationen bekannt als Rosenthal- oder Andorra-Effekt. Auf Mitarbeiter bezogen lässt sich dieses Phänomen kurz so zusammenfassen: Wer von seinen Kollegen, Mitarbeitern oder Chefs eine positive Leistung erwartet, hat eine gute Chance, dass sich diese Erwartung tatsächlich auf das Ergebnis positiv auswirkt. Wer vom Gegenteil ausgeht, darf eher mit einer schlechten Leistung rechnen.[21] Das Ganze ist in einer allgemeinen Form auch als selbsterfüllende Prophezeiung bekannt. Also: Es ist durchaus vernünftig, das Gute zu erwarten.

Wer stattdessen lieber verallgemeinernde negative Einschätzungen von Mitarbeitern als Argument nutzt, muss sich zwei Fragen gefallen lassen: Wer hat all die inkompetent-demotivierten Mitarbeiter im Unternehmen überhaupt eingestellt? Zweitens, wenn alle oder die meisten der Mitarbeiter anfänglich kompetent-motiviert waren, warum sind sie es später nicht mehr? Im Einzelfall mag es ein Irrtum gewesen sein, eine ärgerliche Fehleinschätzung. Sicherlich aber nicht mehr, wenn ein größerer Teil oder sogar die ganze Belegschaft als nicht ausreichend intelligent, fleißig und gemeinnützig eingeschätzt wird. Dann verbirgt sich hinter dem vielleicht tatsächlich vorhandenen Symptom eine systemische Ursache.

Eine interessante Variante der verallgemeinernden Aussage besteht in der spezifischen Form, die Mitarbeiter seien für die großen Entscheidungen nicht geeignet. Immer wieder habe ich zu hören bekommen, sie seien nicht interessiert daran, das Unternehmen als Ganzes mitzusteuern, zuletzt sogar von einem ehemaligen Betriebsratsvorsitzenden.[22] In dem Fall stellen sich weitere Fragen: Werden hier Wirkung und Ursache verwechselt? Waren die Mitarbeiter von Anfang an nicht interessiert an Mitbestimmung, oder haben sie es im Laufe der Jahre aufgegeben, mitbestimmen zu wollen? Wie viele Ideen sind im klassischen Vorschlagswesen verloren gegangen, im Sande verlaufen? Wer dreimal, viermal oder öfter mit seinen Beiträgen gegen Wände läuft, hört entweder damit auf, um sich keinen blutigen Schädel zu holen, oder er verlässt das Unternehmen und sucht anderswo sein Glück. Wer geblieben ist und Dienst nach Vorschrift schiebt, wird wohl kaum in einem Veränderungsprozess in ein paar Wochen oder Monaten plötzlich Vertrauen fassen, dass es diesmal ernst gemeint ist mit der Mitbestimmung.

Damit nicht genug: Wie sollen Mitarbeiter, die nicht Betriebswirtschaft studiert oder entsprechende Weiterbildungen besucht haben, in der Lage sein, Kennzahlen des Unternehmens zu verstehen? Wurde die Geschäftsführung oder der Vorstand mit betriebswirtschaftlichem Wissen geboren? Wohl nicht. Vielmehr hat es ein jahrelanges Studium, Weiterbildungen und praktische Erfahrungen erfordert, bis das Topmanagement die heute vorhandenen Fähigkeiten ausgebildet hatte. Aber selbst das schützt bekanntermaßen nicht vor zum Teil haarsträubenden Fehlentscheidungen derjenigen, die Mitarbeitern in der Masse ohnehin, aber auch als Einzelne unternehmerische Kompetenzen absprechen. Genau aufgrund dieser Problematik, dass sogar trotz fundierter Ausbildung Fehler nicht auszuschließen sind, ist es sinnvoller, Entscheidungen durch vielfältigere Gruppen treffen zu lassen, als durch kleine homogene Expertengruppen. Denn letztere unterliegen eher dem Risiko des oben erläuterten Gruppendenkens als heterogene Gruppen. Ganz abgesehen von der Umsetzung einer Top-down-Entscheidung, die aufwendiger ist als die einer demokratisch gefällten Entscheidung.

Wie ich bereits 2014 in einem Artikel über gemeinsame Strategieentwicklung mit Mitarbeitern schrieb[23], müssen demokratische Entscheidungsprozesse also fast immer von dazugehörigen Qualifizierungsangeboten flankiert werden. Das zeigt auch die Geschichte der Hoppmann Autowelt in diesem Buch (vgl. S. 89–105). Die Behauptung, Mitarbeiter seien im Hinblick auf unternehmerische Entscheidungen generell inkompetent, ist auch insofern merkwürdig, als andererseits heute immer öfter Unternehmertum von den Mitarbeitern gefordert wird. Also was jetzt?

Auch der Vorwurf der Eigennützigkeit seitens der Mitarbeiter kann letztlich kaum ernst gemeint sein. Es gab und gibt genügend Topmanager, die sich am Unternehmen bereichern und es keineswegs in seinem Sinne führen. Es ist ein deutlich größeres Problem, wenn kriminelle Handlungen auf der Topmanagement-Ebene geschehen, schließlich sind die Möglichkeiten der asozialen Bereicherung dort wesentlich größer. So wundert es auch nicht, dass Studien genau das immer wieder zeigen: Der typische Täter sitzt in der bekannten Hierarchie relativ weit oben und kennt die Kontrollmechanismen besonders gut, weshalb eigennützige Handlungen bis hin zu Betrug, Veruntreuung oder Diebstahl auch auffallend erfolgreich und weitreichend sind. Der Gipfel der ökonomischen Irrationalität besteht dann darin, dass gegen Täter aus den gehobenen Managementkreisen seltener Strafanzeige gestellt wird als gegen Mitarbeiter der unteren Ebenen, wie eine Studie der PricewaterhouseCoopers AG und der Martin-Luther-Universität Halle-Wittenberg aus dem Jahr 2011[24] zeigt. Dabei sind die Beispiele für das kriminelle Potenzial des Topmanagements mittlerweile Legion:

- »Der ehemalige Chef der Bayerischen Landesbank und heutige Hauptgeschäftsführer des deutschen Bankenverbands Michael Kemmer: Anklage wegen Untreue.
- Der ehemalige Deutschland-Chef der Investmentbank Morgan Stanley Dirk Notheis: Verdacht der Beihilfe zur Untreue.
- Der einstige Drogeriekönig Anton Schlecker: Verdacht der Untreue und Insolvenzverschleppung.
- Der Ex-Vorstandschef der baden-württembergischen Landesbank Siegfried Jaschinski: Anklage wegen Bilanzfälschung.
- Der Ex-ThyssenKrupp-Vorstand Jürgen Claassen: der Untreue verdächtigt.
- Der ehemalige Porsche-Chef Wendelin Wiedeking: angeklagt wegen Marktmanipulation.
- Der Ex-Chef des Billigstromanbieters Teldafax Klaus Bath: Anklage wegen Insolvenzverschleppung[25].«

Damit sollte die Mär von der Dummheit, Faulheit und Eigennützigkeit der Mitarbeiter einstweilen vom Tisch sein. Sollten also alle bisherigen Argumente gegen mehr Mitbestimmung fraglich geworden sein, so ist doch eines sicherlich noch zutreffend:

Unternehmer haben mehr investiert und tragen höhere Risiken

Im Zuge meiner Recherchen zu diesem Buch bin ich auf eine typische Online-Diskussion bei der *Augsburger Allgemeinen* gestoßen. Ausgangspunkt war die Frage, »wie weit eine Firma gehen (darf) mit dem Versuch, Demokratie aus der Arbeitswelt fernzuhalten?« Man sollte davon ausgehen, dass wir in einer Demokratie wohl kritische Fragen auch zur Art und Weise typischer Unternehmensführungen stellen dürfen. Beim Lesen einiger Antworten und Beiträge bekam ich allerdings das Gefühl, dass die demokratiefreie Zone der meisten Unternehmen eine heilige Kuh zu sein scheint. Etwas, das niemand berühren darf.

Das, was in der Online-Diskussion als Hauptargument gegen eine Demokratisierung von Unternehmen vorgetragen wurde, habe ich in der Überschrift dieses Abschnitts verdichtet. Unternehmer, so die gängige Argumentation, hätten deshalb mehr Entscheidungs- und damit Gestaltungsrechte als alle anderen, weil sie mehr investiert hätten und damit finanziell ein deutlich höheres Risiko trügen. Erschwerend käme hinzu, dass Geschäftsführer oder Vorstände infolge ihrer Position und der damit verbundenen Pflichten auch juristisch ein wesentlich höheres Risiko übernehmen müssten als alle anderen Akteure im Unternehmen. Dagegen kann man nicht allzu viel sagen. Oder etwa doch?

Erstens ist nicht jeder Geschäftsführer oder Vorstandsvorsitzende der Gründer und/oder Inhaber des Unternehmens, das er führt. Faktisch waren im Jahr 2006 gemäß einer Studie des Instituts für Mittelstandsforschung 95,3 Prozent aller deutschen Unternehmen inhabergeführt. Das klingt im ersten Moment viel. Allerdings verschiebt sich dieser Anteil recht schnell mit zunehmender Größe der Unternehmen. Je größer, desto seltener Inhaberführung. Und genau das ist relevant. Denn Demokratie lässt sich in einem Unternehmen mit fünf oder zehn Mitarbeitern leichter realisieren als mit 500 oder 5000 Mitarbeitern. Umgekehrt nehmen die Anzahl hierarchischer Stufen und das Maß an Bürokratisierung mit steigender Unternehmensgröße zu. Je größer die Herausforderung für Mitbestimmung wird, desto weniger greift das Argument vom Unternehmer, der mehr investiert hat und größere Risiken trägt als die anderen Führungskräfte und Mitarbeiter.

Zweitens gibt es auch für kleine mittelständische Unternehmen weitreichende Möglichkeiten der Kapitalbeteiligung der Mitarbeiter, die das Risiko auf alle Schultern verteilen – wenn man nur will. Hier greift vor allem die Eigenkapitalbeteiligung. Die Mitarbeiter erhalten eine gesellschaftsrechtliche Beteiligung am Unternehmen. Dadurch kommen sie in den Genuss von Informations-, Kontroll- und Mitentscheidungsrechten und tragen damit zusammen dieselben Risiken wie die anderen Anteilseigner: Haftungsrisiko, variable Erträge, Kursschwankungen und das Risiko des Totalverlustes bei Insolvenz.

Selbst im Falle einer Fremdkapitalbeteiligung, bei der die Mitarbeiter dem Unternehmen für einen vereinbarten Zeitraum eine festgelegte Geldsumme zur Verfügung stellen, die verzinst und nach Ablauf des Zeitraumes zurückgezahlt wird, droht bei einer Insolvenz ein Teil- oder Totalverlust des investierten Kapitals. Ein beeindruckendes Beispiel für ein erfolgreiches Beteiligungsmodell ist die Hoppmann Autowelt (S. 92–94).

Wer als Inhaber, als geschäftsführender Gesellschafter oder Vorstand mehr und weitreichende Mitbestimmung verwirklichen will, kann sein Risiko also erheblich reduzieren. Zudem kann auf dem Wege der Kapitalbeteiligung die Identifikation und Motivation der Belegschaft gesteigert werden. Insofern greift auch dieses letzte, vielleicht stärkste Argument gegen mehr Mitbestimmung nicht.

Die eigentliche Frage

Zusammengefasst gibt es folgende Argumente gegen Unternehmensdemokratie:

1. Unternehmen können sich nicht ändern.
2. Ohne Führung geht es nicht.
3. Trägheit der Masse.
4. Die vielen sind dumm.
5. Einzelne sind dumm, faul und eigennützig.
6. Unternehmer haben mehr investiert und tragen höhere Risiken.

Diese Argumente gegen eine Demokratisierung der Arbeitswelt sind sachlich nicht haltbar. Sie sind vielmehr Ausdruck davon, nicht zu wollen, statt nicht zu können. Jede Geschäftsführerin und Inhaberin, jeder Vorstand kann es mit der Unternehmensdemokratie so halten, wie er oder sie es möchte. Das ist geltendes Recht. Jeder, der oder die auf der entsprechenden formalen Position ist, kann und darf einen erheblichen Teil der in unserer Gesellschaft geltenden demokratischen Rechte und Werte in (s)einem Unternehmen ignorieren. Schließlich lässt sich auf dem herkömmlichen Weg formaler Hierarchie auch Geld verdienen. Viel Geld.

Die entscheidende Frage ist aber nicht, was zu mehr Gewinnmaximierung führt, ob es erfolgreicher ist, Unternehmensdemokratie zu verwirklichen oder das Unternehmen top-down weiterzuführen. Die entscheidende Frage lautet: In welcher Welt wollen Sie, in welcher Welt wollen wir leben? Diese Frage lässt sich in Variationen stellen, die klarmachen, worum es wirklich geht:

Wollen Sie ein Unternehmen, in dem das Topmanagement alleine oder mit einigen wenigen Auserwählten die Geschicke des Unternehmens lenkt? Oder wollen Sie ein Unternehmen, in dem *jede* Arbeit ernsthafte Wertschätzung erfährt[26] und in dem jede Meinung echte Konsequenzen haben kann?

Wollen Sie ein klar definiertes und juristisch durchsetzbares »Ober-sticht-Unter«, oder wollen Sie gleichberechtigt mit Ihren Angestellten arbeiten?

Wollen Sie von inkompetent-demotivierten Mitarbeitern oder von kompetent-motivierten umgeben sein?[27]

Wollen Sie Autokratie oder Demokratie?

Wollen Sie misstrauen oder vertrauen?

Arbeit als Demokratielabor

In diesem Kapitel erfahren Sie

- warum Arbeit ein hervorragendes Demokratielabor ist,
- worum es genau ginge, wenn Arbeit ein Demokratielabor wäre,
- die Ergebnisse verschiedener Studien zu den positiven gesellschaftlichen Effekten unternehmerischer Demokratie.

»Wie soll sich eine demokratische Gesellschaft entwickeln, wenn die Ökonomie als Definitionszentrum heutiger Gesellschaft undemokratisch organisiert ist?« So Bernhard Mark-Ungericht, Professor am Institut für internationales Management der Universität Graz.

Das bringt das Spannungsfeld gesellschaftlicher Demokratie und unternehmerischer Verfassungen gut auf den Punkt. Müssen also Unternehmen demokratisch organisiert werden, um unsere gesellschaftliche Demokratie weiterzuentwickeln? Das ist eine Frage, die viel Staub aufwirbeln könnte. Auch wenn sie nicht einfach zu beantworten ist, so ist doch eines klar: Unsere gesellschaftliche Demokratie ist das, worauf wir stolz sind. Wer möchte schon freiwillig in einer Tyrannei oder Oligarchie leben, sofern man nicht selbst der Alleinherrscher ist oder zur Klasse der Regierenden gehört? Zudem ist Demokratie perverserweise das Produkt einiger angeblich demokratischer Gesellschaften, das mit größtem Gewalteinsatz exportiert werden soll.

Gleichzeitig diskutieren wir breitflächig eine Krise der Demokratie. Ob es diese Krise gibt, ist fraglich, wie der Politikwissenschaftler Wolfgang Merkel 2013 in einem lesenswerten Artikel in der *Frankfurter Allgemeinen* schrieb. Vielleicht wird einfach nur über eine Krise diskutiert, ohne dass es sie wirklich gibt. Schließlich resümierte nicht nur Marion Gräfin Dönhoff schon die »Krise der Demokratie« – und zwar

1968[28]. Ob es diese Krise nun gibt oder nicht, liegt Merkels Analyse nach vor allem an den drei großen und in ihren Forderungen unterschiedlichen Demokratietheorien: minimalistische, mittlere und maximalistische Theorie. Aber auch er arbeitet dreierlei als faktisch gegeben heraus: erstens den permanenten und deutlichen Rückgang der Wahlbeteiligung, zweitens die Krise der Repräsentation durch die Parteien und drittens eine Verlagerung wichtiger Entscheidungen auf »deregulierte Märkte, globale Firmen, Großinvestoren, weltumspannende Banken, finanzstarke Lobbys und supranationale Organisationen und Regime«.[29]

Schlussendlich kommt Merkel zu dem Ergebnis, dass Regieren über den Nationalstaat hinaus »nicht nur anders und komplexer, sondern auch weniger demokratisch sein wird«.

Das deckt sich mit einem ebenso differenzierten Artikel von Hubert Kleinert, Professor für Politik und Verfassungsrecht, vom September 2009, der mit einem ähnlichen Ausblick schließt: »Unübersichtlichkeit und Fragmentierung werden zunehmen. Ob das im Ergebnis die Demokratie als Selbstregierung des Volkes wirklich stärken wird, kann durchaus bezweifelt werden.«[30]

Beide Argumentationslinien erscheinen nachvollziehbar und überzeugend. Vor allem ist das Problem der rückläufigen Wahlbeteiligung bei eindeutig ungleicher Verteilung des politischen Engagements nach sozialen Schichten alles andere als ein Garant für eine dauerhaft stabile Gesellschaft. Allerdings müssen wir uns wohl auch eingestehen, dass das Ausfüllen von Wahlzetteln das tägliche Leben von Wählern nicht wirklich zu betreffen scheint. Dafür sind die politischen Programme erstens zu komplex und werden zweitens nach der Wahl dem Diktat realpolitischer Durchsetzbarkeit geopfert – meistens jedenfalls.

Und genau hier setze ich mit der Idee von Arbeit als Demokratielabor an: Wenn wir Demokratie wirklich wollen, wenn wir gesamtgesellschaftlich keine Monarchie, Tyrannei oder Oligarchie wünschen, dann bietet sich die Möglichkeit, unser tägliches Schaffen endlich demokratisch zu gestalten – und auf diesem Weg Demokratie neu zu beleben und weiterzuentwickeln. Es ist doch überaus offensichtlich, dass genau der Lebensbereich, in dem wir fast alle täglich eingebunden sind, ein großartiges Feld ist, um Demokratie neu zu beleben. Wir arbeiten 30 bis 40 Jahre, meist zwischen 20 und 40 Wochenstunden. Das bietet Tausende Alltagsmöglichkeiten. Lebenslanges Lernen kann hier einen gesamtgesellschaftlichen, wirtschaftlichen und gleichzeitig individuellen Nutzen entfalten.[31]

Demokratie neu (oder überhaupt) verstehen

Wissen wir eigentlich überhaupt noch, was Demokratie bedeutet? Welchen Wert es hat, die eigene Regierung wählen und abwählen zu können; das Schicksal im weitesten Sinn selbst in die Hand nehmen zu können, indem wir das direkte und indirekte Umfeld mitgestalten? Wissen wir um die Verantwortung, die diese Möglichkeit beinhaltet? Wissen wir, das unsere Rechte auch mit teils juristischen, teils ethischen Pflichten einhergehen? Wissen wir, welche Kompetenzen die demokratische Mitgestaltung erfordert? Ist uns klar, was wir wirklich mitgestalten wollen und was uns egal ist? Wo liegen unsere Leidenschaften der Mitgestaltung? Sind wir ein gutes Vorbild für unsere Kinder und folgende Generationen?

Dass Arbeit als Demokratielabor im Sinne dieser Fragen sehr gut funktionieren kann, belegt unter anderem das Beispiel der Führungskräftewahlen bei der Haufe-umantis AG (vgl. S. 106–123). Nicht die Wahl an sich ist hier das Wesentliche, sondern insbesondere der Reflexionsprozess, den Wähler und Kandidaten im Vorfeld und anschließend durchlaufen. Bezogen auf ihre Arbeit setzen sich die beteiligten Akteure mit Überlegungen auseinander, die viel mit den oben gestellten Fragen zu tun haben.

Die meisten von uns wuchsen in unserer aktuellen Demokratie auf. Zunehmend weniger Menschen in unserer Gesellschaft machten die fürchterlichen Erfahrungen eines totalitären Systems. Glücklicherweise. Allerdings sind vielen von uns offenbar die wunderbaren Mög-

lichkeiten der Demokratie längst nicht mehr bewusst oder erst gar
nicht bewusst geworden. Wir halten zu viel für selbstverständlich.
Daraus resultierend verkennen wir gleichgültig, was eine gelungene
Demokratie bedeutet. Wir ignorieren, welche Chancen und Risiken
in ihr liegen, welche Rechte sie uns gibt und welche Pflichten sie dafür
einfordert. Es bedarf eines neuen (Selbst-)Verständnisses, in dieser
Gesellschaftsform leben zu dürfen. Wenn unser gesellschaftspolitisches
Privileg nicht verkümmern soll wie eine ungegossene Zimmerpflanze,
müssen wir es hegen und pflegen. Es bedarf der tiefen emotionalen
und rationalen Einsicht, dass alles, was wir dürfen und können, ohne
um unser Leben bangen zu müssen, in keiner Weise gewöhnlich ist.

Demokratische Selbsterfahrung sammeln

Die meisten von uns brauchen mehr Selbsterfahrung mit den Möglichkeiten demokratischer Mitgestaltung. Mit Glück erleben wir Demokratie zuerst in unseren Herkunftsfamilien, wurden dort eingeladen,
Entscheidungen mitzutreffen, wurden dazu erzogen, Verantwortung
zu übernehmen. Vielen jedoch ist diese fundamentale Erfahrung ver-
wehrt geblieben. Die Familie als »Agent der Gesellschaft« funktioniert
nur eingeschränkt, sicher nicht breitflächig. Also sammelten viele von
uns – wenn überhaupt – demokratische Selbsterfahrung in Kindergärten, Schulen und Hochschulen. Aber auch da gab und gibt es längst
nicht überall die Chance auf solche Erfahrungen. Vielleicht sogar eher
das Gegenteil. Das beginnt bekanntermaßen mit den Lehrplänen der
Schule und geht dann in Berufs-, Fachhochschulen und Universitäten
so weiter. Leistungskurse und Studienfächer frei wählen zu können
reicht nicht, um demokratisch reif zu handeln.
»Demokratie ist anstrengend«, wie der konsequente Unternehmensdemokrat Ricardo Semler formulierte. Doch die Ergebnisse entloh-
nen und rechtfertigen den Aufwand. Genau diese Erfahrung müssen
wir machen. Und zwar so oft, dass sich daraus ein stabiles Muster aus
Wahrnehmen, Denken und Handeln ergibt. Ansonsten brechen wir

bei den ersten Widrigkeiten ein und wünschen uns zurück in die gute alte Zeit, in der es klare Ansagen vom Chef gab und wir keine Verantwortung zu übernehmen brauchten. Zeiten, in denen wir uns lässig zurücklehnen konnten ohne die manchmal nervigen Auseinandersetzungen mit anderen Sichtweisen, Ideen, Wünschen, Bedürfnissen, Zielen und so weiter und so fort. Wir müssen ein stabiles Fundament an demokratischer Selbsterfahrung aufbauen. Das braucht Zeit. Genau das wird unter anderem in der mittlerweile vier Jahrzehnte währenden Unternehmensdemokratie der Hoppmann Autowelt deutlich (vgl. S. 89–105). Demokratie lässt sich nicht von heute auf morgen installieren wie ein neues Softwareprogramm. In einem Unternehmen sind viele unterschiedliche Menschen beteiligt, und das bedeutet mitunter aufwendige und zeitintensive Lernprozesse. Eben so lange, bis sich das neue Muster stabilisiert hat.

Ein zentraler Aspekt der Lernprozesse ist ein hohes Maß an Selbstreflexion: Wann, wo und unter welchen Bedingungen machen demokratische Prozesse Spaß? Wann beginnen sie mich zu nerven? Mit welchen Kollegen fällt es mir leicht, mit welchen weniger, mit welchen sehr schwer, in demokratische Prozesse einzutreten? Welche meiner Werte, Grundannahmen, Glaubenssätze sind hilfreich, welche nicht oder sogar zerstörerisch? Und letztlich: Wie demokratisch will ich eigentlich mein (Berufs-)Leben gestalten? Will ich vielleicht doch lieber ganz alleine entscheiden? Wenn ja, warum? Bin ich dann bereit, die Konsequenzen zu ziehen und mich selbständig zu machen, vielleicht selbst ein Unternehmen zu gründen? Oder gibt es vielmehr eine Sehnsucht, als Team, vielleicht sogar als ganze Belegschaft gemeinsam zu entscheiden und zu gestalten? Wie geht es mir, wenn ich genau diese Sehnsucht spüre?

Ich hege keinen Anspruch, hier auch nur näherungsweise relevante Fragen der Selbsterfahrung abzubilden. Es soll nur ein Impuls sein zum eigenständigen weiteren Nachdenken. Es ist der Anfang einer Reise.

Demokratische (Selbst-)Wirksamkeit entdecken

In der Psychologie gibt es das Konzept der Selbstwirksamkeitserwartung. Damit ist die Erwartung eines Menschen gemeint, aufgrund der eigenen Kompetenzen Aufgaben und Probleme zu lösen, mithin erwünschte Handlungen erfolgreich ausführen zu können. Wer davon überzeugt ist, aus eigener Kraft Wirkung zu erzielen, insbesondere auch unter schwierigen Bedingungen, hat eine hohe Selbstwirksamkeitserwartung. Dazu gehört die Überzeugung, zielgenau die Außenwelt beeinflussen zu können, anstatt sich von äußeren Umständen wie Glück oder Zufall abhängig zu machen. Im psychologischen Fachjargon entspricht dies der Selbstzuschreibung im Unterschied zur Fremdzuschreibung. Verschiedene Experimente und Studien konnten immer wieder zeigen, dass Menschen mit einer hohen Selbstwirksamkeitserwartung, also dem Glauben an die eigene Wirksamkeit, tatsächlich erfolgreicher in ihrer Ausbildung und im Berufsleben sind, ein höheres Durchhaltevermögen bei Aufgabenbewältigung aufweisen und weniger anfällig für Angststörungen und Depressionen sind.[32] Das sind alles Effekte, die für eine gesunde, leistungsfähige und -willige Belegschaft wichtig sind.

Zudem wird zwischen allgemeiner und spezifischer Selbstwirksamkeitserwartung unterschieden: Die allgemeine beschreibt eine zu allen spezifischen Kompetenz- und Handlungsbereichen querliegende Selbstwirksamkeitserfahrung. Sie beschreibt sozusagen eine durchschnittliche Wirksamkeitserwartung eines Menschen. Die spezifische meint dementsprechend die Selbstwirksamkeitserwartung in einem bestimmten Bereich. Eben deshalb wäre es sinnvoll, die *Selbstwirksamkeitserwartung im Hinblick auf demokratische Prozesse* in den Fokus zu nehmen und vor allem: zu verbessern. Denn genau das ist es, was vielen, vielleicht zunehmend mehr Menschen abhandenkommt: das Gefühl, mit eigenen Handlungen in unserer Demokratie etwas zu bewirken. Das liegt sicherlich an den vielen äußerst komplexen Themen, die Millionen Menschen im gesamtgesellschaftlichen Demokratieprozess bearbeiten. Es ist wahrlich keine Selbstverständlichkeit, dass da die eigene Stimme Wirkung entfaltet.

Genau deshalb ist es sinnvoll, die demokratische Selbstwirksamkeitserwartung im praktischen alltäglichen Schaffen bei der Arbeit neu zu entdecken. Jedes Unternehmen, und sei es noch so groß, ist im Vergleich zur Gesellschaft deutlich überschaubarer. Außerdem ist jede Firma, jede Organisation wiederum in viele kleinere Bereiche unterteilt, in denen demokratische Gestaltungsprozesse erprobt und geübt werden können. Das kann im eigenen Team beginnen, das nur aus wenigen Personen besteht, und kann sich allmählich ausdehnen bis hin zu komplexeren Teilmengen wie Abteilungen und Bereichen. Das Fallbeispiel der ThyssenKrupp Rasselstein GmbH illustriert die Demokratisierung in Teilbereichen anhand der selbstbestimmten Entwicklung eines beruflichen Gesundheitsmanagements (vgl. S. 162–176).

Unternehmen und Organisationen bieten eine hervorragende Möglichkeit, die demokratische Selbstwirksamkeit zu entdecken und zu entwickeln. Ein erwünschter Nebeneffekt liegt darin, dass mit den Jahren eine insgesamt höhere Selbstwirksamkeitserwartung der Mitarbeiter und Führungskräfte erreicht wird. Denn die Erfolge der spezifischen demokratischen Selbstwirksamkeitserwartung strahlen auf die allgemeine Selbstwirksamkeitserwartung aus. Damit kann die Belegschaft langfristig mehr Erfolge bei der Arbeit verwirklichen.

Zentrale Bereiche des eigenen Lebens demokratisch mitgestalten

Der große Vorteil von Arbeit als Demokratielabor besteht darin, dass die eigene tägliche Arbeit jeden tatsächlich individuell betrifft. Das äußert sich ganz praktisch im Gefühl, mit dem jemand morgens aufwacht und zur Arbeit fährt: Ist da Freude, Langeweile, Angst, Widerwille, Hass? Freut sich eine Mitarbeiterin am Sonntagabend schon auf die nächste Arbeitswoche, darauf, die Kollegen wiederzusehen, gemeinsam weiterzuarbeiten, oder ist es genau umgekehrt, dass ein Mitarbeiter schon am Montagmorgen den Freitagnachmittag sehnsüchtig erwartet, damit die Woche endlich wieder rum ist?

Bei der Arbeit gibt es die vielen kleinen und die wenigen großen Dinge, die wichtig sind, um dort ein positives Grundgefühl zu erzeugen. Beides, die operativen wie strategischen Entscheidungen und Gestaltungsfragen, sind damit zentrale Bereiche des eigenen Lebens. Hier kann zwar jeder sagen, dass es ihn nicht interessiert, aber niemand kann sagen, dass es sie nicht betreffen würde. Die emotionale Verbundenheit mit dem Arbeitgeber, die Gesundheit und Motivationslage der Mitarbeiter bezeugen deren Betroffenheit. Es verhält sich genauso, wie mit dem Watzlawick'schen Kommunikationsparadigma: Arbeit kann einen nicht nicht betreffen. Selbst Gleichgültigkeit gegenüber der eigenen Arbeit und dem Arbeitgeber ist eine Aussage über die Betroffenheit. Und natürlich auch über die Motivation und damit den Leistungswillen.

Demokratie, demokratisches Handeln und demokratische Kompetenzen können bei der Arbeit besonders gut erprobt und verbessert werden, weil erstens die direkte Betroffenheit gegeben ist und zweitens die Komplexität deutlich geringer ist als in gesamtgesellschaftlichen Demokratieprozessen. Selbst dann, wenn es nicht bloß um Entscheidungen im eigenen Arbeitsbereich geht, sondern sogar um die Wahl einer neuen »Regierung« wie bei der Haufe-umantis AG mit der Wahl des CEO durch die Mitarbeiter. Es ist also möglich, Demokratie im Unternehmen zu üben, wenn man es will.

Sie sollten es sein!

»Unternehmen sind keine demokratische Veranstaltung.« Bis hierher habe ich diese Phrase mit der Frage quittiert: Warum eigentlich nicht? In den bisherigen Kapiteln habe ich versucht, Antworten zu geben, und neue Fragen aufgeworfen. Durch diesen Denkprozess fällt meine Reaktion jetzt anders aus: Richtig, Unternehmen sind leider keine demokratische Veranstaltung. Aber sie sollten es sein.

Wissenschaftliche Ergebnisse

Meine bisherigen Überlegungen sind dem gesunden Menschenverstand entsprungen. Wissenschaftler würden sagen: Die angedeuteten Auswirkungen unternehmerischer Demokratie sind »augenscheinvalide«, haben also dem Augenschein nach Gültigkeit. Das ließe sich mit Fug und Recht kritisieren, schließlich muss nicht allgemein gültig sein, was mir offensichtlich erscheint. Allerdings gibt es bereits seit den 1970er Jahren Studien, die sich mit den Auswirkungen organisationaler Demokratie auf das Arbeits- und Alltagsleben der Mitarbeiter befassen.

- Direkte Mitentscheidung, die in Form selbstbestimmter Arbeitskontrolle umgesetzt wird, fördert politisches, kulturelles und gewerkschaftliches Engagement (Karasek 1978 und 2004).
- Direkte Demokratie am Arbeitsplatz und in Arbeitsgruppen stärkt ebenso gesellschaftliches wie kulturelles Engagement (Elden 1980).
- Die Kombination aus teilautonomer Gruppenarbeit und repräsentativer Mitbestimmung fördert politische Selbstwirksamkeit, arbeitspolitisches Interesse und senkt das Stresserleben (Gardell 1983).
- Direkte Mitentscheidung fördert politisches Wirksamkeitserleben und Engagement (Greenberg et al. 1996).
- Direkte Entscheidungspartizipation übt positiven Einfluss auf *organizational citizenship behaviour* aus, fördert also zusätzliches Engagement über arbeitsvertragliche Regelungen hinaus (Goletz 2001).
- Länder mit einem höheren Maß an partizipativer Führung weisen weniger Korruption und Unruhe auf als Länder mit geringerer Mitarbeiterpartizipation in Unternehmen[33] (Spreitzer 2007).
- Demokratienahe Führungsstile wie transformationale Führung stehen in engem Zusammenhang mit der Gesundheit und dem Wohlbefinden der Mitarbeiter[34] (Rigotti et al. 2014).

Auf einigen dieser Ergebnisse baut eine besonders interessante Untersuchung auf: die ODEM-Studie »Organisationale Demokratie – Ressourcen für soziale, demokratieförderliche Handlungsbereitschaften«. Wolfgang G. Weber, Professor für angewandte Psychologie der Universität Innsbruck, untersuchte im Rahmen des österreichischen Forschungsprogramms »New Orientations for Democracy in Europe« die Auswirkung von Unternehmensdemokratie auf die Arbeit und das Alltagsleben der Studienteilnehmer. Dazu wurden insgesamt 631 Arbeitnehmer aus 24 demokratischen Unternehmen für die Hauptstichprobe und aus 13 klassisch hierarchisch organisierten Unternehmen für die Vergleichsstichprobe befragt. Die Unternehmen stammten aus Österreich, Süddeutschland, Norditalien und Liechtenstein.[35] Darüber hinaus gab es eine weitere Stichprobe mit 327 Mitarbeitern aus sechs israelischen Unternehmen. Im Rahmen dieser Studie wurden Effekte gefunden, die eine Bestätigung und Erweiterung der bisherigen Ergebnisse darstellen:

Unternehmen mit demokratischen Organisationsformen und Unternehmenskulturen führen zu

1. höherer Solidarität am Arbeitsplatz,
2. verstärktem Hilfeverhalten am Arbeitsplatz,
3. stärkerer emotionaler Bindung an das Unternehmen.

Im Leben jenseits der Arbeit führen Unternehmensdemokratien zu

1. höherer sozialer Verantwortung,
2. höherem demokratischen und gesellschaftlichen Engagement,
3. höherer Selbstwirksamkeitserwartung im Hinblick auf eine gerechte Welt und
4. einer stärkeren humanistischen Ethik.

Dabei gab es noch ein deutliches Verhältnis zwischen dem Maß der Ausprägung an Demokratie im Unternehmen und den dadurch her-

vorgerufenen Effekten. Zusammengefasst kann festgehalten werden:
Je demokratischer die Organisationsstrukturen, desto

1. prosozialer, solidarischer und sozial verantwortlicher handeln die
   Mitarbeiter,
2. höher ist das Ethikbewusstsein,
3. größer ist das demokratische und gesellschaftliche Engagement,
4. stärker ist die Identifikation mit dem Unternehmen.

Kritisch ist anzumerken, dass die bisherigen Untersuchungen lediglich sogenannte Querschnittsstudien sind. Daraus folgt die methodische Einschränkung, dass die aufgeführten Zusammenhänge im streng wissenschaftlichen Sinn nicht als eindeutig kausale Wirkungen belegt sind. Davon ausgenommen ist nur die aufwendige Längsschnittstudie von Karasek (1978 und 2004). Allerdings wäre es ausgesprochen überraschend, wenn sich bei den bereits vielfach gezeigten Zusammenhängen keinerlei Kausalität zeigen ließe. Denn einerseits wurde bereits in vielen Studien der Zusammenhang nachgewiesen und teilweise durch die eben erwähnte Längsschnittuntersuchung als *Kausal*zusammenhang belegt.[36]
Somit sind die Gedankengänge über Demokratieverständnis, demokratische Selbsterfahrung, Selbstwirksamkeit und Lebensgestaltung sowie zur Wiederbelebung von Demokratie nicht aus der Luft gegriffen. Mit den bisherigen Studien konnten überzufällige positive Effekte auf das (Arbeits-)Leben aufgezeigt werden. Das, was der gesunde Menschenverstand sagt, hält der bisherigen wissenschaftlichen Prüfung stand. Wolfgang Weber und seine Kollegen fassen die Ergebnisse ihrer Studie bescheiden zusammen: »Je stärker Beschäftigte berichten, an operativen, taktischen und strategischen Entscheidungen in ihrem Unternehmen zu partizipieren, desto stärker weisen sie gemeinwesenbezogene Wertorientierungen auf, die sich durch humanistische Werte, Bereitschaft zu kosmopolitischem und demokratischem Engagement auszeichnen. … Die Praxis demokratischer Unternehmen, wie derje-

nigen aus unserer Stichprobe, verleiht ein klein wenig Hoffnung, dass Unternehmen im Zusammenwirken mit vielen weiteren Institutionen der Zivilgesellschaft (zum Beispiel Familien, Kindergärten, Schulen, Vereinen, Universitäten) ein Ort sein können, die demokratische Gesellschaft zu bewahren und zu verteidigen.«[37]

In meinen Worten: Arbeit kann tatsächlich erfolgreich als Demokratielabor genutzt werden.

Unternehmensdemokratie

Eine Landkarte

In diesem Kapitel erfahren Sie
- den Unterschied zwischen Unternehmens- und Wirtschaftsdemokratie,
- welche verwandten Begriffe kursieren und wie sie sich von Unternehmensdemokratie unterscheiden,
- die unterschiedlichen Dimensionen der Unternehmensdemokratie,
- welche Unternehmenstypen in den Fallbeispielen vorgestellt werden.

Wenn Sie das Wort »Unternehmensdemokratie« im April 2015 gegoogelt hätten, wären ihnen ungefähr 1000 Treffer angezeigt worden. Vergleicht man das mit einem ähnlich sperrigen Ausdruck wie »Nichtwissen«, wird schnell deutlich, dass »Unternehmensdemokratie« im Internet gleichsam nicht existent ist. Die Suche nach Nichtwissen führt immerhin zu fast 1,8 Millionen Treffern. Dagegen sind die 1000 Treffer im Datenkosmos bestenfalls ein Spurenelement. Da ist es nicht verwunderlich, dass es entweder gar kein oder nur ein auseinandergehendes Verständnis dieses Begriffs gibt. Ist Unternehmensdemokratie gleichbedeutend mit Wirtschaftsdemokratie? Oder gibt es Unterschiede? Wie steht es um die verschiedenen möglichen Formen von Unternehmensdemokratie? Es gibt ja auch diverse demokratische Gesellschaftsverfassungen. Gibt es Mindestbedingungen, damit man von Unternehmensdemokratie sprechen kann?

Unternehmens- und Wirtschaftsdemokratie

»Geprägt wurde der Begriff Wirtschaftsdemokratie von einer im Auftrag des Allgemeinen Deutschen Gewerkschaftsbundes [bestellten] Kommission zur Ausarbeitung eines Programms zur Demokratisierung der Wirtschaft. Das von namhaften Wissenschaftlern kollektiv erarbeitete Programm zur Wirtschaftsdemokratie wurde 1928 von den Delegierten des Hamburger Gewerkschaftskongresses verabschiedet. In ihrem Verständnis stellte es ein Übergangsprogramm zum Sozialismus dar.«[38] Das entspricht der allgemein üblichen Lesart. Ich schlage allerdings eine andere Definition vor, denn die eben zitierte ist erstens nicht hilfreich im Hinblick auf eine trennscharfe Unterscheidung vom Begriff Unternehmensdemokratie und ist zweitens durch ihre Nähe zum Sozialismus nicht zielführend. Außerdem ist die zitierte Definition dermaßen breit, dass so ziemlich alles darunter gefasst werden kann, solange es nur irgendwie um eine Demokratisierung betriebs- oder volkswirtschaftlicher Bereiche geht.

Zweckdienlicher für eine weitere Auseinandersetzung mit dem Thema scheint mir zu sein, Unternehmensdemokratie von Wirtschaftsdemokratie ähnlich zu unterscheiden wie Betriebs- von Volkswirtschaft. Der jeweils erste Begriff beschreibt dann mikroökonomische Zusammenhänge in Unternehmen, der zweite makroökonomische Aspekte der gesamten Wirtschaft.

Wirtschaftsdemokratie in diesem Sinne würde dann beispielsweise die Änderung des Bilanzrechts dahin gehend umfassen, dass externe Kosten wie Ressourcenausbeutung, Umwelt- und Gesundheitsschäden eingepreist und nicht der Gemeinschaft auferlegt werden. Oder – ähnlich – dass in der Finanzbranche Gewinne nicht länger privatisiert und Verluste sozialisiert werden, wie wir es alle in der Finanzkrise 2007/2008 erleben durften, verbannt auf die Zuschauerränge ohne Mitspracherecht.[39] In den Bereich der Wirtschaftsdemokratie gehört auch die Rahmensteuerung von Gesellschaftsverträgen und weiteren rechtlichen Unternehmensvorgaben wie das Betriebsverfassungsgesetz, die bereits geforderte Ausweitung der Montan-Mitbestimmung und die Begrenzung der Einkommensschere[40]. Ein weiteres Thema mit Sprengkraft wäre die Demokratisierung des Lobbyismus, der in der jetzigen Form eine definitiv undemokratische, privatwirtschaftlich geleitete Interessenvertretung darstellt.[41]

Unternehmensdemokratie betrifft demgegenüber die demokratische Verfassung innerhalb von Unternehmen. Mit anderen Worten das Maß demokratischer Entscheidungsfindung und das eindeutige Bekenntnis zur allgemeinen Erklärung der Menschenrechte[42]. Wer entscheidet was auf welche Art und Weise? In welchen Bereichen dürfen die Mitarbeiter und Führungskräfte mitentscheiden? Dürfen sie den eigenen Arbeitsplatz mitgestalten, die eigene Arbeitsorganisation oder Gruppenprozesse, wie in (teil-)autonomen Arbeitsgruppen? Haben sie ein Mitspracherecht bei taktischen Entscheidungen wie Standortwahlen oder Personaleinstellungen und -entlassungen, oder steuern sie diese Tätigkeit sogar selbst? Reicht die Entscheidungsmacht der Mitarbeiter und Führungskräfte noch weiter in den Bereich strategischer Entscheidungen wie über Fusionen oder ganze Strategieentwicklungen? Die allerwichtigste Entscheidungsfrage bei alldem lautet jedoch: *Wer definiert Probleme in einem Unternehmen oder einer Organisation?* Das ist deshalb so wichtig, weil die Problemdefinition den späteren Verlauf der Problemlösung vorausbestimmt. Wir suchen nach Lösungen für das beschriebene Problem, nicht nach Lösungen für ein Problem, das wir *nicht* glauben zu haben[43]. Die Suche nach Problemlösungen kann mitunter so sinnvoll sein wie die Suche des Betrunkenen nach seinem Schlüssel im Lichtkegel der Laterne. Als er gefragt wird, ob er glaubt, den Schlüssel dort verloren zu haben, antwortet er nur: Nein, aber hier kann ich etwas sehen.[44]

Mit der Frage nach der EntscheidungsKultur und -struktur ist – neben der nach einem Bündel von Grundrechten – der zentrale Stellhebel der Unternehmensdemokratie ausreichend beschrieben. Denn alles andere im Unternehmen ist dann eine Frage der mehr oder minder gemeinsamen Entscheidungsfindung. Nehmen wir zum Beispiel das neuralgische Thema des Vergütungsmodells. Wenn zunächst gemeinsam entschieden werden kann, dass das Gehalt ein Thema im Unternehmen ist, dann rückt es damit automatisch in den Fokus einer demokratischen Auseinandersetzung und Gestaltung. Infolgedessen ist es nicht nötig, über die EntscheidungsKultur hinaus inhaltliche Themen einer Demokratisierung vorzugeben. Das wäre vielmehr ein Widerspruch, denn es käme einer Bevormundung gleich. Das Beispiel der Haufe-umantis AG macht dies klar: Einerseits hat das Unternehmen urdemokratische Entscheidungsprozesse entwickelt und im Unternehmen verankert (vgl. S. 106–123), andererseits hat es aber bis heute kein demokratisches Vergütungsmodell vorzuweisen. Das bisherige, relativ klassische Modell erscheint der Belegschaft immer noch passend. Würde der Vorstand die Entwicklung eines neuen Vergütungsmodells auf die Agenda setzen, wäre das ein Bruch mit dem längst demokratisch getroffenen Entscheid, dass das Vergütungsmodell zurzeit eben kein Thema ist.

Verwandte Begriffe

Neben den Begriffen der Unternehmens- und Wirtschaftsdemokratie gibt es seit geraumer Zeit noch weitere Begriffe mit dahinterliegenden Konzepten, die teils vage, teils ausgesprochen exakt sind. Nach dem grafischen Überblick finden Sie alle Begriffe kurz beschrieben, außer dem Terminus »Organisationale Demokratie«, denn der meint dasselbe wie Unternehmensdemokratie, nur allgemeiner auf Organisationen bezogen: (Nicht-)Regierungsorganisationen, Non-Profit-Organisationen und Unternehmen. Mithin also die Demokratie in sozialen Systemen mit organisationalem Charakter.

Industrielle und Arbeitsplatzdemokratie
Diese beiden Begriffe können mehr oder weniger synonym verwendet werden. Sie sind ein multidimensionales internationales Konzept, dessen Wurzeln in der Ökonomie, Politik, Soziologie, Psychologie, Phi-

Verwandte Begriffe Unternehmensdemokratie

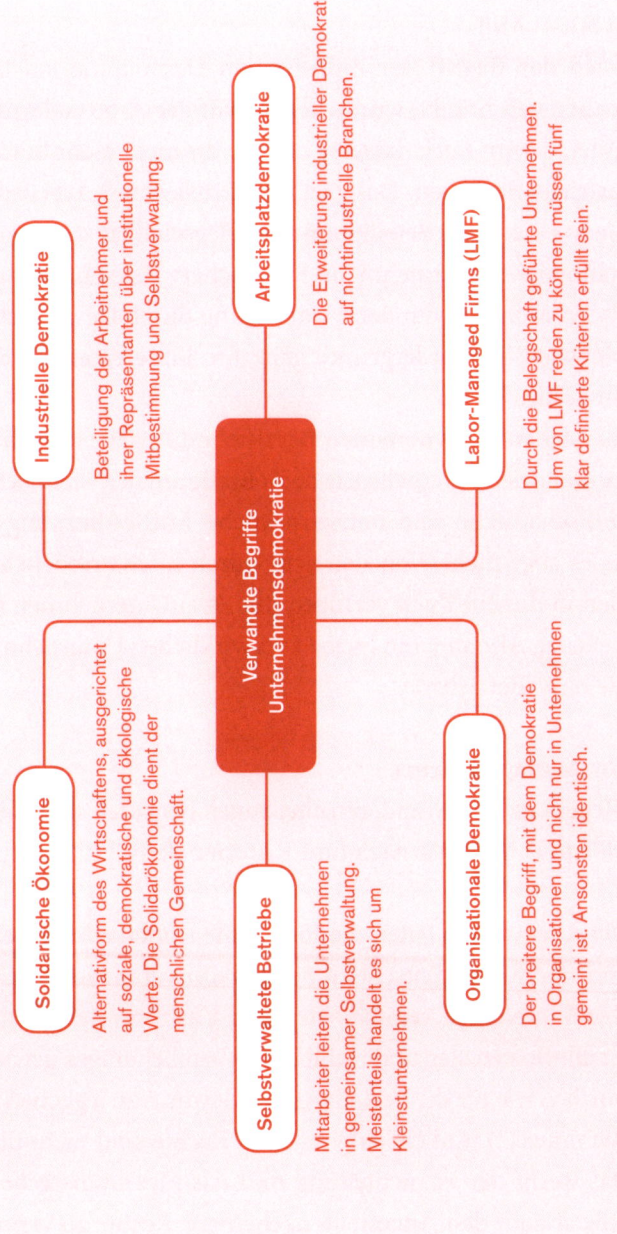

Industrielle Demokratie

Beteiligung der Arbeitnehmer und ihrer Repräsentanten über institutionelle Mitbestimmung und Selbstverwaltung.

Arbeitsplatzdemokratie

Die Erweiterung industrieller Demokratie auf nichtindustrielle Branchen.

Labor-Managed Firms (LMF)

Durch die Belegschaft geführte Unternehmen. Um von LMF reden zu können, müssen fünf klar definierte Kriterien erfüllt sein.

Verwandte Begriffe Unternehmensdemokratie

Solidarische Ökonomie

Alternativform des Wirtschaftens, ausgerichtet auf soziale, demokratische und ökologische Werte. Die Solidarökonomie dient der menschlichen Gemeinschaft.

Selbstverwaltete Betriebe

Mitarbeiter leiten die Unternehmen in gemeinsamer Selbstverwaltung. Meistenteils handelt es sich um Kleinstunternehmen.

Organisationale Demokratie

Der breitere Begriff, mit dem Demokratie in Organisationen und nicht nur in Unternehmen gemeint ist. Ansonsten identisch.

losophie und Arbeitsgeschichte liegen. Beide Begriffe gehen zurück auf Überlegungen zur Demokratie von Jean-Jacques Rousseau und John Stuart Mill.

Da sich der Begriff der industriellen Demokratie auf industrielle Branchen beschränkt, wurde der Begriff der Arbeitsplatzdemokratie gebildet, der im Kern dasselbe meint, nur nicht mehr beschränkt auf industrielle Branchen. Das Ziel industrieller und Arbeitsplatzdemokratie ist eine starke Beteiligung der Belegschaft an der Steuerung und Gestaltung des Unternehmens. Klassischerweise stand dabei zunächst die institutionell gebundene Umsetzung durch Gewerkschaften und Betriebsräte im Vordergrund, ganz im Sinne einer repräsentativen Demokratie.

Damit stehen die synonymen Begriffe industrielle und Arbeitsplatzdemokratie der Unternehmensdemokratie am nächsten. Letztere kann gewerkschaftliche und betriebsrätliche Mitbestimmung bedeuten, muss es aber nicht. Von den acht durch mich erarbeiteten Fallbeispielen in diesem Buch verfügen nur zwei Unternehmen über einen Betriebsrat. Alle anderen Firmen verwirklichen Unternehmensdemokratie ohne Betriebsrat.

Labor-Managed Firms

Im Gegensatz zu den anderen eher vagen Begriffen sind Labor-Managed Firms (LMF) klar nach fünf Kriterien definiert:

1. Die Angestellten leiten die Firma. Sie treffen alle Entscheidungen und sind für die Entscheidungsstruktur verantwortlich.
2. Die Angestellten verantworten den Cashflow der Firma. Sie sind für alle finanziellen und rechtlichen Verpflichtungen genauso verantwortlich wie für die Verteilung des Gewinns zu jeglichen Zwecken.
3. Die unter (1) und (2) aufgeführten Rechte sind nicht übertragbar. Das Recht der Firmenleitung und das Eigentumsrecht am Cashflow erlaubt den Angestellten, ebenjene Rechte zu verkaufen. Dadurch würde die LMF zu einem Privatbesitz.

4. Die unter (1) und (2) aufgeführten Rechte der Angestellten sind an die Anstellung in der Firma gebunden. Sobald Angestellte die Firma verlassen, verfallen die Rechte an der Gewinnbeteiligung.
5. LMF haben keinen Besitzanspruch an das Kapitalvermögen. Die Angestellten bestimmen den Gebrauch des Kapitalvermögens ihrer Firma. Sie halten während ihrer Anstellung nicht veräußerbare Rechte am Cashflow der Firma.

In der neoklassischen Variante liegt das Ziel der LMF nicht in der Maximierung des Gewinns, sondern des Einkommens der Arbeiter beziehungsweise Angestellten. Insbesondere diese Variante unterscheidet sich von allen Unternehmensdemokratien der Fallbeispiele, die Sie im zweiten Teil finden. Keines dieser Unternehmen hat den erklärten und ausschließlichen Zweck, das Einkommen zu maximieren.

Selbstverwaltete Betriebe
Diese Betriebsform ist durch die Ausschaltung formeller Hierarchie bei gleichzeitiger Entscheidungsgewalt durch die Betriebsmitglieder gekennzeichnet. Bis hierhin gibt es eine Verwandtschaft zur Unternehmensdemokratie. Eine Voraussetzung für diese Entscheidungsgewalt ist jedoch der Austausch privater »Verfügungsgewalt über das Eigentum an Produktionsmitteln durch kollektive Verfügungsgewalt«[45], was in Unternehmensdemokratien keineswegs sein muss. Interessanterweise zeigt das Fallbeispiel der Hoppmann Autowelt, dass es neben diesen beiden bekannten Alternativen Kapitalismus und Sozialismus einen dritten Weg gibt, den zu gehen das erklärte Ziel des damaligen Inhabers und Geschäftsführers Klaus Hoppmann war (vgl. S. 89–105).
Typisch ist auch die Auflösung herkömmlicher Lohnarbeit, da es keinen Arbeitgeber im altbekannten Sinn mehr gibt. Dic Lohnarbeit wird zur Ertragsarbeit. Nach dem Abzug der gesamten fixen Betriebskosten wird die übrig gebliebene Summe unter den Mitgliedern des Betriebs aufgeteilt. Die »ökonomische Grundfigur« liegt darin, »dass nicht

das Kapital Arbeit, sondern die Arbeit das Kapital mietet und in Form von Zinsen bezahlt«.[46] Diese Wendung ist bei keinem der Fallbeispiele Teil der Unternehmensdemokratie. Alle Unternehmen haben ihre Angestellten auf der Basis normaler Lohnarbeit eingestellt.

Ein weiteres häufiges Merkmal selbstverwalteter Betriebe ist zudem die geringe Anzahl der Betriebsmitglieder. In der Studie »Alternativen zur Lohnarbeit« hatten Johannes Berger und seine Kollegen 1985 rund 250 selbstverwaltete Betriebe in Deutschland untersucht und kamen auf durchschnittlich vier bis zwölf Mitglieder pro Betrieb. Damit ist auch die Größe selbstverwalteter Betriebe ein deutliches Unterscheidungsmerkmal zu den in diesem Buch vorgestellten Unternehmen, deren Belegschaftszahlen von 90 bis rund 2400 reichen.

Solidarische Ökonomie

Auch dieser Begriff ist weit entfernt von einer klaren und eindeutigen Definition. Grundlegend gilt zunächst, dass die solidarische Ökonomie im Gegensatz zur traditionellen Ökonomie der menschlichen Gemeinschaft dient und nicht der Gewinnmaximierung. Sie soll menschliche (Grund-)Bedürfnisse unter Wahrung von Solidarität, Zusammenarbeit und demokratischer Gestaltung erfüllen. Im allgemeinen Verständnis schließt dies auch ein ökologisch nachhaltiges Vorgehen ein.

Die solidarische Ökonomie versucht nicht nur alternative Formen des Wirtschaftens zu erproben, durch die sich auch die Arbeitsbedingungen verbessern sollen, sondern hat darüber hinaus noch weitere, gesamtgesellschaftliche Ziele. Die kapitalistisch-materialistisch geprägte Gesellschaft soll überwunden und durch eine solidarische Gemeinschaft ersetzt werden. Es gilt, Demokratie zu erweitern sowie Partizipation und Mitbestimmung zu stärken.

Neben diesen alternativen wirtschaftlichen Ansätzen als erste Unterscheidungsmerkmale gibt es noch einen weiteren wichtigen Unterschied zur Unternehmensdemokratie: Während sich diese, wie der Name sagt, auf die Demokratie und Demokratisierung von Unternehmen bezieht, ist die solidarische Ökonomie keineswegs auf einzelne organisationale Einheiten beschränkt. Sie umfasst sowohl einzelne Betriebe, Initiativen, Tauschringe, Unternehmen und dergleichen mehr als auch Zusammenschlüsse von Kooperativen oder regionalen Wirtschaftssystemen. Damit umfasst die solidarische Ökonomie meinem Verständnis nach Unternehmens- und Wirtschaftsdemokratie.

Dimensionen der Unternehmensdemokratie

Unternehmensdemokratie wird in verschiedenen Dimensionen verwirklicht. Dazu gehören der jeweilige Partizipationsgrad, die Partizipationsreichweite und Partizipationsfrequenz. Im Einzelnen lassen sich diese Dimensionen auf einem Kontinuum folgendermaßen differenzieren:

Partizipationsgrad

Der Partizipationsgrad meint die grundsätzliche Frage, inwieweit Partizipation und damit Mit- oder sogar Selbstbestimmung ausgeübt wird.

Keine Partizipation: Die Mitarbeiter werden in keiner Weise in Entscheidungsprozesse einbezogen. Sie sind gewissermaßen Spielbälle der Entscheidungsmacht der Vorgesetzten. Die einzige Möglichkeit zur Mitbestimmung liegt in der prinzipiellen Möglichkeit, selbst Führungskraft zu werden und damit Entscheidungsmacht zu erhalten. Wer nicht Führungskraft werden will oder dies zu einem gegebenen Zeitpunkt nicht leisten kann, ist voll und ganz fremdbestimmt, sofern er oder sie weiterhin im Unternehmen tätig ist.

Information: Die Mitarbeiter dürfen auch bei diesem Partizipationsgrad nicht mitentscheiden, werden aber über die Entscheidungen auch dann informiert, wenn es zur Leistung ihres Arbeitsauftrags nicht unbedingt nötig ist.

Konsultation: Führungskräfte sprechen mit ihren Mitarbeitern vor der Entscheidungsfindung über die zu treffende Entscheidung, diskutieren Wahlmöglichkeiten und erfragen die Einschätzung ihrer Untergebenen. Danach treffen sie weiterhin alleine die Entscheidung, die in der Folge verbindlich für die Mitarbeiter ist.

Mitbestimmung: Hier beginnt die Unternehmensdemokratie. Alle Mitarbeiter sind eingeladen oder aufgefordert, bei anstehenden Entscheidungen, die der Mitbestimmung unterliegen, den Entscheidungsprozess aktiv mitzugestalten.

Selbstbestimmung: Dies ist der höchste Partizipationsgrad. Die Mitarbeiter gestalten die Entscheidungsprozesse eigenmächtig. Dies bedeutet zwingend die selbstbestimmte, demokratische Problemdefinition als Ausgangspunkt der darauf folgenden Entscheidungen.

Partizipationsreichweite

Mit der Partizipationsreichweite wird der Grad der Mit- und Selbstbestimmung auf zwei Ebenen beschrieben: Die Zeitachse mit kurz-, mittel- und langfristigen Entscheidungen sowie die Bedeutungsachse mit nicht existenziellen, das Wohl des Unternehmens nachhaltig beeinflussenden und existenziellen Entscheidungen. Typischerweise lassen sich diese Ausprägungen den Reichweiten operativer, taktischer und strategischer Entscheidungen zuordnen.

Operativ: Die Mitarbeiter dürfen ihre eigene tägliche Arbeit und damit kurzfristige Entscheidungen mitgestalten, die keine direkte existenzielle Bedeutung für den Erfolg des Unternehmens haben. Sie sind dazu ermächtigt, beispielsweise die Arbeitszeiten in zumeist vorgegebenem Rahmen frei zu gestalten, Arbeitsabläufe, sofern möglich, selber zu bestimmen, Arbeitsorte und Arbeitsmittel frei zu wählen. Welche dieser operativen Anteile durch die Mitarbeiter selbst entschieden werden, hängt natürlich von der jeweils konkreten Arbeit ab. Diese Ebene der Reichweite findet sich bei allen Unternehmen der Fallbeispiele.

Taktisch: Entscheidungen auf der taktischen Ebene beeinflussen das Unternehmen in seinem Erfolg und seiner wirtschaftlichen Gesundheit. Es sind Entscheidungen mit einem mittelfristigen Bedeutungshorizont. Typisch dafür sind Entscheidungen im Bereich Personalsuche,

-einstellung und -entlassung, so wie es bei der Haufe-umantis AG der Fall ist.

Strategisch: Am ungewöhnlichsten ist die strategische und damit langfristige sowie existenziell bedeutungsvolle Partizipationsreichweite. Mitarbeiter dürfen auch strategische Entscheidungen entweder durch direkte oder repräsentative Demokratie mit- oder selbst bestimmen. Konkret betrifft dies Entscheidungen zu Fusionen, neuen Geschäftsfeldern und -modellen, strategischen Ausrichtungen und dergleichen mehr. Diese Reichweite wird von den in diesem Buch vorgestellten Unternehmen Autowelt Hoppmann, der Volksbank Heilbronn, der Haufe-umantis AG, der Bank für Gemeinwohl und – in den Anfängen – auch bei Wagner Solar umgesetzt.

Partizipationsfrequenz

Letztlich stellt sich die Frage, wie *kontinuierlich* die jeweiligen Partizipationsgrade und -reichweiten umgesetzt werden. Das ist wichtig, weil immer wieder Vorschläge durch die Welt geistern, eine Zeitlang Selbstorganisation zu leben, um dann irgendwann das Ruder wieder herumzureißen und zurück zur direktiven Top-down-Führung zu kommen. Was halten wohl Mitarbeiter davon, wenn sie eigenverantwortlich arbeiten, vielleicht auch taktische oder sogar strategische Entscheidungen mittreffen können, um dann plötzlich wieder alles nur abzunicken und wieder gesagt zu bekommen, wo sie den Bleistift hinzulegen haben? Eine Zeitlang wird man als Erwachsener gleichberechtigt behandelt, und irgendwann wird man wieder zum unmündigen Mitarbeiter degradiert, der von oben herab Anweisungen bekommt. Und das soll funktionieren? Lassen Sie sich als Erwachsener freiwillig von Ihren Eltern wieder in die Kinderrolle zurückdrängen? Eine durch und durch befremdliche Vorstellung. Sie zeugt von einem immer noch rein mechanischen Menschen- und Organisationsbild, in dem nach Belieben auf Knopfdruck gerade gewünschte Wahrnehmungsmuster, Denk- und Verhaltensweisen ein- und ausgeschaltet werden können. Die Mitarbeiter sind in diesem Bild einfach nur Ma-

schinen, in denen das jeweils gewünschte Handlungsprogramm hoch-
geladen wird.

Aus der Partizipationsfrequenz kann indes nicht abgeleitet werden,
wie weit ein Unternehmen demokratisiert ist, es sei denn, Partizipation findet nie statt. Dann ist ein Unternehmen alles Mögliche, nur
nicht demokratisch aufgestellt. Die Unschärfe ergibt sich daraus, dass
die Partizipationsfrequenz auf verschiedenen möglichen Kombinatio-
nen der Partizipationsreichweite beruhen kann. Eine operative Reichweite ist relativ häufig anzutreffen, aber daraus resultiert noch längst
keine taktische oder strategische Mitbestimmung. Je größer die Partizipationsreichweite ist, desto wahrscheinlicher wird es jedoch, dass
die niedrigeren Reichweiten eingeschlossen sind. Mitarbeiter, die
strategisch mitentscheiden dürfen, werden kaum in ihrer täglichen
Arbeit bevormundet und bei taktischen Entscheidungen systematisch
ausgeschlossen. Praktische Beispiele für diese Inkludierung sind die
Autowelt Hoppmann und die Haufe-umantis AG. Dort findet Mitbestimmung operativ, taktisch und strategisch statt.

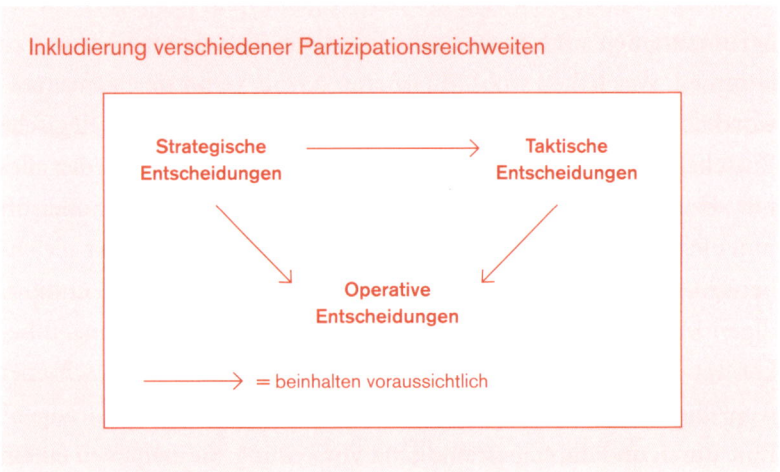

Die Unterscheidung der Partizipationsfrequenz in *selten*, *häufig* und
kontinuierlich ermöglicht eine Reflexion der eigenen Entscheidungs-
Kultur. Die Frequenz bietet zwar keine eindeutigen, aber doch ten-

denzielle Hinweise, wie es um die Partizipation bestellt ist. Es ist interessant, die Mitarbeiter unterschiedlicher Bereiche, Abteilungen und Hierarchiestufen daraufhin zu befragen. Die Frequenz kann auch Hinweise liefern, wie konsequent mögliche Entscheidungsspielräume von den Mitarbeitern genutzt werden oder nicht.

Wenn Partizipation *selten* stattfindet, folgt aus der obigen Logik, dass einige ausgesuchte Bereiche seltener operativer Themen durch die Mitarbeiter selbst entschieden werden dürfen. Das kann die Wahl des Firmenhandys oder Firmenwagens betreffen oder die Entscheidung, statt eines Wagens lieber eine Bahncard 100 in Anspruch zu nehmen.

Sofern *häufig* mitbestimmt wird, ist davon auszugehen, dass große Teile der täglichen Arbeit durch die Mitarbeiter entschieden werden. Vielleicht gibt es sogar Mitbestimmung bei taktischen Entscheidungen. Da zwischen taktischen und operativen Entscheidungen meistens mehrere Wochen oder Monate liegen, bedingt die *kontinuierliche* Partizipation, dass auch die eigene Arbeit selbst gestaltet wird. Umgekehrt kann es durchaus sein, dass die Partizipation *nur* im operativen Bereich liegt, denn auch dann kann kontinuierlich (mit-)entschieden werden.

Unternehmenstypen

Bei der genaueren Betrachtung des Begriffs Unternehmensdemokratie wird abschließend deutlich, dass es in Bezug auf die demokratische Verfassung von Unternehmen ganz unterschiedliche Unternehmenstypen gibt. Alle Unternehmen folgen aus juristischen Zwängen heraus irgendeinem der gültigen Gesellschaftsverträge. Dieser Systematik entsprechend lassen sich auch demokratische Unternehmenstypen klassifizieren. Ich gehe hier bewusst einen anderen Weg als Wolfgang Weber von der Universität Innsbruck, der sich um das Thema organisationaler Demokratie besonders verdient gemacht hat.

Weber stellte eine eigene Typologie auf, die mir aber im Hinblick auf die Unternehmen, die Sie später in den Fallbeispielen beschrieben und reflektiert finden, nicht wirklich passend erscheint. Um den Preis mangelhafterer Generalisierung sehe ich folgende Typologie in Bezug auf die Fallbeispiele in diesem Buch:

Demokratische Unternehmenstypen

Gesellschaftstyp	Demokratietyp	Fallbeispiel
Kapitalgesellschaften		
GmbH	Direkte Demokratie	Farbenwerke Wunsiedel GmbH
	Direkte & repräsentative Demokratie	Wagner & Co. Solartechnik GmbH Autowelt Hoppmann
	Montan-Mitbestimmung & direkte Demokratie	ThyssenKrupp Rasselstein GmbH
GmbH & Co. KG	Direkte Demokratie	Upstalsboom Hotel + Freizeit GmbH & Co. KG
AG	Repräsentative & direkte Demokratie	Haufe-umantis AG
Genossenschaften		
e.G.	Direkte Demokratie	Volksbank Heilbronn e.G.
	Direkte Demokratie	Bank für Gemeinwohl in Gründung

Direkte Demokratie meint die Möglichkeit der Mitarbeiter, auf den Ebenen des Partizipationsgrads, der Partizipationsreichweite und -frequenz direkt Entscheidungen zu treffen. Direkte Demokratie ist dabei gleichbedeutend mit »Basisdemokratie« als einem diffusen Sammelbegriff. *Repräsentative Demokratie* bedeutet ergänzend dazu die Wahl von Repräsentanten, die den Willen der Wähler hoffentlich möglichst weitreichend vertreten. In den Unternehmen geschieht dies durch die Wahl von Betriebsräten, wie bei der Autowelt Hoppmann und der ThyssenKrupp Rasselstein GmbH, oder von Führungskräften auf verschiedenen Hierarchiestufen wie früher bei der Wagner & Co. Solartechnik GmbH und aktuell der Haufe-umantis AG.

TEIL 2_ INSPIRATION

Überblick

In diesem Teil finden Sie insgesamt zwölf Fallbeispiele. Acht davon basieren auf meinen persönlichen Gesprächen mit verschiedenen Akteuren aus dem Topmanagement, dem Aufsichtsrat und Betriebsrat sowie der Mitarbeiterschaft. Von den insgesamt zwölf Unternehmen sind elf bis heute zum Teil äußerst erfolgreich, auch und gerade durch die Demokratisierung. Sie zeigen, dass Unternehmensdemokratie keine verrückte Utopie ist, sondern eine überaus lebendige Alternative zu den bekannten Führungs- und Managementmodellen.
Es gab bei der Auswahl der Unternehmen, bei denen ich selbst Daten erhoben habe, zwei Kriterien:

1. Jedes Unternehmen musste mindestens um die 100 Mitarbeiter haben.
2. Jedes Unternehmen sollte eine andere Branche repräsentieren.

Insgesamt reicht die Spanne bezüglich der Größe der Belegschaft von 91 bis 2393 Mitarbeiter und umfasst damit durchschnittlich rund 670 Mitarbeiter. Dies ist wichtig, weil Demokratie in Kleinst- oder Kleinunternehmen bis 30 oder 40 Mitarbeiter zwar erfreulich, aber keine überaus erstaunliche Leistung ist. Spannend wird es ab einer Größe von rund 100 Mitarbeitern. Da sind demokratische Prozesse der Entscheidungsfindung bis in den strategischen Bereich alles Mögliche, bloß nicht gewöhnlich. In dieser Größenordnung beginnt das Erstaunliche.
Die Unternehmen meiner eigenen Untersuchung stammen aus folgenden Branchen: Automotive, Chemie, Finanzdienstleistung, Hotellerie, Metallindustrie und Softwareentwicklung. In der Branche der Finanzdienstleistung hat sich eine Doppelung ergeben. Es handelt sich dabei um zwei Banken, die jedoch bezüglich der Demokratisierung völlig unterschiedliche Wege gegangen sind. Eine tradierte Bank mit einer über 100-jährigen Geschichte und einem dann vollzogenen Verände-

rungsprozess einerseits und eine Bank in Gründung, bei der bereits der Gründungsprozess demokratisch vollzogen wird, andererseits.

Im Kapitel »Anfang und Ende« sind zwei Fälle beschrieben, anders in den Kapiteln zuvor, die jeweils einen Fall umfassen. Die Gegenüberstellung einer demokratischen Gründung und eines Niedergangs eines einstigen demokratischen Vorzeigeunternehmens hat einen eigenen Reiz. Der Beginn und das Ende einer Lebensspanne stellen ein eigenes interessantes Spannungsfeld dar, denn alle anderen vorgestellten Unternehmen wurden weder demokratisch gegründet, noch wurde die Demokratie wieder aufgelöst.

In »Quer durch den Garten« präsentiere ich zum Abschluss vier weitere bemerkenswerte Beispiele, auch wenn ich in diesen Fällen selbst keine Daten erhoben habe. Das Neue besteht im Bezug auf die ersten acht großen Fälle. Hier finden sich weitere ergänzende Inspirationen für die Entwicklung des eigenen Unternehmens.

Auf den Kopf gestellt

*Eine Bank wird durch Rückbesinnung zu einem
neuen Finanzdienstleister*

Vorspiel

Bereits 2012 las ich das erste Mal von dem tiefgreifenden Wandel der
Volksbank Heilbronn: »Eine Bank baut um« – so der Titel eines hoch-
interessanten Werkstattberichts im *Genograph*, der Zeitschrift des
Baden-Württembergischen Genossenschaftsverbandes. Was ich dort
erfuhr, klang durch und durch aufregend: Die Volksbank Heilbronn
schaffte nach einem längeren vorbereitenden Prozess, der auf einer
gemeinschaftlichen Entscheidung beruhte, zum 1. Januar 2011 alle
Hierarchieebenen unterhalb des Vorstands ab. Als Ergebnis der neuen
strategischen Ausrichtung wurde das Vergütungsmodell geändert
und Strukturen erneuert. Und das nach einer gut 100-jährigen Geschichte traditioneller Unternehmensführung, ganz entgegen der no-
torisch wiederkehrenden Behauptung vieler Skeptiker, dass dieser
Wandel nicht möglich sei. Der Bericht brannte sich in mein Gedächt-
nis, bis zu dem Tag, an dem ich mit diesem Buch begann.

Im Herbst 2013 präsentierte ich diesen erfolgreichen Umbau hin zu
mehr Mitbestimmung, Selbstorganisation und Eigenverantwortung
als kleines Fallbeispiel in meinem bereits erwähnten Vortrag. Das hin-
derte einen Teilnehmer, wie schon geschildert, nicht daran, steif und fest
zu behaupten, dass solch ein Wandel bei bestehenden Unternehmen
nicht umsetzbar sei, obwohl es offensichtlich den Fakten widerspricht.
Also meldete sich eine der Zuhörerinnen ergänzend zu Wort. Sie teilte
in beinahe triumphalem Ton mit, dass alle ehemaligen Führungskräfte
und Mitarbeiter, die nach der Auflösung der Hierarchieebenen die
Volksbank verließen, bei ihnen angeheuert hatten. In den Gesprächen
mit den unfreiwilligen Bewerbern wäre deutlich geworden, dass sie

sich mächtig über die neue Führungsstruktur und -kultur aufgeregt hätten. Die Dame war ausgesprochen missgelaunt, schien regelrecht wütend ob des so offensichtlich falschen Fallbeispiels. Unmissverständlich wollte sie nicht nur mir, sondern allen anwesenden Kollegen das Scheitern des Wandels beweisen.

Nun ist aber dieses Argument seinerseits ein wenig fragwürdig. Erstens müsste die Aussage der Zuhörerin belegt werden. Da wäre zunächst die sonderbare Tatsache, dass wirklich alle 40 Personen mit ihren jeweiligen Kompetenzprofilen sofort einen Arbeitsplatz bei einem Mitbewerber bekommen haben sollen. Aber vielleicht gab es tatsächlich exakt 40 passende Stellen. Nehmen wir weiter gutmütig an, die Dame hätte recht und auf eine persönliche Befragung hin würden sich wirklich ausnahmslos alle Personen entsprechend negativ über ihren früheren Arbeitgeber äußern. Dann wäre immer noch in Rechnung zu stellen, dass diejenigen beim Konkurrenten einen neuen Arbeitsplatz gefunden haben, die mit dem Wandel und/oder seinen bis dahin erreichten Ergebnissen nicht einverstanden waren. Das dürften vor allem Personen sein, die eine formal fixierte Hierarchie wünschen, um mit ihrer Arbeit zufrieden zu sein. Sie sind also verärgert, frustriert, verängstigt aus dem Unternehmen ausgetreten. Und was wird diese emotionalisierte, für den Wandel nicht zwingend repräsentative Gruppe ihrem neuen Arbeitgeber erzählen? Dass der Change für die verbliebenen Angestellten ein lösbares oder nur ein kleines Problem ist? Oder dass der Wandel für einige vielleicht sogar interessante neue Möglichkeiten eröffnete? Oder wird sich eventuell – unter Zurückstellung allergrößter Bedenken – Frust und Ärger Bahn brechen?

Es war ziemlich erhellend und auch erschreckend, welche Reaktionen der radikale Wandel der Volksbank Heilbronn bei Mitbewerbern auslöst. Von der völligen Verleugnung objektiver Fakten bis hin zu nicht weiter selbstkritisch beleuchteten Aussagen über ehemalige Mitarbeiter des verrückt gewordenen Konkurrenten. Alles im Dienste der zu beweisenden Wahrheit, dass es erstens nicht möglich sei, formale Hierarchien aufzulösen und damit Führung zu dynamisieren, und dass dies zweitens nur scheitern kann. Wie groß muss das Unbehagen, wie überwältigend die Angst sein, um derart irrationale Verhaltensmuster hervorzubringen – und das auch noch unter dem Siegel ökonomischer Vernunft?

Mit dieser Episode war aber längst noch nicht das Ende der Fahnenstange erreicht. Nach Abschluss dieses Kapitels war ich im März 2015 bei einer Veranstaltung für Volksbankvorstände zu einem Vortrag und Dialog über die Chancen und Risiken professioneller Intuition eingeladen. Beim Mittagessen kam ich mit zwei Vorständen ins Gespräch über Hierarchie, Demokratisierung und damit naheliegenderweise auch über die Volksbank Heilbronn. Einer der beiden begann sofort, sich kritisch zu äußern, die Veränderungen dort seien bestenfalls kosmetischer Natur, schließlich hätten sich nur die Bezeichnungen geändert, man spreche nun von Funktionsträgern und nicht mehr von Führungskräften. Ansonsten sei alles beim Alten geblieben. Vor allem aber sei das Ganze ein strategischer Winkelzug gewesen, um unliebsame Mitarbeiter und Führungskräfte loszuwerden. Das war eine tiefgreifende Kritik. Ich fragte nach der Datenbasis und bekam zu hören, dass es sich um zwei Personen handelt, die diese Vorwürfe verbreiteten. Zwei. Von rund dreihundertsechzig.

Ende Januar 2014, gut ein Jahr vor der eben geschilderten Episode, schrieb ich eine Anfrage an den Vorstandsvorsitzenden Thomas Hinderberger, der beim Wandel von Anfang an mit im Boot war. Bereits wenige Stunden später erhielt ich eine Antwort von seiner Assistentin mit der Bitte, mich zwecks Terminvereinbarung zu melden. Es war ein ermutigender, erfrischend schneller und unkomplizierter Beginn. Und eines schon vorweg: Auf genau die eben erwähnten Unzufriedenheiten infolge des Wandels ging Hinderberger von sich aus ein. Ergänzend dazu haben sogar zwei der Mitarbeiter 2015 einen Artikel geschrieben, der auch Eingang in dieses Fallbeispiel gefunden hat.

Unternehmensdaten der Volksbank Heilbronn e. G.
vor und nach dem Change

Gründungsjahr	1909		
Unternehmensalter beim Beginn des Change 2011	102 Jahre		
	2010	2014	Veränderung
Mitglieder	41006	46806	+ 14 Prozent
Kunden	86485	93646	+ 8 Prozent
Filialen	20	19	− 5 Prozent
SB-Standorte	16	18	+ 12 Prozent
Mitarbeiter	379	362	− 5 Prozent
Bilanzsumme*	1783	2272	+ 27 Prozent
Kundenkredite*	1037	1318	+ 27 Prozent
Kundeneinlagen*	1275	1582	+ 24 Prozent

* In Millionen Euro

Das Modell der Volksbank Heilbronn

Seit dem fundamentalen Wandel machen vor allem drei Elemente das Modell der Volksbank Heilbronn aus, so wie sie aktuell aufgestellt ist: der Regelkreis, die sogenannten Prozessverantwortlichen und ein neues Vergütungsmodell.

Regelkreis

Beim Regelkreis steht eines im Vordergrund: Die Mitgliedschaft ist Grundlage allen Handelns. »Ausgangspunkt für unsere Strategie ist nicht mehr, was die Bank braucht, sondern was die Mitglieder und Kunden brauchen. Deshalb haben wir unseren Regelkreis ausgehend von ihren Bedürfnissen konzipiert«,[47] äußerte Vorstandsmitglied Jürgen Pinnisch. Dabei wurde die finanzielle Unabhängigkeit der Mitglieder als wichtigstes Bedürfnis festgelegt. Im Zentrum der Beratung steht der selbstentwickelte »VR-Lebensplaner«. Mit diesem Instrument werden die Liquiditätsströme, die dem Kunden zukünftig voraussichtlich zur Verfügung stehen, ebenso verdeutlicht wie die Handlungsfelder zur Sicherung der Liquidität.

Prozessverantwortliche

Anstelle der bisherigen Führungskräfte gibt es heute Prozessverantwortliche, die keine disziplinarischen Vorgesetzten mehr sind, sondern eine Fachverantwortung übernehmen und ihre Teams begleiten. Dieser Personenkreis, der nicht nur aus ehemaligen Führungskräften, sondern auch aus Mitarbeitern ohne bisherige Führungsverantwortung besteht, meldet sich entweder selbst oder wird vom Vorstand darauf angesprochen. Die Prozessverantwortlichen orientieren sich dabei an gemeinsam erarbeiteten Zielen, die nicht mehr top-down vorgegeben sind.

Neues Vergütungsmodell

Im Zuge dessen wurde eine leistungsorientierte, bis dahin an die alten hierarchischen Strukturen gebundene Vergütung aufgegeben, da sie nicht mehr zu dem neuen Selbstbild passte. Heute wird die Vergütung an der Komplexität der Aufgabe ausgerichtet. Außerdem kann die Vergütung bis zu einem 14. Monatsgehalt aufgestockt werden, sofern die Bank das Gesamtunternehmensziel erreicht. Damit ist die Aufwertung des Gehalts von der Teamleistung abhängig und nicht von Einzelleistungen.

Auf dem Weg zum Interview

Meine Fahrt mit dem Zug nach Heilbronn dauerte noch nicht lange, und unsere Planung war hinfällig. Aufgrund eines verspäteten Anschlusszuges konnte ich frühestens eine Stunde später als vereinbart in Heilbronn eintreffen. Also rief ich die Assistentin an und teilte ihr die Lage mit, während am Bahnhof Frankfurt-Süd Dutzende andere Fahrgäste hektisch telefonierten. Kurzerhand tauschte sie den Anschlusstermin von Herrn Hinderberger mit seinen Vorstandskollegen

Betreuungspyramide

Betreuung der Kunden

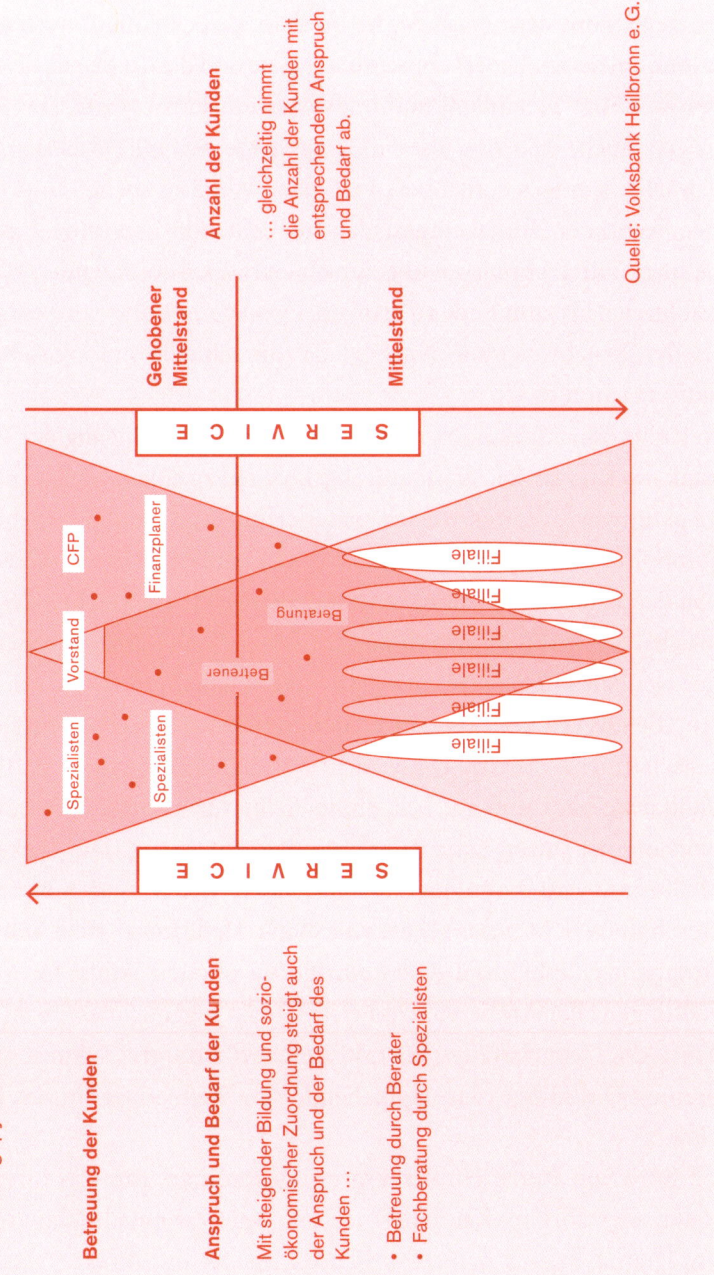

Anspruch und Bedarf der Kunden

Mit steigender Bildung und sozio-ökonomischer Zuordnung steigt auch der Anspruch und der Bedarf des Kunden …

- Betreuung durch Berater
- Fachberatung durch Spezialisten

Anzahl der Kunden

… gleichzeitig nimmt die Anzahl der Kunden mit entsprechendem Anspruch und Bedarf ab.

Quelle: Volksbank Heilbronn e. G.

77

mit meinem und zeigte damit überraschend viel Wertschätzung und Entgegenkommen – was beides zu dem zurückhaltend nach außen kommunizierten Unternehmensbild passte und die für Planabweichungen so nötige Flexibilität und Improvisationskunst zeigte. Das signalisierte auch, dass hier die Führungsspitze keinen Perfektionismus erwartet, sondern sofort bereit ist, neue Wege zu suchen und zu gehen, wenn der einmal eingeschlagene nicht zum Ziel führt. Eine unbedingt nötige Voraussetzung, um einen radikal anmutenden Wandel erfolgreich bis zum Ende zu bringen. Denn gerade dort wird es immer wieder Planabweichungen geben, die eine schnelle, improvisierte Reaktion erfordern.

In Heilbronn angekommen, hetzte ich zum Haupteingang der Volksbank, wo ich von der Assistentin abgeholt und zu einem Neubau nebenan geführt wurde, der, wie ich später erfuhr, von nicht unerheblicher Symbolfunktion ist. Im Geschäftsbericht 2012 ist zu lesen: »Der Neubau der Volksbank Heilbronn ist das weit sichtbare Zeichen des Aufbruchs, der Veränderung, des Neuanfangs. Nach außen repräsentiert der Neubau Modernität. Sein Fundament jedoch steht auf den Werten, die uns seit über 100 Jahren unverändert ausmachen: das genossenschaftliche Prinzip. Diese Identität, die auf genossenschaftlicher Solidarität baut und auf Selbsthilfe, Selbstverwaltung, Selbstverantwortung, ist unser Zuhause.«[48] Damit nicht genug. Die Volksbank Heilbronn geht konsequenterweise noch weiter und schreibt im Geschäftsbericht 2013: »[Die Volksbank Heilbronn] stellt mit dem Abraham-Gumbel-Saal einen einzigartig offenen Raum für Veranstaltungen aller Art bereit. Und vielleicht ist ja genau dieser Saal eines Tages die Geburtsstätte neuer Visionen, die unsere Zukunft verändern.«[49] Das klingt vielversprechend. Eine Steilvorlage für das Interview.

Im Büro von Herrn Hinderberger angekommen, fing das Interview praktisch sofort an. Kaum dass ich saß, waren wir auch schon mitten im Thema. Dieses herzerfrischend schnelle und direkte Vorgehen setzte sich während des gesamten Interviews fort.

Der Weg der Volksbank Heilbronn

Es war ein bisschen wie im Film *Der Club der toten Dichter* aus dem Jahr 1989.[50] Der neue Lehrer der Klasse steigt irgendwann auf seinen Schreibtisch, um seinen Schülern zu demonstrieren, was es bedeutet, die Welt nicht immer aus der gleichen Sicht wahrzunehmen, sondern endlich einmal den Blickwinkel zu ändern. Dieser sonderbar anmutende Schritt war der Beginn eines Perspektivwechsels, der das Leben der meisten Schüler veränderte.

Ähnlich scheint es sich vor dem Strategieprozess verhalten zu haben, der 2010 der Anfang des Wandels war. Thomas Hinderberger erklärte mir gleich zu Beginn unseres Gesprächs, dass er »lange auf der Suche nach jemandem war, der dabei hilft, eine gute Führung im Unternehmen zu verwirklichen. Wir hatten den einen oder anderen Unternehmensberater vor Ort. Aber ich habe sie alle wieder nach Hause geschickt. Weil es immer das Alte und Gleiche war.« Doch dann wurde er fündig. Ein Berater, der irgendwann im ersten Gespräch plötzlich auf den Tisch stieg. Als er die volle Aufmerksamkeit des Vorstandsvorsitzenden hatte, erklärte er seinen verrückt anmutenden Schritt: »Sie machen es wie alle anderen. Sie stehen da oben und gucken runter auf Ihre Mitarbeiter und Mitglieder. Aber eigentlich müssen Sie Ihre Mitglieder und Mitarbeiter da raufstellen und selbst unten stehen.« Hinderberger fragte: »Und was bedeutet das?« Der Berater erwiderte: »Sie müssen die Bank vom Kopf auf die Füße stellen.« Und siehe da: Bei einem dann folgenden Führungskräfte-Dialog, bei dem alle Führungsverantwortlichen anwesend waren, erzählte Hinderberger, »hat ein Prokurist gesagt: ›Ha, eigentlich müssten wir die Bank neu erfinden.‹ Das war ein Schlüsselmoment. Jemand der eigentlich ganz lange da ist, dem ich das nie zugetraut hätte.«

Später folgte eine Zukunftswerkstatt, in der »komplett alles infrage« gestellt wurde, unter anderem der Sinn und Zweck von Führungskräften. Hinderberger berichtet über eine der Kernfragen: »Wir fragten, für was wir einen Chef brauchen? Die Antwort: ›Wegen der Verantwortung.‹ Dann habe ich die Mitarbeiter gefragt, ob sie keine Verantwortung hätten? Natürlich antworteten sie, dass sie auch Verantwortung hätten. Darauf sagte ich: ›Ja wie jetzt? Ihr oder der Chef? Wer hat denn die Verantwortung?‹ ›Das sind wir.‹ Also braucht man dafür schon mal keinen Chef. Wir haben immer weiter gefragt, für was wir einen Chef brauchen. Und was blieb übrig? Der Urlaubsschein. Aber dafür braucht man nun wirklich keinen Chef.« Ein einfaches, konsequentes Hinterfragen des Sinns von festen Führungspositionen war einer der ersten Schritte des Veränderungsprozesses.

Allerdings wurde schnell klar, warum der Wandel einer bestehenden Organisation in Richtung Unternehmensdemokratie angeblich nicht möglich sei: Etwas »wirklich ganz anders zu machen ist extrem schwer. Das ist keine Organisations-, sondern eine Kulturveränderung. Und dazu braucht man die Mehrheit veränderungswilliger Menschen.« In diesem Sinne »besteht die Kunst darin, Teams so zusammenzustellen, dass dadurch Veränderung möglich wird. Wer aber glaubt, dies sei in zwei, drei Jahren der Fall, wird merken, dass das utopisch ist. Schließlich haben Mitarbeiter 30 oder sogar 40 Jahre eine andere Kultur erlebt. Die wollen die Kultur auch nicht ändern. Warum? Alle Änderungen sind mit Unsicherheit verbunden, und deswegen ist es ein extrem mühsamer Weg.« Damit spricht Hinderberger offen die Probleme an, die mir im Vorfeld zweifach präsentiert wurden.

Aber nicht nur Hinderberger, sondern auch Mitarbeiter thematisieren das. Der Prokurist Alexander Gysinn und der Funktionsverantwortliche für das Prozessmanagement Timo Capriuoli weisen in ihrem Artikel »Die hierarchiefreie Bank – Umsetzungsschritte und Erfahrungen« auf die Umstellungsschwierigkeiten hin: »Nicht jeder Mitarbeiter ist bereit oder in der Lage, sich selbst zu organisieren. Die neue Freiheit, die durch den Aufruf zur Verantwortungsübernahme und zur Eigenverantwortung bei gleichzeitigem Wegfall der Hierarchie entstand, versetzt nicht jeden in die Lage, diese als Chance zu sehen. Vielfach führt diese teils zu einer gewissen Orientierungslosigkeit, die *Führung mehr denn je erforderlich* machte.«[51] Die beiden Autoren belassen es aber nicht bei dieser allgemeinen Bemerkung, sondern haben im Vorfeld im Abschnitt »Psychologie der Veränderung« die Probleme aufgelistet, die durch die Auflösung der formal fixierten Hierarchie entstanden sind:

- *Passivität:* Mitarbeiter werden nicht aktiv, sondern nehmen erst einmal einen Beobachtungsposten ein, motiviert durch die bekannte Haltung, diese Veränderung sei wieder nur eine neue Sau, die durchs Dorf getrieben würde. Abwarten und Tee trinken, auch diese Sau verschwindet wieder.
- *Orientierungslosigkeit:* Mitarbeiter und Führungskräfte hatten auf einmal keine Ahnung mehr, was eigentlich von ihnen erwartet wird.
- *Widerstand:* In all den Bereichen, in denen bereits gute Ergebnisse erzielt wurden, kam es zu Widerstand, denn warum sollte da etwas geändert werden?
- *Umorientierung:* Mitarbeiter und Führungskräfte, die nicht bereit waren, den Change mitzumachen, verließen die Bank und suchten sich neue Arbeitsplätze.
- *Leistungsgrenze:* Die neuen Anforderungen und die damit verbundene Unsicherheit brachten einige Mitglieder der Belegschaft an ihre Leistungsgrenze.
- *Perspektivlosigkeit:* Durch die Koppelung der Vergütung an die Komplexität der Aufgabe anstelle der hierarchischen Stellung gibt es keine klassische, an formale Hierarchie gebundene Karriere mehr.
- *Identität:* Die Auflösung der bekannten Hierarchie führte auch dazu, dass in der Außenkommunikation keine übliche berufliche Positionierung mehr angegeben werden konnte. Wer ist man, wenn man nicht mehr einfach sagen kann, den Geschäftskundenbereich zu leiten?

Gysinn und Capriuoli schließen diese Auflistung mit einer Anmerkung, die den Wandel durchaus kritisch beleuchtet: »Ein Kollege brachte die Haltung vieler Mitarbeiter aufgrund vielfältiger Erfahrungen in Veränderungsprozessen mit folgendem Zitat auf den Punkt: ›Jede noch so bescheidene aktuelle Situation ist mir lieber als die Veränderung.‹«[52] Die unvermeidlichen Probleme werden also in keiner Weise ignoriert oder vertuscht. Hinderberger bemerkt zudem ehrlich, dass er manchmal kurz davor ist zu sagen: »Komm, wir lassen's.« Denn »viele Mitarbeiter wollen zurück zur alten Hierarchie.« Gysinn und Capriuoli schließen sogar ihren Artikel mit einer Bemerkung zum Umgang mit diesem Problem: »Es sind viel Mut, Anstrengung, eine hohe Frustrationstoleranz und Zeit erforderlich.«[53]

Hinderberger, Gysinn und Capriuoli sowie alle anderen Befürworter der Veränderungen scheinen diese Anforderungen zu erfüllen, denn sie haben nicht aufgegeben: »Wir würden es wieder tun!«[54] Hinderberger erzählt mir zudem im Gespräch von seinem Glauben, »dass Menschen dorthin gehen, wo sie Fähigkeiten haben, wo sie erfolgreich sein können, wo sie Freude an der Arbeit haben.« Folgerichtig stellt sich die Frage, wie man es schafft, »dass Menschen dann den Job machen, der ihnen eigentlich liegt, und nicht, wo man sie irgendwann mal reingesteckt hat.« Schließlich kommen infolge der bisherigen mehr oder minder klassischen Unternehmensstruktur und -kultur die Mitarbeiter nicht aktiv auf den Vorstand(svorsitzenden) zu und sagen, was sie wollen. Sie haben die Angst, den Eindruck zu erwecken, »etwas nicht zu können«. Damit nicht genug. Zu dieser Angst gesellt sich noch das Unbehagen, dass sie gefragt werden könnten, warum sie denn nicht früher gekommen sind. Genau da liegt laut Hinderberger das größte Problem: die Angst vor der Freiheit. Sie »nimmt ein Stück Sicherheit weg. Wenn dann das Sicherheitsdenken überwiegt, ist das die größte Herausforderung.« Infolge dieser Angst »haben Organisationen die Tendenz zu erstarren.«

Könnte die Angst vor der Freiheit über die Arbeit selbst hinausgehen? Hinderberger beantwortete meine Frage prompt: »Ja, das ist eine Existenzangst. Angst vor dem Verlust des Arbeitsplatzes und so weiter. Ich muss das tun, denn wenn ich es nicht mache, wer weiß, was mir dann passiert? Anstatt das Ganze als Chance zu sehen, alle Freiheiten zu haben und sich verwirklichen zu können.« Thomas Hinderberger geht dem nach und kommt zu dem Ergebnis, dass viel davon in unserer Erziehung wurzelt, dass wir viel über Angst erziehen, über Drohungen: »Pass auf, fall nicht hin! Sei vorsichtig! Guck, dass du gut bist in der Schule, sonst bekommst du später keine gute Arbeit!« Eigentlich, so Hinderberger, sollten wir eher ressourcenorientiert vorgehen, ermutigen, statt Ängste zu wecken. Wenn wir das auf das Arbeitsleben übertragen, entsteht ein vertrauensvolles Klima, das die Selbstwirksamkeitserwartung[55] der betroffenen Personen verbessern kann.

Da einige der Menschen, die mit der Veränderung und der damit verbundenen neuen Freiheit nicht zurechtkommen, das Unternehmen von sich aus verlassen, dreht sich das Blatt langsam. »Es wird zunehmend besser. Es gibt immer mehr Personen, die von sich aus kommen und Führungsverantwortung übernehmen wollen.« Was auch daran liegt, dass Personen außerhalb des Unternehmens allmählich mitbekommen, dass dort mehr Verantwortungsübernahme, Mitbestimmung und Selbstorganisation möglich ist. Die bewerben sich, weil sie die Freiheit schätzen und sehen, dass sie in diesem Unternehmen selbst gestalten dürfen und können. So findet auf der wichtigen Ebene der Passung zwischen den Mitarbeitern und der Unternehmenskultur allmählich ein Austausch statt: Wer die Scheinsicherheit fixierter, formalisierter Hierarchie mit der Möglichkeit, im Zweifel über Anweisungen zu führen, braucht, geht. Wer das Gegenteil sucht, kommt. Ohne diese personelle Osmose wäre es schwierig geworden, eine der größten Herausforderungen zu meistern: »Die Führungskräfte zu finden, die eigene Vorstellungen und eigene Ziele haben. Die insgesamt hier hineinpassen, die sich fragen, wie man eine Mannschaft dort hinbringt, wie man seinen Beitrag zum großen Ganzen leistet.«

Auf diese Weise wird das Besondere der Volksbank Heilbronn im Vergleich zu den meisten anderen Unternehmen zum Erfolgsfaktor: Es gibt »keine Chefs mehr, keine Vorgesetzten. Das Disziplinarrecht kann nur noch in der Gruppe ausgeübt werden, um Fehlentwicklungen durch Sympathie und Antipathie vorzubeugen. Außerdem hat sich der Vorstand vollends aus dem operativen Geschäft zurückgezogen und diese Verantwortung komplett auf die Prozessverantwortlichen übertragen.« All diejenigen, die diese Prozessverantwortung übernehmen, egal ob vorhandene Mitarbeiter oder neu hinzugekommene, brauchen dann aber die Möglichkeit von Versuch und Irrtum. Wenn in Zukunft jeder in eine Führungsrolle gehen darf, muss es auch möglich sein, sich in dieser neuen Rolle zu testen. Das gilt insbesondere für diejenigen, die bislang nicht als Führungskraft angestellt waren. In der Volksbank wird diese Möglichkeit eingeräumt. So erzählte Hinderberger von einer jungen Mitarbeiterin, die ins kalte Wasser gesprungen ist und den Schritt gewagt hat. Nach einem Dreivierteljahr sagte sie jedoch selbst, dass sie es nicht packe, und bat darum, die Prozessverantwortung wieder abzugeben. Hinderberger kommentierte: »Man muss sich ja ausprobieren können.«

Gleichwohl besteht an dieser Stelle noch großes Verbesserungspotenzial: »Wir haben noch keinen Ruf als Arbeitgeber, zu dem ausreichend viele Bewerber wollen, weil sie sich dort verwirklichen können. Es ist eine weitere Hürde, das nach außen zu tragen, um dann die entsprechenden Personen zu finden.« Diese Feststellung betrifft also die Sichtbarkeit des Unternehmens und die dafür nötige Außenkommunikation. Tatsächlich scheint diese Selbstkritik zuzutreffen. Kaum einer, dem ich bisher die Geschichte der Volksbank Heilbronn erzählte, hatte davon gehört, außer natürlich dem direkten Wettbewerber vor Ort und einigen Kollegen aus anderen Volksbanken, wie schon geschildert. Auch ich bin nur zufällig über dieses Fallbeispiel gestolpert. Es ist keineswegs so allgegenwärtig, wie manch ein anderes Unternehmen, das zurzeit äußerst virtuos auf der medialen Klaviatur der kulturellen Selbstvermarktung spielt – und zwar mit wesentlich weniger beeindruckenden Leistungen. Die Rechnung ist und bleibt einfach: Wer die passenden Menschen finden will, die Lust und Freude daran haben, mal zu führen, mal zu folgen, Menschen, die zumindest spüren, dass das (Arbeits-)Leben keinen festen Schemata folgt, wer diese Menschen will, der muss überhaupt erst einmal wahrnehmbar sein.

Auf meine Frage, was das Innovativste im Unternehmen sei, zeigt sich Hinderberger überaus bescheiden. Er hatte für sich versucht, Genossenschaft zu definieren, und kam auf die drei Begriffe der Französischen Revolution. »Freiheit ist das Wichtigste. Freiheit im Denken und Sagen. Weil sich nur in der Freiheit etwas entwickeln kann. Mit der Gleichheit kommen wir wieder zum Hierarchielosen. Vor dem Herrn sind wir alle gleich. Drittens ist Genossenschaft Brüderlichkeit. Dem anderen zu helfen, das geht schon intern los. Dem Kollegen oder dem Mitarbeiter die Hilfe zur Selbsthilfe geben und nicht Vorgesetzter sein. Das ist aber ein uraltes Modell. Das ist keine Innovation, das ist eher eine Rückbesinnung auf die Wurzeln.« Außerdem waren die Positionen des Vorstands und Aufsichtsrats ehrenamtlich. »Ehrenamt basiert in dem Sinne nicht auf selbsternannter Hierarchie. Die Positionen sind immer gewählt. Das ist ein Auswahlverfahren. Wir haben versucht, das in das Unternehmen zu übertragen. Das ist eigentlich alles.« Also Rückbesinnung statt Innovation.

Auch wenn es nur ein einfacher, kleiner Schritt zu sein scheint, ähnelt es eher einer tektonischen Verschiebung. Kontinentaldrift. Solche Bewegungen bleiben nicht gänzlich unbemerkt im Umfeld. Das führt zu einer weiteren großen Herausforderung beim Wandel. Wie reagieren Kollegen aus anderen Banken darauf? Ganz klar: »Man wird eher belächelt. Es wird unterstellt, dass man das sowieso nicht schafft und in drei Jahren wieder dort ist, wo man begonnen hat.« Alle, die den radikalen Wandel mitbekommen haben, sagten das voraus. Aber dem war bisher nicht so, mittlerweile sind seit der Abschaffung der Hierarchiestufen mehrere Jahre vergangen, und die genossenschaftliche Bank steht mindestens genauso gut da wie zuvor, wenn nicht in mancher Hinsicht besser, wie die Unternehmensdaten in der obigen Tabelle belegen. »Die haben sich alle geirrt«, resümiert Hinderberger.

Aber es gibt auch noch die kleinen, ganz trivialen Aspekte des Widerstands, die psychologisch tief blicken lassen: »Ein Kollege von einer anderen Bank konnte unsere Entwicklung nicht fassen. Er fragte irgendwann, ob die ehemaligen Bereichsleiter jetzt kein größeres Büro mehr hätten. Da zeigt sich, was wichtig ist: das Büro, das Auto und die Sekretärin.« Es sind die Statussymbole der Führung. Der öffentlich sichtbare Beweis, es in die oberen Etagen geschafft zu haben, das Organigramm nach oben geklettert zu sein, dorthin, wo nur wenige ankommen im alten System. Aber genau das sollte nicht maßgeblich sein. »Autorität kommt unserer Meinung nach aus der Person und nicht aus der Stelle.« Ich bemerkte meine Unterscheidung zwischen natürlicher und formaler Autorität. Hinderberger stimmte zu: »Da sind wir absolut beieinander.«

Um all das zu bewältigen, die interne Angst vor der Freiheit, die Reaktionen des Umfelds, die passenden Menschen zu finden, ist eines ganz wichtig: Ein Topmanagement, das »sich absolut einig ist in der Zielvorstellung, im Werteprofil und so weiter. Wenn das nicht gegeben wäre, ist es unmöglich.« Das ist die Grundvoraussetzung, »weil dadurch auch die umstehenden Mitarbeiter, der Aufsichtsrat und die Öffentlichkeit der Meinung waren, dass es okay ist, wenn wir das machen, da wir uns ja einig sind. Das war und ist das größte Glück, dass wir im Werteprofil und bezüglich der Genossenschaft absolut übereinstimmen.«

Aber so einig sich die Vorstände sind, auch sie müssen eine Menge dazulernen. Wenn eine selbstgewählte Zielsetzung durch die freiwilligen Führungskräfte und deren Teams nicht erreicht wurde, »wenn dann nichts da ist, wie geht man damit um? Dann ist der Vorstand unzufrieden und bringt das auf der Führungskonferenz so richtig zum Ausdruck, dass alle belämmert nach Hause gehen. Schöne Ostern! Da muss auch ein Vorstand unwahrscheinlich dazulernen. Das ist auch schwierig, nicht wieder in das Alte zurückzufallen, nicht wieder anzuweisen.« Geduld ist gefragt, Fehlertoleranz und offensichtlich vor allem eine angemessene Kommunikation. Wenn sich ein Unternehmen, das seit 1909 besteht, derart verändert, wird es natürlich zu Fehlern und Versagen kommen. Das passiert sogar im laufenden, unveränderten Betrieb. Der große Unterschied: In einem Unternehmen, wie es die Volksbank Heilbronn heute ist, kann der Vorstand nicht einfach im alten Stil weiterarbeiten und kommunizieren. Das wäre ein himmelschreiender Widerspruch zur gewünschten Unternehmenskultur und -struktur. Es wäre sonst das alte Lied der meisten Veränderungsprozesse und woran diese auch scheitern: Das Topmanagement klammert sich aus dem ach so wichtigen Change aus. Die Veränderung wütet überall, nur nicht in der Chefetage. Genau das geht nicht, wenn man die alte Struktur tatsächlich und nicht nur behauptet auf den Kopf stellt.

Aus diesem Fall wird auch deutlich, dass es viele Gründe und Akteure gibt, die den beeindruckenden Wandel der Volksbank Heilbronn initiiert und bis heute getragen haben. Thomas Hinderberger hat im Interview noch etwas hinzugefügt, indem er anmerkte: »Ich habe einen Kollegen gehabt, der immer fragte, warum wir das so machen, wenn 99,9 Prozent der Banker das anders machen? Ich habe dann geantwortet: Gerade deswegen.« Keine Frage, das stimmt im Moment, jetzt, da noch die meisten Unternehmen mehr oder minder formal hierarchisch in Organigrammen abbildbar sind. Dann kann daraus ein Wettbewerbsvorteil erwachsen. Aber was, wenn mit der Zeit viel mehr Unternehmen und Organisationen als heute demokratische Strukturen verwirklichen würden? Ist dann wieder die Zeit, das Ruder in die andere Richtung zu reißen? Zurück zur alten Logik des Oben-Unten? Wieder das Organigramm aufhängen? Das wäre die endgültige Ein- und Unterordnung in das altbekannte Regelwerk formaler Hierarchie und des damit verbundenen Verdrängungswettbewerbs.

Zum Abschluss wollte ich wissen, was Herr Hinderberger anderen raten würde, die sich für einen Wandel in Richtung Unternehmensdemokratie interessieren. Seine erste Antwort: »Ich stelle immer alles infrage.« Nichts muss so sein, wie es ist oder auch nur scheint. Vielleicht ist das die Wirkung des Beraters, der 2010 einfach auf den Tisch gestiegen ist und Hinderberger zum Umdenken bewegte. Ein frecher und frischer Perspektivwechsel. Dann bedarf es der Zuversicht in die Zukunft. Klar. Wer zu viel zweifelt, traut sich nicht. Zu viel Zweifel führt in eine lähmende Risikoabneigung. Direkt danach kommen wir auf Authentizität. Echt sein. Wer Wasser predigt, darf keinen Wein saufen. »Die Menschen sollten erleben, dass das, was man sagt, auch tatsächlich gelebt wird.«

Aber es gibt etwas noch Bedeutsameres: »Ich glaube, das Allerwichtigste ist das Vertrauen in die Fähigkeit von Menschen. Menschen wollen grundsätzlich produktiv sein, wollen irgendwas erreichen, auf etwas stolz sein. Und dazu brauchen sie Freiheit. Das alles beginnt mit dem eigenen Denken, der eigenen Vorstellung, dem eigenen Menschenbild.« Wenn alles infrage gestellt wird, dann eben auch diese drei Aspekte. Es bedeutet, sich selbst als Geschäftsführer oder Vorstand zu hinterfragen. Der Wandel beginnt im Topmanagement mit sich selbst, gemäß Gandhis Ansicht, selbst die Veränderung zu sein, die man in der Welt sehen wolle. Manchmal hilft da der eigene Partner. Hinderberger zitierte zum Schluss unseres Gesprächs seine Frau: »Du hast es gut mit dem Hierarchielosen, bist halt Vorstand.« Folgerichtig zieht er daraus genau diesen Schluss: »Das heißt an sich selber arbeiten.«

Unternehmensdemokratie: q.e.d.

*Ein Autohaus lebt seit Jahrzehnten erfolgreich
demokratische Grundrechte*

Vorspiel

Wer suchet, der findet. Auch das scheinbar Unmögliche. Das, was so manchen Unternehmensführern Angst zu bereiten scheint; sie aus ihrem Dornröschenschlaf traditioneller Denkmodelle herausreißt; sie in ihrer eigenen Rolle infrage stellt. Irgendwann bin auch ich auf die Hoppmann Autowelt in Siegen gestoßen. Keine Ahnung mehr, wann und wie genau. Plötzlich war sie da. Anfänglich hatte ich gar nicht verstanden, was dort schon vor fast 60 Jahren geschehen ist und bis heute erfolgreich weitergelebt und -entwickelt wird. Es ist so etwas wie die Verwirklichung des unternehmerischen Demokratielabors – mit gesunden Umsätzen und organischem Wachstum.

Leider konnte ich mit dem Initiator des Wandels und Architekten dieses Unternehmens in der heutigen Form nicht mehr persönlich sprechen. Klaus Hoppmann, der das Unternehmen 1957 von seinem Vater nach dessen plötzlichem Tod geerbt hatte, ist 2013 verstorben. Seit 1990 leitet Bruno Kemper als Geschäftsführer das Unternehmen. Er ist selbst von der Pike auf dabei und wurde 1983 Mitgeschäftsführer.

Auf meine E-Mail-Anfrage zu einem Interview reagierte er zurückhaltend. Interesse hätte er nicht, aber im Dienst der guten Sache wäre er bereit, sich zur Verfügung zu stellen. Vorher wolle er noch mit mir telefonieren. Also rief ich an. Und bekam einen ersten Eindruck, was es mit Kempers Zurückhaltung auf sich hat: Er ist weiterhin überzeugt vom »Modell Hoppmann«, die Erfahrungen sind bis heute positiv, aber er ist vielleicht ein bisschen enttäuscht, dass es so wenig Resonanz auf ihre Erfolge gibt, dass die meisten Unternehmer und Geschäftsführer immer noch die ewig gleichen Argumente bringen, um beim Altbekannten zu bleiben. Kemper hatte, das war am Telefon sofort spürbar, eine fundierte Erfahrung mit dem demokratischen Unternehmensmodell. Und er hatte sich schon oft zur Verfügung gestellt, war immer wieder bei Veranstaltungen dabei oder hatte unterstützt, dass das Unternehmen für Studienzwecke beforscht wurde. Das Modell Hoppmann war indes nicht die Inspiration für andere Unternehmen, die sich Kemper erhofft hatte, wie sich im Interview auch zeigte.[56] Geändert hatte sich nichts bei den Topentscheidern der anderen Unternehmen.

Kemper fragte mich bei diesem ersten Telefonat, ob ich denn die längst vorhandenen Materialien kennen würde. Ich musste passen. Also hat er mir schnell drei Schriften zukommen lassen: »Vorwärts und nicht vergessen …«, herausgegeben von Wolfgang Belitz, »Mehr Gerechtigkeit wagen«, die Autobiografie von Klaus Hoppmann, und eine Broschüre des Unternehmens über das Modell Hoppmann.

Nach der Lektüre des äußerst empfehlenswerten Herausgeberbandes »Vorwärts und nicht vergessen …« konnte ich Kemper in seiner Zurückhaltung noch besser verstehen. Denn bereits 1991 saßen Klaus Hoppmann als Erbe der Firma, ehemaliger Inhaber und Geschäftsführer, Bruno Kemper als aktueller Geschäftsführer und Hans Wender in der Rolle des Betriebsratsvorsitzenden beim Deutschen Evangelischen Kirchentag in Essen vor rund 3000 Zuhörern. Dazu gesellten sich unter anderem noch der damalige sächsische Ministerpräsident Kurt Biedenkopf, die ehemalige stellvertretende Vorsitzende des Deutschen Gewerkschaftsbundes Ursula Engelen-Kefer und der damalige Ministerpräsident von Sachsen-Anhalt Reinhard Höppner. Kurzfristig eine Menge prominente Aufmerksamkeit, begleitet vom WDR.

Natürlich gab es obligatorische Einwände, nachdem Hoppmann, Kemper und Wender ihr Unternehmen vorgestellt hatten. Manche waren vielmehr eine Offenbarung der eigenen Ängste vor Macht- und Geltungsverlust als stichhaltige Argumente, schließlich verlor so mancher der Befürworter betrieblicher Mitbestimmung à la Hoppmann seinen Posten in der Gewerkschaft[57]. Engelen-Kefer als stellvertretende

Vorsitzende des Deutschen Gewerkschaftsbundes sah wohl ihre Felle davonschwimmen und musste Probleme im globalen Wettbewerb herbeikonstruieren. Denn wozu ist sie, wozu sind Gewerkschaften in einer Welt nötig, in der die Mitarbeiter, durch die Betriebsverfassung verankert, alle wichtigen Entscheidungen des Unternehmens mitlenken und dies dann im Unternehmensalltag auch umsetzen? Wozu braucht es Gewerkschaften, wenn sich der Inhaber selbst enteignet und seine Be-Reicherung an der ursprünglich eigenen Firma für alle Zukunft unmöglich gemacht hat? Wozu braucht es Gewerkschaften, wenn darüber hinaus alle Mitarbeiter an den Gewinnen des Arbeitgebers gleichermaßen beteiligt sind und einen respektvollen Umgang miteinander pflegen? Sollte das nicht vielmehr der Traum, die Vision jedes Gewerkschaftsmitglieds und -funktionärs sein: dass die Gewerkschaft und die eigene Rolle darin überflüssig wird? Das der schier endlos anmutende Kampf zwischen Kapital und Arbeit endlich sein Ende ge-

Unternehmensdaten der Hoppmann Autowelt
während und nach dem Change

Gegründet		1936		
Unternehmensalter beim Beginn des Change 1961		25 Jahre		
	1973*	2014	Veränderung	
Mitarbeiter	161	430**	+ 167 Prozent	
Verkaufte Neuwagen	1764	2554	+ 45 Prozent	
Verkaufte Gebrauchtwagen	1364	3095	+ 127 Prozent	
Teileumsatz***	–	18		
Serviceumsatz***	–	12		
Umsatz***	15,3	99	+ 547 Prozent	
Bilanzsumme***	4,4	36,5	+ 730 Prozent	

* In diesem Fall stammen die ältesten noch verfügbaren Daten nicht aus der Zeit vor Beginn des Change aber vor Abschluss des Wandels 1974, sind also keine exakte Vorher-Nachher-Betrachtung.
** Inklusive 80 Auszubildende
*** In Millionen Euro

funden hat? Nun, vielleicht stürzt es den einen oder anderen in eine veritable Identitätskrise, wenn sich das Feindbild in Luft auflöst.[58]

Das Modell der Hoppmann Autowelt

Das Unternehmen strukturiert sich folgendermaßen: Die drei Unternehmen Hoppmann Automotive GmbH, Hoppmann Automobil GmbH und Hoppmann Autohaus GmbH sind jeweils 100-prozentige Töchter der Martin Hoppmann GmbH, die als Holding der Hoppmann Stiftung »Demokratie im Alltag« dient. Den drei Unternehmen Hoppmann Autohaus, Automobil und Automotive GmbH sind verschiedene Fahrzeugmarken und Standorte zugeordnet. Das hier beschriebene Modell einer Unternehmensdemokratie zieht sich durch alle Unternehmen der Holding. In der Außenkommunikation treten die Unternehmen unter dem Namen »Hoppmann Autowelt« in Erscheinung, die keine GmbH, sondern die Dachmarke der gesammelten Unternehmen ist.

Alle Unternehmen der Hoppmann Autowelt haben ihre Unternehmensdemokratie in ein »rundes System« gegossen. Im Zentrum steht das Ziel von mehr Demokratie und sozialer Gerechtigkeit, das auch in der Betriebsverfassung dokumentiert ist. Diese Zielsetzung wird mit vier Elementen erreicht: erstens einer Erfolgsbeteiligung, zweitens dem Wirtschaftsausschuss zur Beteiligung an wirtschaftlichen Entscheidungen, drittens ergänzend dazu den Arbeitsteams zur Beteiligung an alltäglichen betrieblichen Entscheidungen und schließlich der Stiftung zur Neutralisierung des Kapitals, die zweifelsfrei den radikalsten Schritt im Vergleich zu den anderen hier vorgestellten Unternehmen markiert.

Erfolgsbeteiligung

Die Unternehmensdemokratie begann bei Hoppmann mit der Entwicklung einer Erfolgsbeteiligung. Sie ist ein erprobtes Beispiel für die Möglichkeiten der Mitarbeiterbeteiligung. Die Grundlage zur Berech-

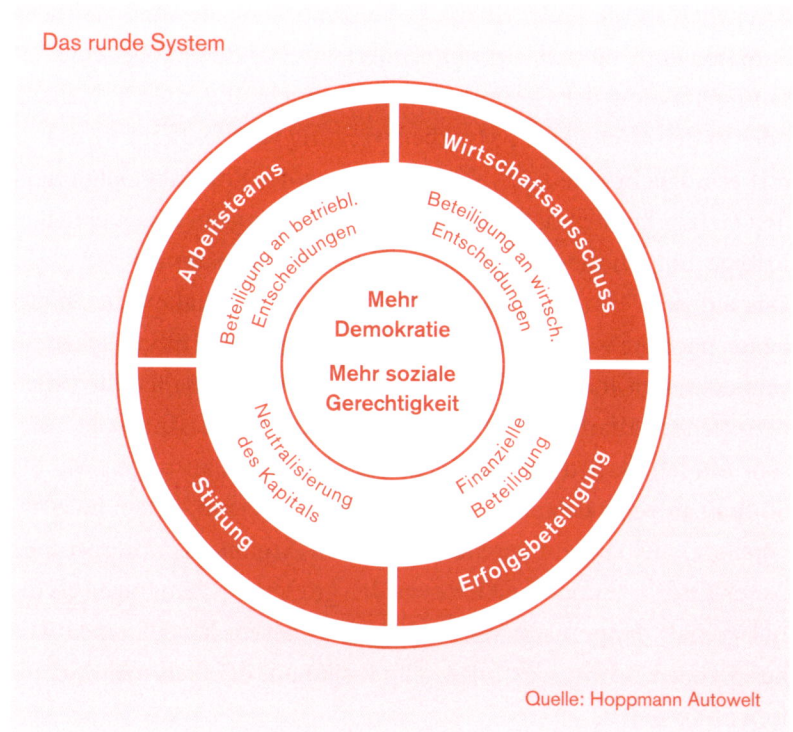

Das runde System

Mehr
Demokratie

Mehr soziale
Gerechtigkeit

Arbeitsteams

Wirtschaftsausschuss

Stiftung

Erfolgsbeteiligung

Beteiligung an betriebl.
Entscheidungen

Beteiligung an wirtsch.
Entscheidungen

Neutralisierung
des Kapitals

Finanzielle
Beteiligung

Quelle: Hoppmann Autowelt

nung der Erfolgsbeteiligung ist der Gesamtgewinn aller Unternehmen der Hoppmann Gruppe. Zunächst wird daraus eine sechsprozentige Eigenkaptialverzinsung für das Unternehmen abgeführt. Daraus resultiert der verteilbare Gewinn, der in gleichen Anteilen an die Belegschaft und das Unternehmen ausgegeben wird. Die Beteiligungssumme wird an alle Mitarbeiter ab dem dritten vollen Monat der Betriebszugehörigkeit gleich verteilt. Dazu wird jeder Betrag in zwei Hälften unterteilt: 50 Prozent werden als Investivanteil auf ein Darlehenskonto überwiesen. Die sechsprozentige Verzinsung dieses Betrages wird jährlich ausgezahlt. Zusätzlich erhalten die Mitarbeiter jeweils am Jahresende einen Kontoauszug, aus dem der Stand des Darlehenskontos sowie die Jahreszinsen hervorgehen. Die anderen 50 Prozent werden jeweils in zwei gleich große Hälften geteilt und bar am Monatsende und am Jahresende ausgezahlt.

Zusätzlich werden alle Mitarbeiter laufend über die wirtschaftliche Situation des Unternehmens informiert, unter anderem über eine Zusammenfassung der Gewinn- und Verlustrechnung, die als Aushang oder in der monatlichen Mitarbeiterzeitung veröffentlicht wird. Das erst ermöglicht eine sinnvolle Einordnung der Erfolgsbeteiligung in den Gesamtkontext des Unternehmens und der gemeinsam erzielten Erfolge. Ein schönes Beispiel für gelungene Transparenz.

Das auf dem Darlehenskonto angesparte Geld erhalten die Mitarbeiter nach Ausscheiden aus dem Unternehmen in monatlichen zu versteuernden Raten von 300 Euro. Im Todesfall erhalten die Erben betroffener Mitarbeiter das Geld. Besonders interessant ist bei diesem Modell, dass die Mitarbeiter das gleiche Risiko tragen wie die Stiftung als Kapitaleignerin: Im Konkursfall verlieren sie den Investivanteil. So viel zu dem bereits diskutierten Argument, Unternehmer, Geschäftsführer und Vorstände würden größere Risiken tragen als die Belegschaft. Hoppmann verwirklicht mit diesem Modell einen wirkungsvollen Schritt, das finanzielle Risiko auf deutlich mehr Schultern zu verteilen.

Wirtschaftsausschuss

Seit 1973 setzt sich dieses Gremium gleichberechtigt aus je fünf Arbeitnehmern und -gebern zusammen. Die Mitglieder seitens der Arbeitnehmervertreter werden durch den Betriebsrat bestellt, die Arbeitgebervertreter bestehen aus dem Geschäftsführer und vier durch ihn berufenen Abteilungsleitern. Der Wirtschaftsausschuss ist für alle Unternehmen der Hoppmann-Gruppe das höchste Entscheidungs- und Kontrollorgan. Von hier aus werden zentrale Aufgaben der Unternehmenssteuerung und -gestaltung erledigt:

- Prüfung der monatlichen Erfolgsrechnung,
- Genehmigung des Jahresabschlusses,
- Verkaufs- und Investitionsplanungen,
- Investitionen über 30 000 Euro,

Erfolgsbeteiligung bei der Hoppmann Autowelt

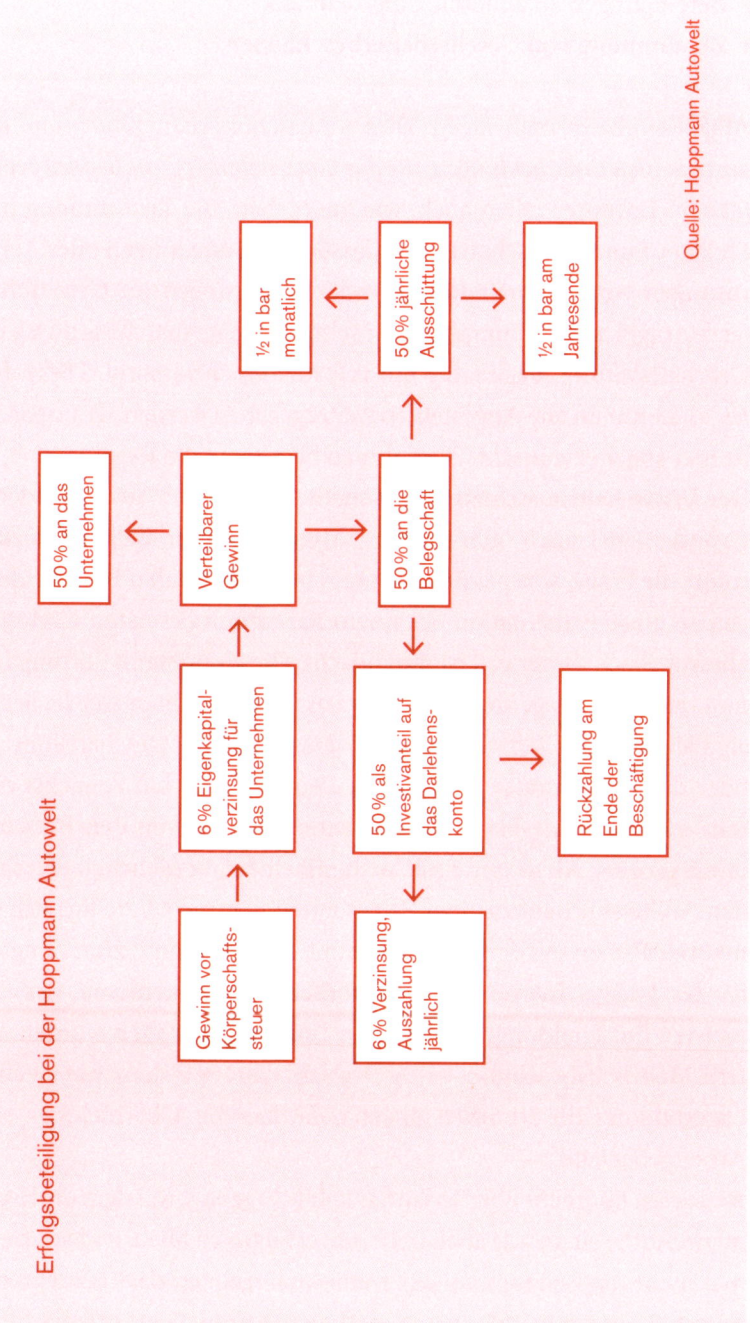

Quelle: Hoppmann Autowelt

95

- Beteiligungen an anderen Unternehmen,
- Zustimmung von Gesellschafterbeschlüssen.

Allgemein kann man sagen: Dieser Ausschuss trifft *gemeinsam alle anstehenden Entscheidungen, die das Unternehmen grundlegend beeinflussen.* Darunter fallen auch, wie angegeben, die Zustimmung und Freigabe von Gesellschafterbeschlüssen wie Bestellungen oder Abberufungen von Geschäftsführern oder Änderungen im Gesellschaftervertrag. Um handlungsfähig zu sein, wird der Ausschuss durch die Geschäftsleitung regelmäßig mit Informationen versorgt. Diese *dürfen* nicht nur an alle Angestellten weitergegeben werden, Transparenz ist hier sogar erwünscht. Ausnahmen bestätigen die Regel.

Der Wirtschaftsausschuss tagt monatlich, kann sich aus besonderen Gründen aber auch öfter treffen. Kritische Geister stellen natürlich sofort die Frage, was passiert, wenn es bei anstehenden Entscheidungen zu einer Pattsituation bei einem paritätisch besetzten Gremium kommt. Auch dieser Fall ist durchdacht: Die Hoppmann Stiftung Demokratie im Alltag, über die ich unten noch berichten werde, beruft als alleinige Gesellschafterin nach einem Antrag der Geschäftsführung oder des Betriebsrats eine neutrale Person. Diese hat zunächst eine rein moderierende Funktion und leitet erneut durch den Entscheidungsprozess. An dessen Ende wird mit einfacher Mehrheit entschieden. Sollte es erneut zu einer Pattsituation kommen, beteiligt sich die neutrale Person mit der eigenen Stimme und wird somit zum Zünglein an der Waage. Interessant ist in diesem Zusammenhang, dass die meisten Entscheidungen in Übereinstimmung getroffen wurden. Sofern Mehrheitsbeschlüsse nötig wurden, kam es bislang nie zu einer Lagerbildung, die Stimmen gingen quer über die Arbeitnehmer- und Arbeitgeberseite.

Dieses seit nunmehr über 40 Jahren stabile Ergebnis, mit dem die Hoppmann Autowelt gerade auch in Krisen erfolgreich blieb, widerlegt einmal mehr die Behauptung der Demokratiegegner, dass gemeinsame Entscheidungen ineffektiv und ineffizient wären. Ganz offensichtlich ist es keineswegs so, dass demokratische Entscheidungsprozesse auch bei zentralen unternehmerischen Entscheidungen zwangsläufig zu einer Lähmung führen.

Arbeitsteams

Da bald klar war, dass weder der Wirtschaftsausschuss noch der Betriebsrat in der Lage waren, auch die täglich anfallenden Fragen und Probleme zu lösen, wurden bei Hoppmann sogenannte Arbeitsteams eingerichtet. Heute gibt es 18 solcher Teams, die den verschiedenen Abteilungen zugeordnet sind und jeweils einen Vorgesetzten haben. Alle Arbeitsteams wählen Sprecher zur Vorbereitung und Leitung der Teambesprechungen. Diese Wahlen finden zeitgleich mit der Wahl des Betriebsrats statt. Probleme, die in den Arbeitsteams angegangen werden, diskutieren die jeweiligen Vorgesetzten grundsätzlich mit dem gesamten Team. Aufgaben, die aus dem Betriebsverfassungsgesetz hervorgehen, verbleiben beim Betriebsrat. Somit gibt es keine Konkurrenz zwischen diesen beiden Institutionen, wie manchmal von Gewerkschaftsseite aus befürchtet. Vielmehr verhelfen sogar umgekehrt die Arbeitsteams dem Betriebsrat dadurch zu weiteren Informationen, dass die Betriebsratsvertreter zu allen Arbeitsteams Zugang haben und die Ergebnisprotokolle der Sitzungen erhalten. Die Besprechungen sind bei Bedarf Teil der Arbeitszeit, können aber auch nach Arbeitsschluss als Überstunden abgehalten werden.

Die Arbeitsteams verschaffen den Arbeitnehmern größeren Einfluss auf die Gestaltung der täglichen Arbeit, ergänzen die durch den Betriebsrat und Wirtschaftsausschuss gegebene Mitbestimmung, ermöglichen die Entwicklung und Einbringung von Vorschlägen, den Abbau überflüssiger Hierarchien und stärken Kreativität, Verantwortungsbewusstsein und die allerorten geforderte soziale Kompetenz.

Die Geschäftsleitung und die jeweiligen Vorgesetzten der Abteilungen sind verpflichtet, die Arbeitsteams rechtzeitig über geplante Maßnahmen zu unterrichten, wenn diese das jeweilige Arbeitsteam direkt betreffen. So wird sichergestellt, dass sich die Arbeitsteams zeitnah beraten können und an Entscheidungen beteiligt werden. Ein wichtiger Baustein ist dabei das Einspruchsrecht für besondere Fälle. Ein Team kann beim Vermittlungsausschuss Einspruch erheben, sofern es mit einer Entscheidung des Vorgesetzten nicht einverstanden ist. Dieser Ausschuss, bestehend aus dem Vorsitzenden der Hoppmann Stiftung, dem Betriebsratsvorsitzenden und dem Geschäftsführer der Martin Hoppmann GmbH, entscheidet dann einvernehmlich und endgültig.

Ein weiterer wichtiger Aspekt ist das Weiterbildungsrecht der Arbeitsteams. Die Mitglieder haben Anspruch auf einen Seminartag pro Jahr, was unterschiedlich und abhängig von Situation und Person genutzt wird.

Stiftung

Dieser Schritt beeindruckt mich am meisten. Vor allem in der Konsequenz, in der Klaus Hoppmann die Idee einer Stiftung umgesetzt hat: Durch die erwähnte sechsprozentige Eigenkapitalverzinsung im Rahmen der Erfolgsbeteiligung kam es zu einer laufenden Vergrößerung des Vermögens des Kapitaleigners Klaus Hoppmann. Er behielt aufgrund der üblichen gesellschaftsvertraglichen Struktur die komplette Verfügungsgewalt über das Betriebsvermögen, das natürlich im Erbfall an Dritte weitergereicht worden wäre. Aus seiner radikalen ethischen und politischen Überzeugung heraus entschied sich Hoppmann für eine Möglichkeit jenseits von Privateigentum und Kollektivbesitz, oder anders gesagt: zwischen Kapitalismus und Sozialismus. Er übertrug unwiderruflich alle GmbH-Anteile an die Stiftung, wodurch er eine Neutralisierung des Kapitals erreichte.

1974 wurde die Stiftung genehmigt und ihre Gemeinnützigkeit anerkannt. Sie trägt formal als Alleingesellschafterin der GmbH das Unternehmen. Der Stiftungsvorstand erfüllt die üblichen Aufgaben der Gesellschafter, wobei darauf geachtet wurde, dass der Geschäftsführer der GmbH nicht Mitglied im Stiftungsvorstand ist. Des Weiteren ist für eine konsequente Mitbestimmung von zentraler Bedeutung, dass

Entscheidungen, die das Unternehmen besonders berühren, nur unter Einwilligung des Wirtschaftsausschusses getroffen werden können – also auf Grundlage der Mitbestimmung seitens der Mitarbeiter.

Zu den weiteren Aufgaben der Stiftung gehören die Förderung sozial benachteiligter Kinder und Jugendlicher, gemeinnütziger Bürgerinitiativen, die »zur Lösung konkreter gesellschaftlicher Notstände beitragen, … Aus- und Weiterbildung von Arbeitnehmerinnen und Arbeitnehmern zur Entfaltung ihrer Persönlichkeit [und die] Gewährleistung der Einhaltung und Entwicklung der in der Hoppmann-Gruppe bestehenden Mitarbeiterbeteiligung, der sogenannten Demokratie am Arbeitsplatz«[59].

Mit diesem Schritt löste Klaus Hoppmann exemplarisch die rund 100 Jahre bestehende, verknöcherte Front zwischen Kapital und Arbeit auf. Erstens gibt es keine natürlichen Personen mehr, die auch nur Anteile des Kapitals besitzen. Zweitens hat die Stiftung als alleinige Gesellschafterin der GmbH nur begrenzte Entscheidungsgewalt. Ohne die Zustimmung der Mitarbeiter kann auch sie keine wesentlichen Entscheidungen treffen. Drittens hat die Stiftung den ausdrücklichen Zweck, Demokratie im Alltag über verschiedene Projekte zu realisieren. Und zwar auch im Arbeitsleben. Verstehen Sie jetzt, warum ich so beeindruckt bin?

Auf dem Weg zum Interview

Obwohl ich nach Siegen von meinem Büro aus keine wirklich lange Strecke mit dem Auto zu fahren hatte, mutete die Fahrt wie eine kleine Weltreise an. Ich fuhr durch die Tiefen des Westerwaldes, viele Nebenstrecken, selten befahrene Straßen, fernab der Autobahn, die ich nur gegen Ende für eine kurze Strecke nutzte. Das Wetter hatte fast alles zu bieten: herrlichen Sonnenschein, teils bewölkt, teils heiter, ein wenig Regen ebenso wie regelrechte Sturzbäche, durchwachsen mit kleinen Hagelschauern. Auch diese Anreise war eine Analogie, diesmal zur Geschichte der Demokratisierung der Hoppmann Autowelt.

Nach allem, was ich über das Modell Hoppmann gelesen hatte, gab es nicht nur eitel Sonnenschein auf dem Weg zur heutigen Unternehmenskultur und -struktur, sondern auch so manchen Schauer und Wolkenbruch. Aber genau das macht ein buntes, vielfältiges Leben aus. Wachstum braucht nicht nur Sonne, sondern irgendwann auch Regen.

Als ich im Verwaltungsgebäude ankam, hatte ich noch ein paar Minuten und setzte mich in eine der Sitzgruppen, im Rücken einen Ausstellungsraum, der nicht nur auf Hochglanz polierte Autos präsentierte, sondern auch einen kleinen Spielplatz für Kinder bot. Hier scheint das ganze Leben willkommen zu sein. Kaum dass ich saß, bekam ich von der Dame an der Kaffeebar einen Kaffee angeboten. Ganz klar, hier kann man und frau sich wohlfühlen. Noch vor dem ersten Schluck kam die Sekretärin von Bruno Kemper und führte mich zu seinem Büro. Im ersten Stock liefen wir an einem Schild vorbei: »Wahllokal«. Ich musste innerlich darüber grinsen, dass die Unternehmensdemokratie bei Hoppmann auch so ihren Ausdruck findet.

Bruno Kemper begrüßte mich in seinem schlichten Büro. Auch das passte zu meinem bisherigen Bild. Hier sitzt niemand, der Wasser predigt und Wein trinkt. Auch im Gespräch zeigte sich Kemper ausgesprochen bescheiden, ganz in der Tradition Klaus Hoppmanns. Er sieht und geriert sich keineswegs als Erfinder des Modells Hoppmann, sondern bestenfalls als jemand, der das Ganze noch ein wenig weiterentwickelt hat.

Der Weg der Hoppmann Autowelt

Warum wurde bei der Hoppmann Autowelt Mitbestimmung und Mitbeteiligung so konsequent umgesetzt? Waren es wirtschaftliche Erwägungen, ethische oder politische Grundsätze? Kemper stellt klar, dass eine rein wirtschaftliche Betrachtungsweise zu kurz greift: »Klaus Hoppmann hat gesagt: ›Ich will das System gar nicht effizienter machen, sondern ich riskiere, dass das System kollabiert, dass die Partizipation scheitern kann, weil ich nicht sicher bin, ob – wenn ich den Menschen mehr Partizipationsmöglichkeiten einräume – nicht die Unternehmerkollegen recht haben, die sagen: Um Gottes willen, das Ding geht nach hinten los.‹ Und das hat er probiert.« Offensichtlich wurde dieser Mut dauerhaft belohnt. Wenngleich sich kritisch anmerken ließe, dass der mögliche »Systemkollaps« im Sinne der gescheiterten Partizipation möglicherweise das Unternehmen in Schieflage gebracht hätte, was eine schnelle Reaktion erfordert hätte – möglicherweise auf Kosten der gewünschten Demokratisierung. Umgekehrt ist eines klar: Wenn eine Veränderung zu mehr Mitbestimmung und Selbstorganisation nur aus wirtschaftlichen Gründen erfolgt, wird die Mitbestimmung wieder abgeschafft, sobald wieder angenommen wird, dass formale Hierarchien, Command and Control zu mehr Gewinn führen. Die Folge wäre ein Jo-Jo-Effekt, wie er ohnehin schon bei vielen Unternehmen zu beobachten ist, die sich in einem Wechsel von Dezentralisierung und Zentralisierung befinden.

Früher oder später werden es die Mitarbeiter leid sein, in Phasen der Dezentralisierung mehr Verantwortung zu übernehmen und das geforderte Unternehmertum zu zeigen, weil irgendwann wieder das Gegenteil folgt.

Nichtsdestotrotz muss ein Unternehmen natürlich auch wirtschaftlich erfolgreich sein. Das ist die Grundlage, damit Demokratie in dem jeweiligen sozialen System eines Unternehmens überhaupt gelebt werden kann. Also stellt sich die wichtige bilanzierende Frage: Lohnt sich der enorme Aufwand, den das Unternehmen seit so langer Zeit betreibt? Immerhin stecken im »runden System« nicht nur mehr tägliche operative Aufgaben, sondern auch jahrelange Entwicklungsarbeit und – aufgrund der geringeren Arbeitsbelastung – höhere Personalkosten als bei den Wettbewerbern. Die klare Antwort von Bruno Kemper: »Wir glauben, dass der Mehraufwand, den wir betreiben, durch die bessere und sinnvollere wirtschaftliche Vorgehensweise mit unserem Modell kompensiert wird. Wir sind tendenziell, das zeigen auch die Zahlen, Vergleiche innerhalb der Branche, einzelner Marken oder Fabrikate, vom betriebswirtschaftlichen Ergebnis her etwas besser als unsere Wettbewerber. Aber nicht wesentlich besser.« Immerhin. Etwas besser ist ausreichend, denn der Wandel hätte auch dazu führen können, dass sich die wirtschaftliche Lage verschlechtert. Der Mehraufwand lohnt sich also nicht nur in ethischer Hinsicht, sondern auch in wirtschaftlicher – was der oben in der Tabelle aufgeführte Vergleich einiger wirtschaftlicher Daten des Unternehmens seit dem Wandel zeigt.

Allerdings gab es auf dem Weg dorthin einige schwierige Hürden zu nehmen. Ein zentrales Problem des Wandels besteht naheliegenderweise darin, dass eine weitreichende Mitbestimmung bei den Führungskräften Angst auslöst: »Führungskräfte würden sich, wenn sie nicht darauf vorbereitet sind, sehr schnell infrage gestellt und persönlich angegriffen fühlen. Das war für uns ein manchmal schmerzlicher Entwicklungsprozess.« Vielleicht ist diese Angst der Regen, der den Wandel erst fruchtbar werden lässt. Kemper vermutet, dass Führungskräfte, die sich »zum Wohle des Unternehmens oder für ein besseres Ergebnis neu organisieren, schnell einen Rückzieher machen würden, wenn sie sich durch ihre Aktionen selbst infrage gestellt sehen.« Gleichzeitig ist klar, dass sich mit der Zeit das Menschenbild ändert, »dass auch die Führungskräfte realisieren, dass diese Veränderungen nachhaltig sein müssen, um erfolgreich zu sein.« Eben kein Hin und Her, kein Mal so, mal so. Denn die Menschen, »die man zur Partizipation einlädt, fühlen sich gut dabei, mitzudenken und mitzubestimmen.« Das ist schließlich das, was unter anderem erreicht werden soll. Sobald die Mitarbeiter diese Erfahrung gemacht haben, würden sie es als unangenehmen Rückschritt erleben, damit plötzlich wieder aufhören zu sollen. Wer erfolgreich eigenverantwortlich gearbeitet hat, möchte nicht wieder zum Erfüllungsgehilfen degradiert werden.

Um zu echter Mitbestimmung zu gelangen, müssen nicht nur Führungskräfte ihre Ängste hinter sich lassen, sondern auch den Mitarbeitern Vertrauen auf der Basis eines positiven Menschenbildes entgegenbringen: »Es ist auch unsere Erfahrung, dass es gut ist, Mitarbeitern

Vertrauen zu schenken, ihnen eigene Initiative zuzutrauen. Das trägt vielfach Früchte. Dann werden Menschen engagierter, identifizierter, motivierter.«

Aber Kemper warnt auch: »Menschen mit ausgeprägtem christlichem Menschenbild meinen, man müsse jedem Menschen vertrauen. Bei manchen Menschen ist das aber wenig sinnvoll, die bringen einfach eine andere Prägung mit. Die sagen einem das auch, wenn sie – was durchaus nicht selten ist – selbstreflektiert sind. Ich kenne Aussagen von Mitarbeitern: ›Mich muss man ab und zu in den Hintern treten, dann geht das wieder, so bin ich halt.‹ Das ist auch zu berücksichtigen, die Menschen sind nicht alle gleich.«

Aber die meisten Mitarbeiter zeigen sich interessiert, verantwortungsbewusst und engagiert, und das »ist von Vorteil. Unsere Belegschaft interessiert sich für die betriebswirtschaftlichen Hintergründe, interessiert sich dafür, wie es dem Unternehmen geht, für die Herausforderungen des Marktes. Das macht es für uns eher einfacher, mit der Belegschaft auch Widrigkeiten zu besprechen. Oder wenn wir expandieren wollen, weil wir noch in eine andere Größendimension hineinwachsen müssen, dann fällt das bei der Belegschaft auf fruchtbaren oder zumindest auf vorbereiteten Boden, weil sie teilnimmt an den Dingen, die das Unternehmen von der Markt- und Herstellerseite betreffen.« Bei Hoppmann zeigt sich also seit Jahrzehnten, dass Mitarbeiter nicht nur kompetent und motiviert dabei sind, sondern dass daraus auch Vorteile für das Unternehmen entstehen.

Vielleicht wünscht sich Kemper genau deshalb »manchmal, dass die Arbeitnehmervertreter intensiver nach Hintergrundinformationen fragen und Dinge kritischer beleuchten.« Umgekehrt zeigt dieses noch nicht besonders kritische Hinterfragen »das Vertrauen, das die Arbeitnehmer dem Management entgegenbringen.« Vor allem dann, wenn »die Arbeitnehmervertretung sagt: Das hört sich schlüssig an, was hier vorgetragen wurde, mach das so.« Wenn man Mitarbeiter ermächtigt und auch große Entscheidungen mit ihnen teilt, ist es also weder so, dass die Belegschaft keinerlei Interesse an der Mitbestimmung hat, noch, dass die Mitarbeiter plötzlich machttrunken immer mitentscheiden wollen. Bei Hoppmann zeigt sich ein exemplarisches Maß der goldenen Mitte zwischen Führen und Geführt-Werden. Wohl gerade, *weil* es bei Hoppmann noch »normale hierarchische Strukturen« gibt, die jedoch »bis zur letzten Konsequenz infrage gestellt werden können.«

Aktuell gibt es bei Hoppmanns rundem System keine Schwierigkeiten, keine besonderen Herausforderungen. Das liegt auch daran, dass dieses System nicht in Stein gemeißelt, sondern weiterhin lebendig ist. Es darf auch hinterfragt werden. Mit den Jahren veränderte sich zum Teil das Verständnis der Arbeitsteams. »Die waren an der Basis in den einzelnen Abteilungen quasi als Gegenmacht zu dem Vorgesetzten angelegt. Das hat in den Anfangsjahren so gut funktioniert, weil diese Gegenmacht wichtig war. Aber in den letzten Jahren ist die Notwendigkeit geringer geworden. Denn die Vorgesetzten empfinden sich nicht mehr so sehr als Inhaber der Macht, sie entscheiden mit den Betroffenen vieles gemeinsam, weil sie wissen, dass das am sinnvollsten ist. Deshalb finden nicht mehr so regelmäßig Teamsitzungen statt, wie wir das am Anfang gehabt haben oder auch jetzt noch gerne hätten. Also haben wir die Arbeitsteams vor zwei Jahren grundsätzlich infrage gestellt. Wenn man es heute neu kreieren würde, wie würde man das dann machen? Und das Ergebnis war: Es ist gut so, wie es ist.«

Das zeigt sich nicht nur hinsichtlich der Arbeitsteams, sondern auch in Beziehung zur alleinigen Gesellschafterin des Unternehmens, der Stiftung: »Die Belegschaft nimmt Anteil an dem, was die Stiftung auf dem Feld der Gemeinnützigkeit tut. Es findet eine hohe Identifikation mit dieser Inhaberin statt, die gesellschaftlich aktiv ist und einen Teil der Erträge dafür einsetzt.« Offensichtlich ist die Stiftungskonstruktion für die Mitarbeiter weiterhin überzeugend, denn sie »kontrolliert das Unternehmer in angemessener und guter Weise«.

Gegen Ende unseres Gespräches fragte ich auch Bruno Kemper, was er anderen Geschäftsführern oder Vorständen empfehlen würde, wenn sie weitreichende Selbstorganisation und Mitbestimmung verwirklichen wollen: »Das ist sehr abhängig von der Person, mit der ich spreche. Es gibt Vorstände oder Geschäftsführerkollegen, denen würde ich sagen: ›Mach's nicht‹, weil ich denke, dass die damit überfordert sind. Da, wo ich Offenheit feststelle, da empfehle ich: ›Probier doch mal, bei Entscheidungen die Menschen miteinzubeziehen; setz dich mit ihnen zusammen und besprich die Dinge mit ihnen.‹ Ich baue darauf, dass aus dieser Vorgehensweise die Erkenntnis resultiert: Das ist kein Fehler. Die Qualität der Entscheidungen wird dadurch nicht schlechter. Und sofern sich jemand der Mitarbeiterpartizipation nähert und es denn auf fruchtbaren Boden fällt, dass er dann sogar für ihn radikale Schritte vollzieht.«

Gibt es, um dann erfolgreich zu sein, eine unbedingte Voraussetzung? Kemper antwortet eindeutig: »Die unbedingte Voraussetzung ist gewissermaßen der Urknall. Ohne den gibt es den Kosmos der Partizipation nicht. Es muss eine wie auch immer geartete Initialzündung erfolgen, die kann durch den Unternehmer oder durch eine Krise des Unternehmens erfolgen. Das kann, glaube ich, nicht in einem evolutionären Prozess entstehen, sondern es braucht einen Auftakt. Dann kann ein Wandel mehr oder weniger schnell, dynamisch oder harmonisch, evolutionär oder auch revolutionär verlaufen. Aber der Beginn muss gesetzt werden.«

Evolution der Revolution

*Ein Softwareunternehmen erneuert das Management-
betriebssystem*

Vorspiel

Unter dem Titel »Gewählt führen« entdeckte ich im Online-Magazin *changeX* als Teil einer Serie über Unternehmen, die Grundlegendes anders machen, einen Artikel über die Haufe-umantis AG. In einem Interview stand der von den Mitarbeitern frisch gewählte CEO Marc Stoffel Rede und Antwort über das äußerst ungewöhnliche Vorgehen. Was ich da las, freute mich ungemein. Endlich ein Unternehmen, das genau das umsetzt, was wir in unserer Demokratie als verbrieftes Recht in Anspruch nehmen. Die Regierung inthronisiert sich nicht selbst, sondern wird von ihren Bürgen gewählt. In diesem Unternehmen scheint eine durch und durch demokratische Grundidee umgesetzt worden zu sein. Es ist eine inspirierende Variation des Modells Hoppmann.

Die Haufe-umantis AG wurde im Jahr 2001 unter dem Namen umantis AG als Spin-off der Hochschule St. Gallen gegründet. Aus der mehr oder minder typischen Start-up-Situation heraus entwickelte sich schnell ein dauerhaftes Demokratieverständnis. Die heute für viele so radikal anmutende Führungskräftewahl hat dort ihre Wurzeln und ist vielmehr Evolution als Revolution.

Wie Hermann Arnold, einer der Gründer und ehemaliger CEO, und Marc Stoffel in den Gesprächen mit mir klarstellten, gab es ausgesprochen nachvollziehbare Schritte bis zum heutigen Stand. Die Führungskräftewahl ist eher eine logische Konsequenz als eine Überraschung. Letztere ist sie nur für alle außerhalb des Unternehmens, die nichts oder nur wenig über die demokratische Entwicklungsgeschichte des Unternehmens wissen.

Unternehmensdaten der Haufe-umantis AG
vor und nach dem Change

Gründungsjahr	2001		
Unternehmensalter beim Beginn des Change 2013	12 Jahre		
	2012	2014	Veränderung
Mitarbeiter	70	150	+ 114 Prozent
Anzahl der Standorte	3	6	+ 100 Prozent
Anzahl der Kunden	700	1500	+ 114 Prozent

Die Wahl des CEO wurde das erste Mal im Sommer 2013 durchgeführt, nachdem Hermann Arnold dieses Vorgehen initiierte – was leider nicht aus allen Artikeln über das Unternehmen hervorgeht. Nachdem die Wahl des CEO als Erfolg verbucht werden konnte, gingen das Unternehmen und seine Mitarbeiter einen großen Schritt weiter und weiteten das Wahlverfahren auf alle Führungskräfte aus. Heute gibt es keine Top-down-Entscheidungen mehr über die Besetzung von Führungspositionen. Alle Führungskräfte können auf den Rückhalt der Mitarbeiter zählen, da sie »gewählt führen«.

Also fragte ich zuerst bei Marc Stoffel für ein Interview an und reihte mich in eine lange Schlange von Interessenten ein, die alle mehr über diese Firma und ihre scheinbar radikale Demokratisierung erfahren wollten. Wir verabredeten uns auf der Messe Personal Süd in Stuttgart, wo er einen öffentlichen Vortrag hielt und anschließend bei einer Kundenveranstaltung in geschlossener Gesellschaft auf der Bühne stand. Natürlich interessierte mich auch die Perspektive des Mitgründers und ehemaligen CEO Hermann Arnold. Ihn kontaktierte ich niederschwellig über Xing und bekam schnell eine positive Antwort. Das Gespräch mit ihm führte ich via Skype. Erwartungsgemäß brachte es ergänzend zum Interview mit Stoffel weitere höchst interessante Aspekte ans Tageslicht.

Das Modell der Haufe-umantis AG

Die Unternehmensdemokratie besteht bei diesem Unternehmen aus vier Elementen: der Führungskräftewahl, den gemeinsamen strategischen Entscheidungen, den taktischen Entscheidungen und dem Swarming.

1. Führungskräftewahl

Alle Führungskräfte bis hin zum Vorstand werden jährlich in einem ordentlichen demokratischen Wahlverfahren bestimmt. Dazu präsentieren sich die Kandidaten zunächst vor dem Team. Sie erläutern ihren Hintergrund, die Stärken und Schwächen und machen klar, welchen Beitrag sie leisten und welche Schwerpunkte sie als Führungskraft setzen wollen. Danach können die Wähler Fragen stellen und in einer Diskussion die einzelnen Kandidaten und ihre Absichten als mögliche Führungskräfte besser kennenlernen.

Die eigentliche Wahl erfolgt anonym mit Wahlzetteln, die eine abgestufte Entscheidung ermöglichen: bin sehr dafür, bin dafür, bin dafür mit Vorbehalt, bin dagegen, ich brauche mehr Zeit, ich bin für eine externe Besetzung; natürlich besteht auch die Möglichkeit der Enthaltung. Zusätzlich gibt es ein Freitextfeld für Kommentare und Feedback.

2. Strategische Entscheidungen

Die Strategieentwicklung gilt nach wie vor als Königsdisziplin des Managements. Daraus resultiert folgerichtig die klassische Top-down-Vorgehensweise. Der Vorstand oder die Geschäftsführung zieht sich in bestimmten Abständen zurück, um – zum Teil begleitet von Beratern – die neue Strategie zu entwickeln. Die wird nach der Fertigstellung an die Führungskräfte und Mitarbeiter kommuniziert. Die Marschroute des Unternehmens wird durch die Führungsspitze festgelegt, und die Belegschaft *darf* nicht nur, sondern *muss* folgen und die aus der Strategie abgeleiteten operativen Ziele im Alltag umsetzen.

Nicht so bei der Haufe-umantis AG. Strategische Entscheidungen werden dort gemeinsam getroffen.[60]

Die Strategieentwicklung folgt dabei einem festen, ausgeklügelten Schema: Jede Geschäftseinheit definiert zur Vorbereitung eines Strategie-Workshops eine SWOT-Analyse des eigenen Teams und des Unternehmens. Daraus wird ein Vorschlag für einen Businessplan abgeleitet, der im zweitägigen Strategie-Workshop den anderen Mitarbeitern vorgestellt wird. Danach erhält jedes Team von den Kollegen eine Rückmeldung über die Stärken und Schwächen des Businessplans. Im nächsten Schritt wird dieses Feedback nach dem Workshop genutzt, um den Vorschlag zu verbessern. Aus den so entstandenen einzelnen Businessplänen werden die Hauptunternehmensziele abgeleitet, ein jährliches Motto und ein übergeordnetes Unternehmensziel entwickelt, das aus den Dimensionen Mitarbeiter/Kunde und Innovation besteht. Dies erfolgt in moderierten Brainstormings und einer abschließenden Abstimmung. Dieses Prozedere hat einen feierlichen Charakter, so dass die Belegschaft gut ins neue Jahr starten kann.

Zukünftig soll einerseits der einjährige Turnus engmaschiger werden und andererseits die übergeordnete mehrjährige Strategie erarbeitet werden. Der bisherige Betrachtungs- und Planungshorizont ist viel zu spekulativ für Ziele und zu kurz für Strategien. Marc Stoffel zufolge ist »nur das wirklich greifbar, was vielleicht die nächsten zwei bis vier Wochen geschieht«. So gesehen sind also sogar dreimonatige Pläne schon recht weit in die Zukunft geblickt – für die Strategie jedoch zu kurzsichtig.

3. Taktische Entscheidungen

Eine der wichtigsten wiederkehrenden taktischen Entscheidungen wird ebenfalls demokratisch getroffen: die Auswahl und Einstellung neuer Mitarbeiter. Die bestehenden Teams ermitteln eigenständig den Personalbedarf, was ja im Allgemeinen der Job der Personalabteilung ist, die damit von dieser Aufgabe entlastet wird. Ist der Personalbedarf geklärt, suchen die Mitarbeiter nach neuen Bewerbern, führen die Bewerbungsgespräche und haben auch die Letztentscheidung über die Einstellung. Mittlerweile kann das Team darüber hinaus auch Entlassungen durchführen.

Diese kollektive Hoheit über Personaleinstellung und -entlassung hat eine besondere Bedeutung. Wenn die demokratische Verfassung des Unternehmens dauerhaft sichergestellt werden soll, müssen auch passende neue Mitarbeiter gefunden werden. Diese Passung geht selbstredend über den rein fachlichen Aspekt weit hinaus. Sie bezieht sich auf das gesamte Team, in dem die zukünftigen Mitarbeiter arbeiten sollen, und insbesondere auf die Unternehmenskultur, die ganz besondere Anforderungen an die Belegschaft stellt.[61]

4. Swarming

Wenn Unternehmensdemokraten konsequent an der Demokratisierung ihres Unternehmens arbeiten, ist das Konzept der kollektiven Intelligenz nicht fern. Insofern wäre es absurd anzunehmen, dass vielfältige (Groß-)Gruppen unter Beachtung der für kollektive Intelligenz nötigen Voraussetzungen[62] dümmer sind als geniale Führungspersönlichkeiten. Das gilt vor allem dann, wenn bei einem Unternehmen wie Haufe-umantis die Belegschaft alle Führungspositionen wählt. Hermann Arnold bringt es auf den Punkt: »Wir sind der Überzeugung, dass die gesammelte Intelligenz aller Mitarbeiter zu besseren Ergebnissen führt, als wenn noch so kluge Leute in der Unternehmensleitung alleine Entscheidungen fällen.«

In einem Teil des Unternehmens wurden bereits ehemals feste Abteilungen aufgelöst. Der mehr oder minder klassische Manager hat ausgedient. Alle Mitarbeiter entscheiden mittlerweile selbstbestimmt, welches der laufenden oder anstehenden Projekte am ehesten von ihrer Kompetenz und Energie profitiert.

Zurzeit arbeitet ein Schwarm in Bezug auf Projekte. Ein zukünftiges weiteres Anwendungsfeld des Swarmings könnte die Entwicklung eines neuen Gehaltsmodells sein, erzählte mir Marc Stoffel. Vielleicht wäre es eine gute Möglichkeit, die kollektive Intelligenz bei der Entwicklung von etwas derart Sensiblem zu nutzen, statt es wie gewohnt top-down vorzugeben.

Auf dem Weg zur Haufe-umantis AG

Das Interview mit Marc Stoffel fand an einem strahlend sonnigen Tag im Mai 2014 statt. Nachdem ich auf dem Stuttgarter Messegelände endlich am richtigen Eingang angekommen und in den Hallen gelandet war, bot sich das übliche Bild: ein Meer von Ständen, Hunderte von Menschen, die formal korrekt gekleidet im Business-Attire-Look ihrer Arbeit nachgingen: die eigenen Produkte anzupreisen, den Markt der Anbieter und Mitbewerber zu scannen und sich zwischendurch ins Networking zu vertiefen. Als selbsterklärter Messephobiker gruselte mich die Szenerie ein wenig, aber es half nichts. Da musste ich durch, wenn ich mit Marc Stoffel reden wollte. Mit ein paar Minuten Verspätung kam ich an, Stoffel hatte seinen Vortrag gerade begonnen. Die Stuhlreihen waren noch ziemlich rar besetzt. Das demokratische Motto des Vortrags schien nicht allzu viele Leute anzulocken. Es war einmal mehr erschreckend, dass die breite Masse die Lösung unternehmerischer Probleme in allen möglichen Technologien zu finden glaubt, während die offensichtliche Schwäche mangelnder Eigenverantwortung und Mitgestaltungsmöglichkeit weiter übersehen wird. Aber immerhin: Mit der Zeit füllten sich die Zuschauerränge, und Stoffel ließ seiner Begeisterung für die Demokratisierung bei Haufe-umantis freien Lauf.

Nach diesem Vortrag ging es relativ zügig weiter in die VIP-Lounge der Messe, wo die geschlossene Kundenveranstaltung kurz darauf startete. Nachdem der offizielle Teil beendet war, pilgerten alle Gäste und das Haufe-umantis-Team auf die Terrasse zu Fingerfood und Getränken. Dort kam ich mit einigen der Gäste schnell ins Gespräch, der Grund meiner Anwesenheit passte bestens zur Unternehmensdemokratie des Gastgebers. Einige Zeit später ging Herr Stoffel mit mir ins Gebäude, und wir stellten uns an einen der Stehtische im Loungebereich. Das Gespräch fand gewissermaßen in der Öffentlichkeit statt, jeder, der wollte, hätte zuhören können. Tatsächlich gingen ab und an ein paar Gäste, die die Veranstaltung verlassen wollten, vorbei und unterhielten sich noch kurz mit Stoffel. Auch der Weg zu diesem Interview wies Ähnlichkeiten mit der Geschichte der Demokratisierung bei Haufe-umantis auf: Mitten im Trubel des Marktgeschehens und unter dem selbstgewählten Blick der Öffentlichkeit vollzog sich die Evolution der Demokratie. Das Unternehmen ist geradezu allgegenwärtig, kaum eine Veranstaltung über Mitbestimmung, neue Organisationsformen oder die Zukunft der Arbeit ohne die Haufe-umantis AG und Marc Stoffel. Das birgt ein gewisses Risiko, auf das Stoffel im Gespräch auch einging: Wenn der Versuch scheitert, dürfte der Spott nicht unerheblich sein. Dann können sich all die Zweifler auf die Schulter klopfen und skandieren, dass es ja so kommen *musste*. Diesem Druck standzuhalten ist auch eine Herausforderung, wie Stoffel anmerkte. Aber noch müssen sich die Skeptiker gedulden.

Der Weg der Haufe-umantis AG[63]

Der Beginn dieses Musterbeispiels an Unternehmensdemokratie geht bis zur Unternehmensgründung im Jahr 2001 zurück. Als Hermann Arnold gemeinsam mit drei Partnern das Unternehmen gründete, kam irgendwann die Frage nach einem Geschäftsführer auf. »Ich war eigentlich der Ansicht«, erzählt Arnold, »dass wir den nicht zwingend brauchen. Aber alle waren der Meinung, dass ich das sein solle. Daraufhin habe ich mich entschieden, das zu machen. Also war schon die Bestellung des Geschäftsführers der Gründerbude, wenn Sie so wollen, eine demokratische Entscheidung.« Im Grunde war damit im Kern schon längst das geschehen und für die Zukunft angelegt, was jetzt überall Aufmerksamkeit erregt. Die demokratische EntscheidungsKultur wurde zur »DNA des Unternehmens«. Gleichzeitig wurden damals die Anteile gleichmäßig auf die vier Gründer aufgeteilt. Für Hermann Arnold war das wichtig, weil jeder einen wertvollen Beitrag leistete.

Einer der für Arnold erhellendsten Momente kam einige Jahre später durch die Umstellung von Individualsoftware auf Standardsoftware. In den ersten Jahren entwickelte umantis mehr oder weniger für jeden Kunden und dessen individuelle Bedürfnisse eine eigene Software. Zu Beginn hat das gut funktioniert, da das Unternehmen dafür hohe Preise erzielen konnte. Mit der Zeit begannen allerdings fast zwangsläufig die Probleme, da beispielsweise im späteren Support die Lösung von Problemen bei einem Kunden nicht auf andere Kunden übertragen werden konnte. Es war Arnold klar, dass diese Strategie mittelfristig zu Problemen führen würde. Aber es war zu dem Zeitpunkt für ihn kein aktuelles Thema. Den Mitarbeitern ging es jedoch ganz anders.

Eines Tages luden sie ihren Geschäftsführer zu einem Treffen ein, bei dem sie »in aller Deutlichkeit erläuterten, welchen Problemen sie ausgesetzt sind. Als Quintessenz ergab sich, dass gute Leute das Unternehmen verlassen würden, wenn sich nicht bald etwas änderte. Erst in dem Moment ist mir wirklich bewusst geworden, wie dringend notwendig es ist, sofort Maßnahmen zu ergreifen. Obwohl mir logisch und strategisch klar war, einen Weg vom Individualprojekt zum Standardprodukt schaffen zu müssen, war es mir noch nicht in der Dringlichkeit bewusst, weil ich nicht tagtäglich in den Kundenprojekten war.« Daraus entwickelte sich eine Mammutaufgabe, die Strategie von Individual- auf Standardlösungen umzustellen – eine Riesenherausforderung, die dem Unternehmen »fast das Genick gebrochen hätte. Aber wenn wir diesen Weg nicht gegangen wären, dann würde es uns heute nicht mehr geben.«

Diese Geschichte umfasst zwei zentrale Aspekte: Erstens macht sie klar, wie schnell das Topmanagement vom Tagesgeschäft entfremdet ist. »Wir waren damals vielleicht 30, 40 Leute, das sind nicht gerade viel. Und trotzdem war ich als Geschäftsführer schon so abgekoppelt vom Tagesgeschäft, dass ich die Schmerzen, die da jeden Tag entstanden sind, nicht in der gleichen Intensität mitbekommen habe wie die Leute, die das vor Ort erlebt haben.« Zweitens kam der rettende

Impuls aus der Belegschaft. Das Team kam zu einer anderen Problemdefinition als Arnold und zog somit eigene Konsequenzen. Im Normalfall obliegt jedoch dieser Schritt der Problemdefinition dem Topmanagement.[64] Nicht so bei umantis. Die Belegschaft hat dafür gesorgt, dass die Veränderung zur rechten Zeit eingeleitet wurde.

Wieder ein paar Jahre später entstand die Idee einer Fusion zwischen der umantis AG und Haufe-Lexware GmbH & Co. KG. Arnold erzählte, wie diese strategische Entscheidung bei umantis getroffen wurde: »Klassischerweise gibt es irgendwann einen Tag, da tritt der Mitgründer und größte Aktionär vor die Belegschaft und sagt: ›Heut ist ein toller Tag!‹, und alle denken sich: ›Okay, was ist los?‹ – ›Wir haben heute an Haufe verkauft.‹ Und dann denken sich alle: ›Was ist denn das für ein Mist?‹ Bei uns war das ein Prozess, für den ich mich schon als Mitgründer, Geschäftsführer und größter Aktionär verantwortlich fühlte. Das war ein Prozess, bei dem ich die Belegschaft mitgenommen habe, vom ersten Tag, als bei uns die Entscheidung gereift ist, dass es jetzt eine strategische Möglichkeit gibt, bis zur letztendlichen Entscheidung. Bei der Entscheidung war es so, dass jeder Mitarbeiter, egal wie lange er im Unternehmen war und ob er Aktien von der Firma hielt oder nicht, eine Stimme hatte. Genauso wie auch ich nur eine Stimme hatte.« In der Tat ungewöhnlich. Und ausgesprochen demokratisch.

Erst dann folgte der nächste Schritt, der seit 2014 immer wieder in verschiedenen Zeitschriften und Veranstaltungen publik wurde und großes Aufsehen erregte. Hermann Arnold hatte mit dem heutigen CEO Marc Stoffel schon eine Weile über die mögliche Wahl zum Vorstandsvorsitzenden gesprochen. Denn für Arnold war immer klar: »Ich mache den Job, solange ich das Gefühl habe, der Beste bei dem zahlbaren Gehalt zu sein, der das machen kann. Aber irgendwann habe ich gemerkt, dass es einen anderen Führungsstil in unserem Unternehmen braucht und dass Marc den hervorragend beherrscht. Ich bin eher der Pionier, der irgendwo im Dschungel steht und mit der Machete den Weg vorbahnt. Irgendwann, ab einer bestimmten Größe, braucht es einen anderen Führungsstil, der das Team nach vorne laufen lässt und es unterstützt. Das kann ich nicht so gut. Da habe ich gesehen, dass jetzt die Zeit ist, die Führung an ihn zu übergeben.« Wieder wäre das normale Vorgehen gewesen, dass sich Arnold bestenfalls vor die Belegschaft stellt und erläutert, dass es jetzt einen anderen Geschäftsführer braucht. Allerdings hätte dies vermutlich ungünstige Folgen. Die Mitarbeiter würden sich eventuell fragen, warum der Mitgründer und bisherige Geschäftsführer nicht mehr will, ob er vielleicht Bedenken hat, ob es dem Unternehmen möglicherweise nicht mehr gut geht. Vermutlich wäre auch die Frage hochgekocht, warum der ehemalige Vertriebs- und Marketingleiter plötzlich Geschäftsführer werden soll. Der Herd wäre angeheizt zu einer destruktiven Gerüchteküche. Stattdessen wurde der Prozess in Richtung einer Wahl mit gemeinsamen Gesprächen eingeleitet: »Wir haben als Erstes diskutiert, und ich habe erklärt, warum ich denke, dass Marc inzwischen der passende Geschäftsführer sei. Dann hat Marc von seinem Werdegang in der Firma erzählt, da viele davon gar nichts wussten, und erklärt, was er sich für die Zukunft vorstellt, was sein Beitrag für das Unternehmen sein könnte und wo er Unterstützung bräuchte. Anschließend konnten die Mitarbeiter äußern, was sie sich eigentlich vorstellen, und alles unter sich weiter diskutieren, nachdem wir den Raum verlassen hatten. In einer abschließenden Runde wurden noch einmal gemeinsam letzte Fragen geklärt, und dann gab es eine Abstimmung.« Dass dieser Wechsel der Geschäftsführung in einer demokratischen Wahl stattfinden sollte, hatten Arnold und Stoffel in Abstimmung mit dem Verwaltungsrat im Voraus alleine entschieden. Wobei Arnold bescheiden anmerkt, dass er Marc Stoffel ermutigt hat, »weil es natürlich großen Mut braucht, sich einer solchen Wahl zu stellen. Denn was passiert, wenn er nicht oder schlecht gewählt würde?« Dieser undemokratische Entscheid, demokratisch entscheiden zu lassen, folgte aus Arnolds Einschätzung, dass ein anderes Vorgehen zu viel Unsicherheit erzeugt hätte: »Es liegt an jenen, die Macht haben, sich selbst zu entmachten.«

Die Wahl des neuen CEO wurde ein Erfolg. Vielleicht lag es auch daran, dass Stoffel zunächst nur für ein halbes Jahr gewählt wurde. »Die Leute haben gewusst«, so Arnold, »dass es am Ende des Jahres wieder eine Wahl gibt, weil wir das jetzt jährlich machen wollen. Das heißt, sie haben es quasi auf Probe gemacht, und sie wussten auch, dass ich jederzeit bereitstehe.« Letzteres unterstrich er noch mit seiner Entscheidung, sich selbst unter dem neuen Chef in die Linie einzuordnen und mit Stoffel das Gehalt zu tauschen. Stoffel bezog nun Arnolds CEO-Gehalt, und Arnold gab sich mit Stoffels Gehalt als Vertriebs- und Marketingleiter zufrieden. »Das haben relativ viele in der Firma mitbekommen, dass meine, wenn man so will, Abwahl nicht einem Rückzug aufs Altenteil gleichkam, sondern den vollen Einstieg in die neue Ordnung bedeutete. Dem Team wurde klar, dass ich Marc wirklich für den besseren CEO hielt. Und deshalb will ich weiterhin im Unternehmen voll tätig sein.« Dieser Schritt ist in der Tat ein vorbildlicher Umgang mit dem Wandel. Was macht ein ehemaliger CEO oder Geschäftsführer, wenn er nicht mehr in der alten Rolle, aber noch im Unternehmen ist? Arnold wollte mit diesem Schritt ein Beispiel geben, »dass auch andere, die einmal abgewählt oder nicht gewählt werden, eben nicht aus Angst vor Gesichtsverlust das Unternehmen verlassen müssen, sondern wieder voll ins Team zurückgehen können.«

Der nächste logische Schritt, die Wahl aller Führungskräfte, war dann auch dem Vorgehen nach selbst demokratisch. Alle Führungskräfte wurden gefragt, ob sie ihre Positionen zur Wahl stellen wollen. Sie stimmten zu, und seitdem findet nicht nur die jährliche Wahl des Vorstands statt, sondern die aller Führungskräfte. Einer von ihnen, Markus Bolt, einmal gewählt und ein Jahr später im Amt bestätigt, positioniert sich klar zur Führungskräftewahl inklusive einer möglichen Wahlniederlage: »Wenn ich abgewählt werden sollte, wäre das in Ordnung.« So beeindruckend dieses Vorgehen ist, das Wesentliche geschieht an anderer Stelle. Es gibt insgesamt fünf Vorteile von Führungskräftewahlen, die Arnold und Stoffel herausstellen:

1. *Klärung der Führungszusammenarbeit.* Der Prozess, der *vor* der Wahl ausgelöst wird, führt dazu, dass sich Kandidaten und Wähler gleichermaßen Gedanken darüber machen müssen, was sie wie erreichen wollen. Worin sehen die Kandidaten ihre Rolle als mögliche Führungskräfte? Was wäre ihr Beitrag für das Unternehmen und das Team? Umgekehrt müssen sich die Wähler die Frage stellen, was sie von ihrem zukünftigen Chef wollen. Sie gehen raus aus der Passivität in eine aktive Führungsmitgestaltung. Alle Beteiligten werden also dazu gebracht, sich mit der Qualität der Führungszusammenarbeit auseinanderzusetzen.

2. *Macht zur Abwahl.* Wählen können heißt immer auch abwählen können. Arnold zieht den Vergleich zur gesellschaftlichen Demokratie: »Wenn ich als Bürger in einem Staat zufrieden bin mit der Regierung, dann brauch ich nichts zu machen, nicht einmal zur Wahl gehen. Das Problem entsteht dann, wenn mit der Zeit einzelne Leute, Regierungen oder Parteien so abgehoben sind, dass sie den Kontakt verlieren und deswegen schlechte Entscheidungen treffen. Dann brauche ich die Möglichkeit, sie abzuwählen.« Im Unternehmen hat die Möglichkeit der Abwahl wichtige Konsequenzen, erläutert Arnold: »Allein dass ich weiß, einen schlechten Vorgesetzten im Laufe des nächsten Jahres abwählen zu können, erlaubt vielen Leuten, viel besser mit einem schlechten Vorgesetzten umzugehen. Es ist leichter, wenn man weiß, dass die Führung temporär ist.«

3. *Persönlichkeitsentwicklung:* Der Prozess *nach* der Wahl führt zu weiteren wichtigen Vorteilen: Wahlkandidaten, die die Wähler nicht überzeugen konnten, oder Führungskräfte, die in ihrem Amt nicht bestätigt wurden, müssen sich mit diesem Ergebnis auseinandersetzen. Das kann harte Arbeit sein. Marc Stoffel macht das klar: »Mit den Resultaten der Wahl umzugehen war nicht einfach. Als erste Mitarbeiter abgewählt wurden, hat das für einige Wochen in eine emotionale Belastung geführt. Und zwar nicht nur bei den Abgewählten, sondern auch bei den Teams, also den Wählern. Weil es

auch für sie eine schwierige Sache ist, jemanden abzuwählen. Schließlich schaut das ganze Unternehmen darauf. Wie geht man damit um? Wie kann man die Konsequenzen der Wahlen so gestalten, dass man darüber die Kultur positiv prägt? Gelingt das nicht, kommt das System in eine Negativspirale, weil die Leute davor Angst haben.« Das geht nur, indem alle Beteiligten den Prozess als Chance wahrnehmen, daraus zu lernen und sich weiterzuentwickeln. Und genau das passiert auch. Hermann Arnold und Marc Stoffel berichten jeweils von Fällen, bei denen diese Chance genutzt wurde.

4. *Führungskräfteentwicklung*: Hermann Arnold kann aus seiner eigenen Erfahrung berichten, was passiert, wenn man sich aus einer ehemaligen Führungsposition zurück in die Linie begibt. »Ich leite dieses Team. Dann gehe ich zurück in das Team, wenn es jemand anderes leitet. Es ist spannend, was da bei mir passiert ist. Ich habe bei bestimmten Dingen gesehen, dass Marc etwas macht, bei dem ich dachte, dass es in die Hose geht. Natürlich habe ich in den meisten Fällen den Mund gehalten, weil er das selbst machen muss und ich ihm ja vertraue, weil ich glaube, dass er es besser kann. Und tatsächlich: In vielen Fällen war sein Vorgehen erfolgreicher als von mir erwartet. Ich erlebe also meinen Nachfolger in Situationen, die ich davor ähnlich erlebt habe, sehe ihn anders handeln und merke, dass er erfolgreicher ist, als ich es war. Das ist ein unglaublicher Lerneffekt. Die meisten, die die Karriere nur nach oben gehen, berauben sich der Möglichkeit zu sehen, wie ihr Nachfolger den gleichen Job anders macht, an bestimmten Stellen besser und an anderen schlechter.«

5. *Ein neues Karrieremodell*: Das normale Karrieremodell ist die Kaminkarriere. In Arnolds Worten: »Rauf – rauf – raus.« Karriereinteressierte Mitarbeiter schielen ständig nach oben. Sind sie auf einer Führungsposition angelangt, wandert der Blick schon wieder nach oben auf die nächste Sprosse der Karriereleiter. Es ist völlig undenkbar, unter einem Mitarbeiter, den man eine Zeitlang ge-

führt hat, wieder in die Linie zurückzugehen, um sich nun seinerseits von ihm führen zu lassen. Wenn dies einmal passiert, wird es als schwere Niederlage interpretiert. Dieses absurde Muster wird durch die Führungskräftewahl durchbrochen. »Da ist bei uns das Konzept eines spiralförmigen Karrieremodells entstanden. Erst bin ich im Team, dann leite ich es und gehe irgendwann wieder zurück. Das mache ich vielleicht ein, zwei Mal und komme dann auf die nächste Stufe dieser Spirale.«

Es geht also um wesentlich mehr, als Führungskräfte zu wählen. Die demokratische Wahl führt zu einer Reihe von weitreichenden Vorteilen, die so unter den üblichen Bedingungen formal fixierter Hierarchie nicht oder nur bedingt möglich sind. Als mit der Zeit diese Vorteile sicht- und spürbar wurden, folgte der nächste Schritt im Prozess der Demokratisierung, wie Arnold feststellt: »Wenn ein Team die eigenen Kollegen einstellt und das seit Jahren macht und zudem die Vorgesetzten wählt und abwählt, ist es eine logische Konsequenz, auch wieder Leute zu entlassen.« Das ist auch deshalb sinnvoll, weil nur die Kollegen im Team wirklich sehen, ob jemand einen guten Job macht oder nicht. Schließlich gibt es Leute, »die optimieren unglaublich nach oben und strahlen zu ihrem Vorgesetzten, aber eigentlich machen sie einen schlechten Job. Wenn man dem Team auch dort die Verantwortung gibt, werden Leute, die keine gute Leistung bringen, früher identifiziert, und es werden schneller Maßnahmen ergriffen. Das muss nicht immer eine Kündigung sein. Wichtig ist, dass das Team viel schneller reagieren kann und somit das Problem schneller gelöst wird.«
Gleichzeitig muss diese neue Macht auf intelligente Weise gerahmt werden. Als ein Team einen Kollegen entlassen wollte, fragten Arnold und Stoffel die Teammitglieder, welchen Prozess sie gut fänden, wenn sie derjenige wären, der entlassen werden soll. So wurde schnell deutlich, dass jeder zumindest eine faire Chance braucht, um sich im Unternehmen und im Team zurechtzufinden.

Wenn derart viel Macht geteilt und Verantwortung an die Mitarbeiter abgegeben wird, ist eine intelligente Fehlerkultur unabdingbar. Denn früher oder später kommt es zu Fehlern, die sich nachhaltig schlecht auswirken können. So kam es beispielsweise bei einer Wahl dazu, dass die IT-Abteilung eigenmächtig (sic!) einen eigenen Wahlzettel entworfen und eingesetzt hat. Es gab plötzlich keine gestufte Wahlmöglichkeit mehr, sondern nur noch ein binäres Muster von »Ja« oder »Nein«. Außerdem wurde das Feedbackfeld für Tipps oder Hinweise für die Wahlkandidaten zu einem einfachen Kommentarfeld.

In der Folge wurde eine Wahl für eine Mitarbeiterin zur Tortur, es gab nur eine Stimme für sie, der Rest war gegen sie. Trotzdem schaffte sie es, diese Niederlage konstruktiv zu verarbeiten. Darauf folgte der nächste Fehler, diesmal durch Hermann Arnold verantwortet. »Als Nächstes habe ich noch einen obendrauf gesetzt. Ich habe gedacht, dass wir das irgendwie heilen müssen. Also habe ich das ganze Team zusammengetrommelt und erst einmal die Wahlresultate und ein paar Ergebnisse an die Wand geworfen. Dann habe ich gesagt, es sei offensichtlich, dass das verletzend ist, und hab die Teammitglieder aufgerufen, noch einmal Aussprache darüber zu halten, was jeder gut an dieser Person findet. Es hat sich dann zuerst ein Programmierer zu Wort gemeldet, der offensichtlich stark unter ihr gelitten hat. Er erklärte sofort, warum er sie nicht gewählt hat. Denn er hatte die Sorge, dass wir das Wahlergebnis anzweifeln würden, worum es aber nicht ging.«

Die Lernaufgabe aus diesen Fehlern bestand darin, den Wählern den Sinn einer differenzierten Stimmabgabe und eines detaillierten Feedbacks bei einer Wahl klarzumachen. Es ging darum, ein sensibleres Bewusstsein für den Wahlprozess zu schaffen: Was heißt es, sich zur Wahl zu stellen? Was bedeutet es, andere zu wählen oder nicht zu wählen, und was kann mit Feedback erreicht oder angerichtet werden?

Vorgesetztenwahlen, meint Hermann Arnold, müssten nicht zwingend der erste Schritt einer Demokratisierung sein. »Ich glaube, da gibt es andere Themen, die sich besser eignen und offensichtlicher sind. Zum Beispiel Einstellungsprozesse von Mitarbeitern. Es wird heute zunehmend schwieriger, gute Leute zu finden. Viele Unternehmen halten Social Media Recruiting für das Mittel der Wahl. Sie verstehen darunter, Jobanzeigen auch noch auf Twitter und Facebook zu posten. Wir glauben hingegen, dass es nicht um Social *Media* Recruiting geht, sondern um *Social* Recruiting. Also die soziale Aktivität des Teams. Das ist etwas, das Mitarbeiter wirklich aktiviert, wo sie selbst die Verantwortung spüren, Kollegen in das Team zu bringen. Die Aufgabe der Zentrale ist dann, tatsächlich die finale Entscheidungsmacht an die Mitarbeiter zu übergeben.« Und natürlich muss man auch damit rechnen, dass Entscheidungen getroffen werden, die nicht gut sind, die man aber akzeptieren muss, um das System zum Lernen anzuregen.

Eine andere, noch niederschwelligere Möglichkeit, einen Demokratisierungsprozess einzuleiten, besteht darin, dass die Mitarbeiter ihre Ziele selber bestimmen und sie die Verantwortung für die Mitarbeitergespräche übernehmen. Das ist eine Möglichkeit, die als homöopathische Dosierung der Selbstbestimmung schon in dem einen oder anderen Unternehmen genutzt wird. Dabei kann an längst bestehende Prozesse angeknüpft werden, auch und gerade dann, wenn die Ziele bislang von den Vorgesetzten bestimmt wurden.

Marc Stoffel stellt als unbedingte Voraussetzung fest, dass das Topmanagement eine Demokratisierung auch wirklich will. »Das ist so etwas wie eine DNA oder eine Kulturfrage, die man sich ernsthaft stellen muss. Man muss auch Macht abgeben *wollen* und können.« Damit spricht Stoffel aus meiner Sicht die wichtigste aller Vorbedingungen an. Schließlich geht es am Ende immer darum, die eigene Macht und Gestaltungsfreiheit mit anderen zu teilen. Das impliziert zwei Seiten der Machtmedaille: Das Topmanagement muss Macht abgeben, und die Belegschaft muss bereit sein, diese Macht – verteilt auf viele Schultern – anzunehmen. Was wiederum heißt: Es braucht diese gestaltungswilligen Mitarbeiter und Führungskräfte.

Die Entscheidung zum Wandel geht in diesem Prozess grundsätzlich durch das Nadelöhr der Geschäftsführung oder des Vorstands. Wenn sich ein Vorstandsvorsitzender wie Hermann Arnold oder Thomas Hinderberger von der Volksbank Heilbronn dafür entscheidet, diese Macht abzugeben, zu teilen oder zusammen mit anderen neu zu gestalten, entsteht die wichtige Folgefrage, worin die eigene Rolle in Zukunft bestehen könnte. Was sind die Aufgaben eines Vorstands, wenn er beispielsweise nicht mehr für die Strategieentwicklung alleine verantwortlich ist? Genau das fragte ich Marc Stoffel gleich zu Beginn unseres Gesprächs in Stuttgart: Wenn die Mitarbeiter mitbestimmen, wofür braucht es dann noch einen CEO? Stoffel hatte eine klare Antwort parat: Moderation, Impulse und Systembefähigung. »Agile Netzwerkorganisationen leben von Verknüpfung, von Meinungen, sie leben von der Moderation. Meine Hauptverantwortung besteht darin, eine Organisation zu schaffen, in der Mitarbeiter Außerordentliches leisten können.« Marc Stoffel wird sozusagen zum internen Managementinnovator. Er bringt Impulse ins System mit dem Ziel, den übergeordneten Zweck immer besser zu erfüllen: »Eine mitarbeiterzentrische Organisation in die Welt zu bringen.«

Das ist ein großes Ziel, vielleicht sogar eine Vision. Aber die Herausforderungen beginnen bei sich selbst, beim Wechsel von klassischer Hierarchie zu selbstorganisierten Unternehmen. Stoffel stellt klar: »Selbstorganisation ist wunderbar, aber sie braucht einen gewissen Rhythmus, gewisse Rituale und Regeln. Das braucht es als Ersatz, damit das Netzwerk mindestens genauso gut funktioniert wie eine klassische hierarchische Organisation. Natürlich sollte es gewünscht besser funktionieren, sonst müsste man ja keinen Wandel angehen. Aber nur Hierarchien einzureißen ist keine Lösung.«

Aber was braucht es, um damit zu beginnen, sich zu überlegen, ob es auch ohne die konventionelle Hierarchie geht? Was braucht es, um die alten Denkmuster hinter sich zu lassen? Stoffel gibt zum Abschluss einen wertvollen Tipp: »Es könnte sich lohnen, einmal gedanklich zurückzugehen und sich zu erinnern, was die größten Erfolge des Unternehmens waren und wie sie entstanden sind.« Stoffel berichtet ähnlich wie Arnold über den große Schritt von der Individual- zur Standardsoftware, als das Team Hermann Arnold von der Dringlichkeit eines Strategiewechsels überzeugte. Einer der größten Erfolge kam also durch die Initiative der Mitarbeiter. Ohne dieses Engagement der Belegschaft gäbe es heute keine Haufe-umantis AG, da sind sich Arnold und Stoffel einig. Das Unternehmen wäre längst tot. Marc Stoffel sagte abschließend: »Ich glaube, viele Unternehmen weisen ein ähnliches Muster auf. Mitarbeiter aus allen Führungshierarchien betreiben Innovationen. Wenn man das sieht, hat man auch das Vertrauen, dass es sich lohnt, sie zu involvieren und ihnen zu vertrauen.[65] Dabei hilft es auch, Leute zu finden, die an das Gleiche glauben.«

Rundum bunt

Eine Farbenfabrik steuert sich durch Sinnkopplung

Vorspiel

Auf Angelika Nürnberger, eine Geschäftsführerin in Nachfolge, wurde ich von einem Bekannten hingewiesen. Er meinte, ihre Firma, die Farbenwerke Wunsiedel, könnte gut für mein Buch geeignet sein. Dort würden Mitarbeiter in vielerlei Entscheidungen eingebunden. So würde dort beispielsweise zurzeit analysiert, warum einige Aufgaben ungern übernommen werden und was man daran ändern könne. Wie sich bald zeigen sollte, war dies ein hervorragender Tipp.

Kurz darauf habe ich mit Frau Nürnberger Kontakt aufgenommen, ein erstes Gespräch geführt und war fasziniert von der Offenheit, mit der sie mir begegnete. Sie brachte mir gleich beim ersten Kontakt ein bemerkenswertes Vertrauen entgegen. Ohne auf rationaler Ebene genau zu wissen, wer ich bin und was mich motiviert, dafür wohl intuitiv erspürend, dass ich sorgsam mit diesem Vertrauensvorschuss umgehen würde, begann sie zu erzählen.

Sie ist Unternehmerin und Geschäftsführerin in der vierten Generation. Die Farbenwerke Wunsiedel wurden bereits 1905 gegründet und gehören damit heute zu den Unternehmen, die es immerhin geschafft haben, über ein Jahrhundert zu bestehen. Heute steht das Unternehmen für Miteinander, Gestaltungsfreiheit, Vielfältigkeit, Nachhaltigkeit und einen individuellen Unternehmenscharakter. Es sind die Prinzipien im Zentrum des Unternehmens, wie ich später erfuhr. Andererseits handelt es sich teils um Buzz-Words, die sich viele Unternehmen auf die Fahne schreiben. Nur bei Gestaltungsfreiheit und individuellem Unternehmenscharakter sieht es anders aus. Bei den Farbenwerken hingegen wird aber gerade die Gestaltungsfreiheit als ein zentraler Aspekt von Unternehmensdemokratie mit dem »Aufgabenpool« verwirklicht – durch das »Possibility Management«: Die täglichen Aufgaben der einzelnen Arbeitsbereiche und Mitarbeiter werden durch die Betroffenen selbst analysiert. Wer erfüllt die jeweiligen Aufgaben gerne und wer nicht? Dabei kann natürlich herauskommen, dass diejenigen, die eine Aufgabe bearbeiten sollen, dies nicht möchten, kein Interesse daran haben oder sich dabei unwohl fühlen. Andererseits interessieren sich vielleicht Mitarbeiter für diese Aufgabe, die gar nicht dafür gedacht waren, geschweige denn eine entsprechende Ausbildung haben. Das Besondere liegt nun darin, diese Sachlage – die in praktisch allen Unternehmen und Organisationen so zu finden ist – zu berücksichtigen. Aus dieser kleinen Aufmerksamkeit folgt ein radikaler Wandel hin zu einer durch Interessen und Leidenschaft gesteuerten Arbeit.

Das klang faszinierend. Schließlich sind die Farbenwerke seit der Umstellung auf diese Art der Koordination und Steuerung ihrer Arbeitspakete nicht zusammengebrochen, wie so mancher Standardökonom gerne behauptet. Also versuchte ich nach diesem Gespräch erst einmal herauszufinden, was sich hinter dem Begriff »Possibility Management« verbirgt. Auf der Website des Next Culture Research & Training Center wurde ich fündig: »Possibility Management ist eine frei zugängliche Art des Denkens, um Veränderung in den physischen, intellektuellen, emotionalen und energetischen Blockaden zu bewirken, die dich selbst und dein Team davon abhalten, großzügigen Nutzen aus jenen Möglichkeiten zu ziehen, die auf den ersten Blick nicht offensichtlich sind.«[66] Aha. Irgendwie war das befremdlich. Die Formulierung klingt gestelzt und löste bei mir Assoziationen mit unliebsamen Heilsversprechen aus. Andererseits wirkte Frau Nürnberger während des Telefonats und auch in der bis dahin gelaufenen elektronischen Kommunikation absolut handfest und klar. Die positive unternehmerische Energie von Frau Nürnberger tat das Ihrige. Also habe ich meine Zweifel und Assoziationen hintangestellt und sie um einen Interviewtermin gebeten.

Unternehmensdaten der Farbenwerke Wunsiedel GmbH
vor und nach dem Change

Gründungsjahr	1905		
Unternehmensalter beim Beginn des Change 2012	107 Jahre		
	2012	2014	Veränderung
Mitarbeiter	86	91	+ 5 Prozent
Pro-Kopf-Umsatz	226 395 Euro	225 604 Euro	− 0,3 Prozent
Anzahl umgesetzter Ideefix	45	57	+ 27 Prozent

Die Veränderungen sind noch relativ gering, was natürlich der kurzen Zeit seit dem Change geschuldet ist.

Das Modell der Farbenwerke

Drei konzeptuelle Elemente sind maßgeblich für die Art, wie die Farbenwerke heute gestaltet und gesteuert werden: das galaktische Modell, der Aufgabenpool und das Ideenmanagementsystem Ideefix, alles basierend auf dem Kontext des Possibility Managements.

Das galaktische Modell
Dies ist das Organisationsmodell der Farbenwerke, die fränkische Antwort auf den internationalen Hierarchie-Tannenbaum in Form klassischer Organigramme. Die Idee zu diesem Modell entstand in einem Workshop mit Nicola Nagel, Possibility-Managerin aus München, die Frau Nürnberger und ihre Mitarbeiter bei dem Veränderungsprozess begleitet hat.
Im Gegensatz zu der altbekannten Oben-Unten-Struktur gehen die Farbenwerke nun nach einer Logik des Innen und Außen vor. Im Zentrum steht nicht die Geschäftsführung, sondern die Vision und die genannten Prinzipien (Miteinander, Gestaltungsfreiheit, Vielfältigkeit, Nachhaltigkeit, individueller Unternehmenscharakter). Alle anderen Bestandteile des Unternehmens kreisen um diesen Mittelpunkt wie Planeten um eine Sonne: das Possibility Management, Colorium und

Vertrieb, die Verwaltung, Finanzen, Personal und Fertigung, Maschinen und Gebäude, Materialwirtschaft und IT. Das Modell bildet zusätzlich die Vernetzungen der einzelnen Elemente miteinander ab.

Diese Struktur erinnert stark an das Organisationsmodell des Beyond Budgeting, wie es Niels Pfläging in seinem Buch *Beyond Budgeting. Better Budgeting* vorstellte.[67] Mit dem großen Unterschied, dass bei den Farbenwerken nicht das Topmanagement, sondern die Vision und die Prinzipien im Zentrum stehen. Eine faszinierende Fußnote lieferte der ehemalige, leider früh verstorbene Manager und Geschäftsführer Uwe Renald Müller. Schon 1997 stellte er in seinem damaligen Buch *Machtwechsel* klar, dass jedes Unternehmen, jede Organisation immer über drei verschiedene Strukturebenen verfügt. Neben der Aufbauorganisation gibt es die Ebene der virtuellen Strukturen und – sehr ähnlich dem galaktischen Modell – die Ebene der vernetzten Foren.[68] Der Unterschied zum galaktischen Modell liegt im fehlenden Zentrum. Bei den Farbenwerken kreisen alle Einheiten des Unternehmens inklusive der Geschäftsführung um den Mittelpunkt der Vision und Prinzipien.

Aufgabenpool

Aufgaben sind im Allgemeinen klar verteilt und koordiniert. Sie sind Teil einer Stellenbeschreibung. Ich erinnere mich noch an meine letzte Anstellung an der medizinischen Fakultät der Universität Heidelberg. Meine Aufgaben und Tätigkeiten waren im Arbeitsvertrag eindeutig beschrieben und damit fixiert. Es war das übliche Vorgehen, weit entfernt von einem flexiblen Umgang mit Aufgaben und Arbeitspaketen. Ich hatte das Glück, dass mich das zweijährige Projekt, zu dem ich eingestellt wurde, von A bis Z interessierte. Und zwar die ganze Zeit über. Aber was wäre gewesen, wenn ich das Interesse verloren hätte, wenn ich mich morgens nur noch zur Arbeit gequält hätte, ohne Chance, passendere Aufgaben zu finden? Wäre ich dann noch so motiviert und leistungsbereit gewesen?

Wenn wir davon ausgehen, dass einem zukünftigen Arbeitnehmer das finanzielle Wasser nicht gerade bis zum Hals steht und er über eine fundierte berufliche Qualifizierung verfügt, wird er sich einen Job suchen, der erstens seinen Qualifikationen und damit zweitens – hoffentlich – seinen Interessen entspricht. Dann beginnen sich die Verhältnisse zu ändern. Irgendwie. Irgendwann. Im Außen oder Innen. Die Aufgaben ändern sich oder der Mensch und seine Interessen. Früher oder später wird es bei vielen Arbeitnehmern dazu kommen, dass die Aufgaben nicht mehr zum aktuellen Interesse passen. Normalerweise wird sich erstens der Arbeitgeber um diese Diskrepanz nicht kümmern, und zweitens gelangt diese Kluft erst gar nicht in den Bestand organisationalen Wissens. Und wo kein Problem gesehen wird, besteht auch kein Handlungsbedarf. Dieses Nichtwissen oder die Gleichgültigkeit ist aus der bestehenden organisationalen Logik heraus also völlig in Ordnung. Allerdings gibt es neben dieser Logik eine faktische, individualpsychologische Reaktion auf diese Entfremdung. Was erledigen Sie im Rahmen täglicher Arbeit lieber und besser: Aufgaben, die Sie interessant, spannend, herausfordernd und damit insgesamt angenehm finden, oder solche, die Sie innerlich ablehnen? Wie wäre es, wenn Sie und Ihre Mitarbeiter sich einfach die Aufgaben aussuchen können, die Sie wirklich interessant finden? Wie wäre es, wenn Ihr Arbeitgeber darauf Rücksicht nimmt, wenn sich Ihre Interessen ändern? Was wäre, wenn Sie äußern könnten, dass und warum Ihre Arbeit für Sie unangenehm oder langweilig ist, und darauf reagiert würde? Genau das geschieht mit dem Aufgabenpool der Farbenwerke.

Das Prozedere sieht folgendermaßen aus: Innerhalb der Teams werden grüne und rote Karten verteilt. Auf die grünen Karten werden alle Aufgaben notiert, die die Mitarbeiter auch weiterhin gerne machen, wobei sie unterscheiden, ob sie sie voll- oder teilverantwortlich erledigen wollen. Außerdem können auch Aufgaben darauf genannt werden, die zurzeit von Kollegen erledigt werden, sogar solche, die zu anderen Bereichen als dem eigenen gehören. Auf den roten Karten werden die

Aufgaben festgehalten, die jemand nicht (mehr) machen möchte. Dabei wird der Grad der Ablehnung auf einer Skala von eins bis zehn angegeben. Wenn hoher Widerstand auftaucht, arbeitet ein Team daran, diesen aufzulösen, indem es versucht, die Gründe für den Widerstand auszuräumen. Konsequenterweise wird das Prinzip des Aufgabenpools auch auf dieses Team angewendet: Dort arbeiten nur Personen mit, die daran Interesse haben.

Damit wird eine Veränderung vollzogen, die in ihrer Auswirkung kaum überschätzt werden kann: Arbeit wird zum Spiel, zu einer selbstgewählten Beschäftigung. Sie ist nicht mehr bloßes Mittel zum Geldverdienen, sondern wird zum Selbstzweck. Angelika Nürnberger hat dies so formuliert: »Genau dieses kreative Miteinander-Spielen hat uns als Kindern schon so viel Spaß gemacht. Warum erlauben wir uns das Spiel als Erwachsene nicht mehr? Weil es sich unsere ›moderne Gesellschaft‹ nicht zugesteht, spielerisch auf leichte Art Herausforderungen anzugehen. Die Farbenwerke beginnen, noch mehr zu spielen als bisher.«

Natürlich sollte sich die Interessenlage nicht dreimal im Jahr plötzlich ändern. Es bedarf einer gewissen Kontinuität in der Arbeitsverteilung. Doch solange alle halbwegs normal gewickelt sind, stellt das kein Problem dar. Schließlich werden Interessen normalerweise nicht wie Unterwäsche gewechselt. Manch einer bleibt sein Leben lang von einem beruflichen Thema fasziniert. Eine Mitarbeiterin der Farbenwerke hat das gut auf den Punkt gebracht: »Ich bin angekommen.« Alles in allem ist kein Chaos ausgebrochen, denn es gibt viele Mitarbeiter, die für sich nur kleine Änderungen wollen.

Mit dem Modell des Aufgabenpools verhält es sich so ähnlich wie mit dem Vetorecht für Mitarbeiter, das auch nicht zwangsweise in eine Lähmung münden muss. Das zeigen so unterschiedliche Unternehmen wie die deutschen CPP Studios und der venezolanische Genossenschaftsverband Cecosesola. Durch das dort existierende Vetorecht kam es über insgesamt fünf Jahrzehnte zu keiner einzigen Blockade.[69] Ebenso ist die Angst oder Sorge, dass Mitarbeiter zu oft ihre Interessen wechseln, in den allermeisten Fällen gegenstandslos, wie eben auch bei den Farbenwerken. Und selbst wenn der unwahrscheinliche Fall eintreten sollte, würde sich auch dafür eine Lösung finden lassen. Wie wäre es zum Beispiel mit der Aufgabe, für andere Aufgaben neue Ideen zu entwickeln? Und zwar ganz bewusst als jemand, der diese Aufgaben eben nicht schon seit Jahr und Tag abarbeitet.

Der Aufgabenpool erscheint im ersten Moment vielleicht nicht ganz so spektakulär wie die Abschaffung aller Hierarchieebenen bei der Volksbank Heilbronn. Aber er hat eine ebenso große Wirkung. Denn er markiert den Wandel von Pflichterfüllung zu Freude und Leidenschaft, von Fremd- zu Selbstbestimmung.

Ideenmanagement *Ideefix*

Wie kommt das Neue in ein Unternehmen? Sind für die Entwicklung neuer Ideen nur einige wenige Mitarbeiter verantwortlich oder alle, die daran Interesse haben? Wie werden neue Ideen bewertet, wie wird damit umgegangen? Das Ideenmanagement Ideefix der Farbenwerke beantwortet diese Fragen folgendermaßen:

Alle neuen Ideen werden in einer zentralen Verwaltung gesammelt. Einmal monatlich werden die neuen Vorschläge in Listen ausgedruckt und öffentlich ausgehängt. Dort können sich bis zu fünf interessierte Mitarbeiter eintragen. Der oder die Erste in der Liste organisiert das Team, das den Vorschlag begutachtet, entscheidet und gemeinsam weiterentwickelt. Der Entscheidungsspielraum über den finanziellen Rahmen beträgt dabei 1000 Euro für jeden Vorschlag. Was darüber hinausgeht, muss zur Geschäftsführung, die nach entsprechender Prüfung entscheidet.[70]

Ideefix ist ähnlich wie der Aufgabenpool ein Bereich, in dem frei von formalen Hierarchien gearbeitet wird. Angelika Nürnberger merkt an: »Es macht den Leuten totalen Spaß. Es sind Reinigungskräfte, die bei Ideefix mitmachen, Arbeiter, alle durcheinander. Und man sieht jetzt auch, wer wirklich Lust drauf hat. Wen interessiert ein Thema?«

Die Farbenwerke kennen keinen Standesdünkel, keine formal fixierte

Hierarchie, wer mitwirken darf und wer nicht. Geschäftsführung, Ingenieure, Arbeiter Reinigungspersonal – egal. Das ist eine maximal heterogene Gruppe von Menschen, die Vorschläge und neue Ideen einbringen können, um sie dann – und das ist ein zentraler Aspekt – selbstorganisiert weiterzuverfolgen.

Hie und da findet sich in anderen Unternehmen im ersten Schritt der Ideensammlung eine große Offenheit. Aber dann wird in aller Regel der Kardinalfehler begangen, die demokratisch entstandenen Vorschläge nicht nur zentral zu sammeln, sondern auch noch zu bewerten und top-down zu entscheiden, welche Vorschläge weiterverfolgt werden. Das führt zu Frustrationen bei allen Beteiligten. Diejenigen, die über Auswahl und Verwirklichung zu entscheiden haben, bekommen auf diese Art noch mehr Input, der zu bewältigen ist. Ein Leiter einer Forschungs- und Entwicklungsabteilung eines mittelständischen Betriebs bringt dies gut auf den Punkt: »… da bewerten wir … die beste Prozessverbesserung, in welchem Bereich auch immer … Und da habe ich entsetzlich viele Bewerbungen.«[71] Gleichzeitig führt dieses zentralisierte Vorgehen unvermeidlich dazu, dass Ideen einfach getilgt werden, ohne je ernsthaft an einer Umsetzung gearbeitet zu haben. Die Mitarbeiter sehen ihre Ideen, die sie manchmal mit viel Herzblut eingebracht haben, wie in einem schwarzen Loch auf Nimmerwiedersehen verschwinden. Diese Probleme werden bei den Farbenwerken mit Ideefix seit dem Sommer 2014 elegant gelöst.

Wie wichtig derartige Konzepte für eine starke Innovationskraft sind, zeigt auch der Industrie-Innovationsindex 2014 des Spezialchemieherstellers Altana. Dazu wurden 250 Vorstandsmitglieder, Geschäftsführer und Bereichsleiter sowie 250 Berufseinsteiger aus Industrieunternehmen interviewt. Von insgesamt elf Aspekten einer gelungenen Innovationskultur rangierten auf den ersten drei Plätzen:

- *Förderung abteilungsübergreifenden Austauschs.* Für 58 Prozent der Befragten war dies wichtig. Realisiert wurde dieser Austausch aber nur in 22 Prozent der Unternehmen.

- *Förderung von Kreativität beziehungsweise Erfindergeist.* Dies war für 57 Prozent bedeutsam und wurde lediglich in zwölf Prozent der Unternehmen umgesetzt.
- *Freiräume für Innovation.* 54 Prozent halten dies für nötig, während nur zwölf Prozent der Unternehmen diese Freiräume zur Verfügung stellen.

Die Farbenwerke dürften sich somit an der Spitze der Innovationskultur bewegen. Ideefix fördert zumindest den abteilungsübergreifenden Austausch und bietet Freiräume für Innovation. Und ist dabei auf elegante Weise einfach.

Auf dem Weg zum Interview

Meine Bahnfahrt nach Wunsiedel führte mich über den Fernbahnhof des Frankfurter Flughafens. Der Anschlusszug sollte am gleichen Bahnsteig gegenüber losfahren. Die halbe Stunde bis dahin überbrückte ich mit einem Kaffee zwei Stockwerke höher. Als ich danach am geplanten Bahnsteig kurz vor der Zugeinfahrt ankam, kapierte ich plötzlich, dass der ICE auf der anderen Seite mein Anschluss war. Ich hatte noch ca. 30 Sekunden Zeit, nahm die Beine unter die Arme und sprintete mit Trolley und Massengerbag die Rolltreppe rauf und auf der anderen Seite der Überführung die Rolltreppe wieder runter. Noch waren die Türen offen, kein Anzeichen für die Abfahrt sicht- oder hörbar – die letzten 20 Meter und ich war drin. Als ich am Tisch saß und mich eingerichtet hatte, fuhr der Zug noch immer nicht ab. Die Türen blieben offen, und es dauerte noch gute fünf Minuten, bis der Zug losfuhr. Lesson learned: Es ist nicht immer alles so, wie es scheint. Wenn man glaubt, sprinten zu müssen, hat man manches Mal viel mehr Zeit als gedacht.

In Nürnberg stand der nächste Umstieg an. Es war wie eine kleine subtile Zeitreise. Der Bahnhof rief Erinnerungen wach an einen Auftrag vor ein paar Jahren, als ich regelmäßig in Nürnberg war. Es war kein Neuland, sondern altbekanntes Terrain. Ich erinnerte mich genau an die Infrastruktur, wo was liegt und wie ich dorthin komme. So wird es wohl auch bei den Farbenwerken sein. Schließlich gibt es das Unternehmen schon lange, vieles ist der Belegschaft und Geschäftsführung bekannt und muss nicht neu entdeckt oder erfunden werden. Einerseits.

Pünktlich ging es dann weiter zu einem weiteren Zwischenhalt in Bayreuth, von dort in einen regionalen Zug, immer weiter weg von Ballungszentren, rein in die Natur, tief in den Südosten Deutschlands. Und doch nicht weit weg von Städten wie Nürnberg, Regensburg, Dresden und Prag. Natur umringt von Kultur. Das kannte ich nicht mehr. Es war Neuland für mich, so wie vieles für die Farbenwerke. Andererseits.

Als ich in Marktredwitz ankam, stand Angelika Nürnberger genau vor der Tür, aus der ich ausstieg. Wir sahen uns und erkannten uns sofort, ohne uns zuvor gesehen zu haben, ein intuitiver Beginn des Gesprächs. Nachdem wir in ihr Auto gestiegen waren, kamen wir bereits auf der Fahrt zu den Farbenwerken in einen vielversprechenden Gesprächsfluss, der nahtlos ins Interview überging.

Der Weg der Farbenwerke

Das fränkische Unternehmen war über 100 Jahre auf die übliche Art und Weise organisiert und strukturiert. Wie kam es zu dem weitreichenden Wandel hin zum heutigen Modell? Der Anfang liegt im Jahr 2012. Damals machte sich Angelika Nürnberger auf den Pilgerweg nach Santiago de Compostela, um wieder »in den Tritt« zu kommen, wie sie es formulierte. Als sie nach Wunsiedel zurückkehrte, erlebte sie eine Überraschung: Der kurz zuvor eingestellte Einkaufsleiter hatte die Farbenwerke während ihrer Pilgerreise wieder verlassen. Also galt es, Ersatz zu finden. Aber das war gar nicht so einfach, es fand sich niemand, der wirklich zum Unternehmen passte. Obwohl die Zeit drängte, achteten Nürnberger und das mitverantwortliche

Team auf die eigene Intuition und stellten niemanden ein. Eine gute Entscheidung, wie sich zeigte, denn die Lösung, die so vieles veränderte, ergab sich in den darauffolgenden Wochen.

Im November 2012 besuchte Nürnberger ein Seminar bei der Trainerin Nicola Nagel, das auf ebenjenem Possibility Management basiert, das später zu einem zentralen Bestandteil des Unternehmens wurde. Dieses Seminar ermöglichte Nürnberger mehr innere mentale Freiheit. Sie engagierte Frau Nagel, sie auf dem zukünftigen Weg der Farbenwerke zu begleiten. Das war der Anfang des Wandels. Als das Material-Einkaufsteam gefragt wurde, ob sich jemand vorstellen könne, »die volle Verantwortung für alle Leiter-Aufgaben dieses Bereiches zu übernehmen«, meldete sich eine Mitarbeiterin und antwortete, sie sei im Prinzip bereit dazu, wolle nur nicht *alle* Aufgaben übernehmen. So entstand die Idee zum dann folgenden Prozess. Über zwei Wochen beschäftigte sich das Team der Materialwirtschaft mit den eigenen Aufgaben, zum ersten Mal wurden hier die grünen und roten Karten ins Spiel gebracht. Alles war möglich. Die Teammitglieder notierten also Aufgaben und Teilaufgaben, die sie gerne machen würden, auf den grünen Karten und Aufgaben, die sie nicht oder nur sehr ungern ausführen wollten, auf den roten. Zu diesen unliebsamen Aufgaben wurde dann der Widerstand auf der beschriebenen Skala gemessen. Interessanterweise waren die unangenehmen Aufgaben entgegen allen Befürchtungen gar kein Problem, denn es haben sich auf Anhieb andere Personen gefunden, die diese Arbeiten zukünftig erledigen wollten.

Dieser Aufgabenpool »wurde spielerisch entwickelt. Das hat sich aus sich selbst ergeben, und gleichzeitig haben alle etwas dazu eingebracht«, bemerkte Frau Nürnberger im Gespräch. Ähnlich läuft dieser spielerische Ansatz auch im Marketing. Die Farbenwerke verfügen weder über eine eigene Marketingabteilung, noch arbeiten sie mit einer Marketingfirma zusammen. »Wenn wir ein Thema haben, das wir über Werbung verbreiten wollen, dann suchen wir die Kollegen, die gerade Lust haben, sich beispielsweise für ein neues Produkt einen Namen auszudenken. Und dann spielen wir. Wir nennen das Pingpong. In einer

Viertelstunde haben wir das, was wir brauchen, gefunden. Normalerweise. Wir sitzen nicht stundenlang zusammen und überlegen. Jeder Name ist erst mal erlaubt. Manchmal braucht es noch ein paar Tage, bis sich das Ergebnis gesetzt hat. Dieses Vorgehen macht Spaß.«

Dieser erste Schritt hin zum Aufgabenpool machte deutlich, dass das bisherige Ideenmanagement nicht mehr zu dem sich allmählich verändernden Unternehmen passte. Denn das war auch klassisch hierarchisch organisiert, so wie früher die Aufgabenverteilung und -koordination: Es gab diejenigen, die neue Ideen und Vorschläge einbrachten, einen Gutachter zur Analyse und Bewertung und letztlich noch eine Kommission, die entscheidet, ob man die jeweilige Idee wie vorgeschlagen umsetzt, sie in einer Variation in die Welt bringt oder einfach wieder einstampft. Dieses bekannte Vorgehen führte dazu, dass sich Frau Nürnberger als Kommissionsmitglied mit vielen Vorschlägen aus der Technik befassen musste, die sie nicht interessierten, weil sie sich in diesem Feld nicht auskennt. »Was also passierte? Wir haben diese Sitzungen immer weiter verschoben, weil andere Dinge wichtiger waren.« Daraus ergab sich der Bedarf nach einem neuen Ideenmanagement. Eine Gruppe von 15 Leuten hat daraufhin das neue Ideefix-Konzept entwickelt. Offensichtlich kommt die Möglichkeit, hierarchielos ohne Standesdünkel gemeinsam kreativ zu werden, sehr gut an. Und »man sieht jetzt, wer wirklich Lust darauf hat, wen das Thema interessiert«. Nach diesem Erfolg wird nun auch versucht, diese Haltung bei Besprechungen einzubringen: »Will ich wirklich dabei sein? Muss ich die Ziele von den anderen kennen? Oder interessiert mich das eigentlich nicht?« Wenn man bedenkt, wie viel Tausende sinnlose und hochgradig unproduktive Meetings es täglich gibt, scheint dieses Vorgehen ein wahrer Segen. Gemäß dem Motto der bekannten Großgruppen-Methode Open Space: Die, die da sind, sind die Richtigen.

Bei dem Maß an Selbst- und Mitbestimmung, an Selbstorganisation stellt sich schnell eine wichtige Frage: Wie wird mit Fehlern umgegangen? Naheliegenderweise wird nur dann Verantwortung übernommen, wenn die Mitarbeiter und Führungskräfte nicht befürchten müssen, für den nächstbesten Fehler in Schwierigkeiten zu kommen. Angelika Nürnberger hat das verstanden: »Wenn Leute wirklich Verantwortung übernehmen, müssen sie auch Fehler machen dürfen. Aber es ist für mich noch immer gar nicht einfach, das zu sehen.« Das gilt vor allem für die Fälle, in denen die Geschäftsführerin ein Vorgehen anderer falsch oder nicht hilfreich findet und es selbst anders gemacht hätte. Dann gilt es zu lernen, die Alternativen zu akzeptieren. Auf meine Frage, wie sie zu eigenen Fehlern steht, antwortete sie: »Ich trainiere, damit anders umzugehen als vorher. Und über das Feedback, das ich von den Mitarbeitern bekomme, weiß ich besser, wo ich stehe. Dann weiß ich auch, was ich anders machen kann. Ich bin da aber noch mittendrin im Lernprozess, das tut manchmal weh.« Alles in allem erlebt die Geschäftsführerin es jedoch als »befreiend, wenn man Fehler machen darf«.

Bezüglich der Toleranz anderer Vorgehensweisen gegenüber ergab sich für mich die Frage, ob dies nicht eine Übung im Loslassen sei. Angelika Nürnberger antwortete spontan: »Absolut. Loslassen wirkt befreiend.« Schließlich würde man dies auch an manch einem Vorgesetzten erleben, der sich an Aufgaben klammert, die er eigentlich gar nicht mag. Dieser Punkt war für uns im Gespräch ein Anlass, noch tiefer liegende Gründe für den Auslöser zum Wandel zu erkunden: »Der hat sicherlich damit zu tun, dass das patriarchalische Vorbild durch meinen Vater für mich auf Dauer nicht funktionierte. Erstens, weil es – als er mir 1996 die erste Geschäftsführung übergab (er spielt nun an zweiter Stelle mit) – viel mehr Mitarbeiter waren und ich mich weder um alle kümmern noch sie kontrollieren konnte. Und das zweitens auch nicht wollte.«

Eine typische Situation: Der Vater führt das Unternehmen konservativ, wohlwollend, aber zentralistisch. Die Tochter oder der Sohn sehen ihre Aufgabe anders. Sie wollen nicht mehr alles oder auch nur vieles kontrollieren, wie das die Gründergeneration noch so gerne machte oder es für nötig hielt. Einer meiner Kunden war vor ein paar Jahren in einer ähnlichen Situation. Die unterschiedlichen Menschen- und Organisationsbilder sowie das auseinandergehende Verständnis von Führung verhinderten damals über Jahre hinweg das Interesse an der Nachfolge. Erst als sich abzeichnete, dass er seinen eigenen Weg gehen kann, nahm er die Chance und Herausforderung an. Dieser biografische Grund ist viel ausschlaggebender für den Beginn eines Wandels als ein ungeplant wegbrechender Einkaufsleiter.

Hätte Frau Nürnberger das gleiche oder auch nur ein ähnliches Selbstverständnis von Unternehmensgestaltung und -führung wie ihr Vater gehabt, wäre sie wohl nicht zum heutigen Modell gelangt, sondern hätte damals schnell einen neuen Einkaufsleiter eingestellt. Heute sagt sie über sich: »Das ist das, was mich eigentlich antreibt: die Leute zu ermächtigen, dass sie wirklich Verantwortung übernehmen.« Denn sie hat »mitbekommen, wie es in anderen Unternehmen läuft, wie unglücklich viele Menschen dort sind; wie viele Leute einfach Jobs machen, weil sie Geld verdienen müssen oder ihre Zeit irgendwie rumbringen wollen. Oder weil sie gar nicht wissen, was sie sonst mit sich anfangen können.[72] Ich finde das traurig. Denn ich wusste schon immer, was ich machen wollte. Für mich war das klar, seitdem ich fünf Jahre alt bin.« Diese biografisch bedingte Motivation macht klar, dass es einen Zusammenhang zwischen persönlicher Entwicklung einerseits und der Entwicklung des Unternehmens andererseits gibt. Die Nachfolgegeneration emanzipiert sich von ihren Eltern und muss auf dem Weg eine Menge lernen. Im Unternehmen verhält es sich genauso. Ein spiegelbildlicher Prozess der Emanzipation aus der Fremd- in die Selbstbestimmung.

Ein besonders schönes und irgendwie auch radikales Beispiel für diese Emanzipation ist das Possibility Team der Farbenwerke. In den monatlichen Treffen »sprechen Mitarbeiter Themen an, in denen sie nicht mehr weiterwissen, privat oder beruflich. Die anderen Teilnehmer kreieren dann Möglichkeiten, wie man damit umgehen kann. Anstatt zu diskutieren, findet man Chancen für die Kollegen. So gehen diese am Abend zumindest mit einem Geschenk, oftmals aber mit ganz vielen nach Hause.« Die Grenze zwischen Privat- und Berufsleben verschwimmt. Sicher ist das nicht jedermanns Sache, trägt aber dem Umstand Rechnung, dass diese Grenze ohnehin unschärfer wird. Die ehemals deutlichen Trennlinien lösen sich allmählich auf, der Arbeitsplatz ist nicht mehr nur im Büro, sondern kann genauso gut zu Hause oder an irgendeinem anderen Ort sein, ein Café bei Regen, ein Park bei Sonnenschein.

Und doch ist es ein mutiges Experiment der Farbenwerke, die kollektive Intelligenz auch zur Entwicklung von Möglichkeiten für private Fragen zu nutzen. Denn die Vermischung von Privatem und Beruf macht die Beziehungen deutlich komplizierter. Dafür gewinnen aber auch alle: Es entsteht Nähe. »Das ist das, was mich am meisten freut.«

Eine zentrale Frage jedes demokratischen Unternehmens ist natürlich, in welcher Weise entschieden wird. Angelika Nürnberger illustrierte diese Frage anhand eines Mitarbeiters, der als alleinerziehender Vater die volle Verantwortung für seine vier noch recht kleinen Kinder übernehmen wollte. Dazu konnte er aber nicht mehr in Schichten arbeiten. Früher hätte Nürnberger einfach gesagt: Klar machen wir das. Oder hätte die Entscheidung an einen der Vorgesetzten delegiert. Aber das funktioniert heute so nicht mehr.

Die Lösung lag darin, auch für solche Fälle die Widerstandsmessung aus dem »Aufgabenpool« zu nutzen, also allen betroffenen Mitarbeitern die Gelegenheit zu geben, nicht nur ihre Stimme ab-, sondern ihre Haltung dazu anzugeben. »Das ist stärker als dieses ›Ich bin dafür – ich bin dagegen‹, weil dann niemand weiß, wie sehr er eigentlich dagegen ist und ob es nicht doch Möglichkeiten für ihn gibt, eine positive Lösung mitzutragen. Dieses Vorgehen ist sehr hilfreich und hat sich mit der Zeit auch verändert.« Die Widerstandsmessung als demokratisches Entscheidungsinstrument, eine interessante Alternative zu bloßen Abstimmungen.[73] Das Modell scheint gut zu funktionieren, denn Nürnberger stellte in diesem Zusammenhang klar, »dass die Mitarbeiter ihre Meinung sagen und auch wissen, was Sache ist. Dass es jetzt immer weniger hierarchische Entscheidungen gibt, das tut allen gut.«

Insgesamt resümierend stellt Angelika Nürnberger fest, dass es richtig war, für ihren Prozess externe Hilfe hinzuzuziehen und nicht einfach davon auszugehen, »man wüsste schon, wie das alles geht«. Von ganz zentraler Bedeutung war aber auch ein großes Maß an Geduld und an Mut zur Entschleunigung. Also das genaue Gegenteil von dem, was oft zu beobachten ist, wenn unter Zeitdruck reorganisiert werden soll. »Wichtig war, dass wir diese Veränderungen ganz langsam gemacht haben. Dass man es sanft angeht, wirklich langsam und allen Zeit gibt und nicht sagt: ›So, hier ist das neue Bild, fresst es.‹ Das geht auf gar keinen Fall.« Externe Hilfe und Entschleunigung also als erfolgskritische Faktoren.

Der Blick in die Zukunft zeigt mehrere Herausforderungen, von denen hier zwei relevant sind: Zunächst ist da die Aufgabe herauszufinden, wann es in welchen Bereichen sinnvoll ist, demokratisch mit der Widerstandsmessung zu entscheiden. Investitionsfragen würde Frau Nürnberger im Moment noch nicht auf diese Weise beantworten lassen. »Das braucht vielleicht noch Zeit. Aber ich finde es richtig, das Modell immer öfter einzusetzen, intensiv zu beobachten und zu spüren: Wo macht es Sinn und wo nicht? Dass wir es immer öfter einsetzen und es alle lernen, meine Person eingeschlossen. Dass ich mich erinnere, dass wir diese Methode als Möglichkeit haben, etwas miteinander zu entscheiden. Und wir immer mehr den Mitarbeitern überlassen und herausfinden, wer bei welchen Themen wirklich dabei sein will. Das ist das wirklich Zentrale.« Und dann ist da noch die nicht minder große Herausforderung, den »Aufgabenpool noch komplett abzubilden, für jeden Einzelnen«. Rund 90 Mitarbeiter sind zwar überschaubar, aber schließlich hat jeder von ihnen eine Menge Aufgaben zu bewältigen, und natürlich verändern sich mit der Zeit auch die Aufgaben, alte fallen weg, neue entstehen.

Zum Abschluss unseres Gespräches kamen wir zu den Empfehlungen und Tipps. Frau Nürnberger rät zunächst, sich mit Possibility Management auseinanderzusetzen. Allgemeiner formuliert: »Im Endeffekt geht es darum, kollektive Weisheit zu nutzen.« Aber wo damit anfangen?

Die Antwort ist bestechend einfach, und ich würde sie sofort unterschreiben: »Ich denke auf alle Fälle, dass es hilfreich ist, immer von sich selbst aus zu sprechen und nicht auf den anderen zu zeigen und ihn ändern zu wollen. Man kann eben nur sich selbst ändern, um etwas zu ändern. Das ist der schwierigste Weg überhaupt. Aber es ist der einzige, der überhaupt erfolgversprechend ist. Indem ich mich ändere, kann ich etwas anderes ändern.« Aber damit nicht genug. Es geht auch darum, die eigene Emotionalität konstruktiv einzubringen, sich angemessen transparent zu machen: »Es ist eine große Möglichkeit, mein eigenes Gefühl zu äußern. Zum Beispiel: ›Ich habe Angst, dass wir bestimmte Kunden verlieren. Was können wir jetzt tun?‹ Das wirkt ganz anders, als wenn ich sage: ›Was, wenn wir diese Kunden verlieren? Passen Sie bloß auf!‹ Es entsteht mehr Nähe. Und das ist das Beste, was passieren kann.« Eine aktive Form professioneller Beziehungs- und Interaktionsgestaltung, fernab jeglicher pseudoprofessioneller Distanzierung. Denn schließlich sind die Gefühle ein fundamentaler Bestandteil der Arbeit, wie Nürnberger mit ihrem einfachen Beispiel klarmacht. Dass dies keine graue Theorie, sondern buntes Leben ist, geprägt von Erfolg, zeigen auch die Rückmeldungen der anderen: »Da kriegt man sofort das Feedback, dass man näher dran ist am anderen.«

Und was sind unbedingte Voraussetzungen, um einen Wandel erfolgreich zu gestalten? »Dass einer den sogenannten Raumhalter macht, also für die Ideen steht, alles gibt und vollkommen offen dafür ist. Da kann dann alles passieren. Es geht darum, dass die Dinge von sich aus entstehen können, dass der Raumhalter sie entstehen lässt und darauf vertraut, dass das Richtige entsteht. Das könnte natürlich ausgenutzt werden, jeder könnte den Raumhalter erstechen, wenn er wollte – und tut es eben nicht. Das ist wichtig, denn nur wenn der Prozess so offen bleibt, ist er kraftvoll.« Vielleicht lassen sich diese unbedingten Voraussetzungen mit drei Begriffen zusammenfassen: Offenheit, Mut und Vertrauen.

Eines kommt noch hinzu: »Das Zentrale ist, dass man es echt meint mit den Menschen, dass man authentisch ist. Ist man es nicht, spüren die Mitarbeiter das sofort. Dann machen sie die Schotten dicht und erzählen nichts über irgendeinen Widerstand gegen eine Aufgabe. Selbst wenn sie herausfinden sollten, dass sie im falschen Unternehmen sind oder das falsche Leben leben, muss auch das gesagt werden können. Sie müssen sicher sein können, dass wirklich alles okay ist, was da von ihnen kommt. Nur dann ist echte Veränderung möglich.«

Während ich Frau Nürnberger zuhörte, hatte ich den Eindruck, dass noch etwas ungesagt war, nach meiner letzten Frage nach den unbedingten Voraussetzungen. Also hakte ich nach, ob es noch irgendetwas gäbe, was sie noch sagen wolle, etwas, das sie Ihnen, den Lesern und Leserinnen, auf den Weg geben möchte. Und prompt sprudelte noch etwas Essenzielles hervor, was in unserer distanzierten Professionalität meistens ausgeblendet wird. Vielleicht, weil die alten idealtypischen Forderungen nach reiner Rationalität immer noch durch die Arbeitswelt geistern. Die Forderung, Emotionen und Intuition an der Pforte abzugeben und nur noch Großhirnrinde zu sein. »Da ist noch das Thema der Nähe unter den Menschen, die fast überall fehlt, unter anderem, weil wir uns Mauern aufbauen, uns abschotten und voneinander trennen. Das finde ich sehr wichtig: Je verletzlicher wir uns zeigen, desto echter sind wir, und desto mehr kommen wir auch an eine kollektive Weisheit ran. Desto mehr kommen wir überhaupt an uns selbst ran und können dann auch besser füreinander arbeiten und dienlich sein. Für das Ganze.«

Aus meiner Sicht kann man die Gestaltung und Steuerung der Farbenwerke als Selbststeuerung durch Sinnkopplung[74] zusammenfassen. Die drei zentralen Elemente funktionieren über eine sinnhafte Ankopplung der Akteure im Unternehmen, egal aus welchen Hierarchiestufen sie entstammen: die Verbundenheit mit dem Zentrum, der Vision und den Prinzipien; die freie Wahl der Aufgaben nach persönlichem Sinnerleben und letztlich das Ideenmanagementsystem Ideefix, bei dem sich alle engagieren können, die sich einer Idee verbunden fühlen. Angelika Nürnberger bringt diese Sinnkopplung mit einer zentralen Frage zum Ausdruck: »Weshalb sind Sie überhaupt hier im Unternehmen? Wofür stehen Sie, wofür sind Sie da auf dieser Welt?«

Vom Glück inspiriert

Eine Hotel- und Freizeitkette stellt das Wohlbefinden
aller Mitarbeiter in den Mittelpunkt

Vorspiel

Es war nur eine Frage der Zeit. Früher oder später musste auch ich auf die Upstalsboom Hotel und Freizeit GmbH aufmerksam werden. Das Vorzeigeunternehmen in der Hotelbranche wurde schon in vielen Medien wie Magazinen, Büchern, TV–Dokumentationen vorgestellt oder porträtiert. Das erste Mal erfuhr ich etwas über den inspirierenden Wandel bei Upstalsboom im Wirtschaftsmagazin *brand eins*. Unter dem Titel »Wir haben keine Angst mehr« findet sich die ungewöhnliche Geschichte der Veränderung des Hotelunternehmens. Allerdings war keiner der bisherigen Beiträge dazu im Kontext von Unternehmensdemokratie gehalten. Außerdem kamen mir mal wieder Fragen in den Sinn, die andere noch nicht gestellt hatten.
Alles in allem also ein guter Grund, mit dem Geschäftsführer und Inhaber Bodo Janssen Kontakt aufzunehmen. Über das Berufsnetzwerk Xing fand ich Janssen sofort, sendete eine Kontaktanfrage mit dem Kommentar, dass ich an meinem neuen Buch arbeite und ob er Interesse an einem Interview hätte. Kurze Zeit später erhielt ich eine Kontaktbestätigung und eine ebenso freundliche wie unkomplizierte Antwort: »Gerne können wir uns einmal telefonisch hierzu austauschen. Sie erreichen mich im Büro unter …« Nach zwei Versuchen hatten wir einen ersten Telefontermin. Ich erreichte Janssen unterwegs auf seinem Handy. Der erste Eindruck: Präsenz und Offenheit. Bodo Janssen bat mich, ihm kurz von dem Buchprojekt zu berichten, damit er den Rahmen besser versteht. Sein Kommentar zum Gegenstand des Buches: »Das ist ein wichtiges Thema.« Fairerweise wies Janssen mich dann noch darauf hin, dass er und sein Unternehmen schon mehrfach Ge-

genstand von Veröffentlichungen waren, was aber für mich kein Problem darstellte, da das Porträt in diesem Buch eben einen anderen Fokus hat.

Der Weg zum heutigen Unternehmen lässt sich kurz skizzieren. Bodo Janssen wurde 2005 geschäftsführender Gesellschafter und führte bis 2011 gemeinsam mit seiner Schwester Insa das Unternehmen. Janssen wird bis heute geschäftlich von seiner Mutter unterstützt und seit August 2013 zusätzlich vom Prokuristen Franz-Josef König, der sich um die »wirtschaftliche, qualitative und strukturelle Zukunftssicherung«[75] kümmert. Bis 2009 liefen die Geschäfte gut, im Gegensatz dazu aber brodelte es unter der Oberfläche. Janssen erfuhr von seinem neuen Personalleiter und aus dessen zahlreichen Mitarbeitergesprächen, dass die Stimmung der Belegschaft alles andere als gut war. »Der Schock saß tief«, erzählte Janssen in *brand eins*. »Ich dachte, ich hätte alles im Griff, und dann kommt der Herr Gaukler und hält mir den Spiegel vor. Das war eine Kränkung. Da hat man die Wahl, ob man in den Spiegel schaut, auch wenn es unangenehm ist, oder ob man den Spiegel zerschlägt. Ich habe reingeschaut.«[76] Das charakterisiert dann auch schon einen ersten wichtigen Schritt, der für einen erfolgreichen, tiefgreifenden Wandel nicht nur bei Upstalsboom notwendig ist: Die Führungsspitze schließt sich selbst in den Wandel ein und beginnt, wenn nötig, bei sich selbst. Genau das tat Janssen. Über anderthalb Jahre ging er regelmäßig ins Benediktinerkloster zu Pater Anselm Grün und ließ sich zudem von Dr. Friedrich Assländer und Dr. Oliver Haas begleiten. Am Ende dieser Zeit kam er zu dem Entschluss, über eine nachhaltige und werteorientierte Führung die Atmosphäre und Stimmung zu verbessern. Janssen machte aus dem Slogan »Wertschöpfung durch Wertschätzung« (s)einen Leitgedanken für das Unternehmen.

Daraus entwickelte sich eine enorme Erfolgsgeschichte. Erstens stieg die Arbeitszufriedenheit von 2010 bis 2013 um 80 Prozent; zweitens verbesserte sich die Rate der Weiterempfehlungen um acht Prozent auf sagenhafte 98 Prozent; drittens verdoppelte sich in diesem Zeitraum der Umsatz in Verbindung mit einer Steigerung der Umsatzrendite.

Diese Erfolge sind beachtlich, aber noch längst kein Grund, das Unternehmen hier als Fallbeispiel aufzunehmen. Was mich interessierte, war der Eindruck, dass Mitbestimmung und Partizipation sowie ein gerüttelt Maß an Vertrauen in die Mitarbeiter zu einem wichtigen Baustein in der Unternehmenskultur wurden. Wie dieser Erfolg möglich wurde, erklärte mir Bodo Janssen im Interview.

Unternehmensdaten der Upstalsboom Hotel & Freizeit GmbH
vor und nach dem Change

Gründungsjahr	1976		
Unternehmensalter beim Beginn des Change 2009	33 Jahre		
	2008	2013	Veränderung
Mitarbeiter	450	600	+ 33 Prozent
Zimmerkapazität	1380	1650	+ 20 Prozent
Belegungsrate	66 Prozent	67 Prozent	+ 1 Prozent
Logiserlös pro belegbares Zimmer (REVPAR)	43 Euro	56 Euro	+ 30 Prozent
Umsatz*	21,8	42	+ 93 Prozent

*In Millionen Euro

Das Modell der Upstalsboom Hotel und Freizeit GmbH

Der Demokratisierungsprozess wird vor allem durch drei Elemente umgesetzt: den Culture Club, den Kultur-Workshop und die jeweiligen Wirkungsgefüge der einzelnen Hotels. Zwei Bestandteile widmen sich also dem umfassenden und schwer greifbaren Thema der Kultur.

Culture Club
Vierteljährlich findet der »Culture Club« statt, der zum Zeitpunkt des Interviews 16 Mitarbeiter vom Auszubildenden bis zum Direktor umfasste. Jeder, der mitmachen will, meldet sich. Wer zuerst kommt, mahlt zuerst. Insgesamt können bis zu 20 Personen mitarbeiten. Im Culture Club werden vor allem Fragen gestellt: »Was ist für dich wich-

tig? Ist das Thema für dich wichtig? Ist das ein Thema, wofür du dich einsetzen möchtest? Welches Talent bringst du dafür mit? Welche Aufgaben, welche Tätigkeiten machen dir Spaß?« Oder es wird transparent gemacht, was womit erreicht werden soll, um zu klären, wer sich dafür interessiert und welchen Beitrag er oder sie leisten kann. So entsteht ein effektiver Sog durch Begeisterung. Wenn sich jemand für ein Thema erwärmt, kommt er auch. Dieses regelmäßige Kulturtreffen liefert die Impulse für das nächste Element.

Kultur-Workshop

Alle sechs Monate kommen Mitarbeiter und Führungskräfte im Kultur-Workshop zusammen. Die Zusammensetzung folgt zwei klaren Regelungen: Es sind nur 40 Prozent Führungskräfte dabei, und bei jedem Treffen sollen 50 Prozent der Teilnehmer zum ersten Mal dabei sein. Dies ist eine intelligente Regelung, um Expertokratie, die Herrschaft der Experten über alle anderen, zu unterbinden und stattdessen Anfängergeist zu verwirklichen und frische Perspektiven zu erhalten.[77]

Die Teilnehmer kommen dabei aus allen Bereichen, was Vielfalt erzeugt und sichert. Zudem werden Familienangehörige eingeladen und in die kontinuierlichen Entwicklungsprozesse integriert. Das hat einen einfachen, aber wichtigen Hintergrund: Die Mitarbeiter entwickeln sich sehr stark. Laut Janssen wäre es »das Schlimmste, wenn das Unternehmen zur Familie wird und zu Hause nur Arbeit wartet«. Deshalb versucht man bei Upstalsboom, die Familienangehörigen mit zu integrieren. So sollen auch dort Verständnis, Klarheit und vielleicht Begeisterung geschaffen werden.

Diese Kultur-Workshops werden mit verschiedenen Methoden wie Fishbowl, World Café und Impulsvorträgen realisiert. Durch diese Vorgehensweise bei der Zusammensetzung und in der Wahl der Methoden entsteht »ein Mix durch neu und alt, unbekannt und bekannt«. Der Zusammenhang zwischen dem Culture Club, dem Kultur-Workshop und der Kulturentwicklung lässt sich leicht darstellen:

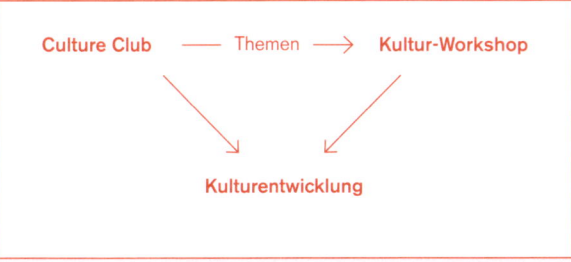

Zusammenhang Culture Club, Kultur-Workshop und Kulturentwicklung

Wirkungsgefüge

Anstatt wie üblich klassisch hierarchische Organigramme an die Wand zu hängen, werden bei Upstalsboom systemische Zusammenhänge im Sinne von Wirkungsgefügen analysiert, modelliert und abgebildet. Die konzeptionelle Grundlage dafür liefert der Biochemiker, Systemforscher und Umweltexperte Frederic Vester.[78] Er entwickelte ein Sensitivitätsmodell, mit dem sich Fragen in komplexen Systemen, die durch lineare Abläufe weder zieldienlich analysierbar noch darstellbar sind, beantworten lassen. »Das Verfahren ermöglicht die systemische Erfassung der relevanten Einflussgrößen und die Bewertung ihrer Interdependenzen. Die Identifikation der wirksamen Stellhebel ermöglicht gezielte Steuerung und Planung. Mit der transparenten Simulation können die Wirkungen von entwickelten Maßnahmen mit ›Wenn-dann-Szenarien‹ überprüft werden.«[79]

Das Verfahren wird genutzt, indem für jedes einzelne Hotel ein eigenes gültiges Wirkungsgefüge erstellt wird. Damit findet eine systemisch basierte Steuerung der Hotels statt. Janssen beschreibt das so: »Mit dem Wirkungsgefüge wird deutlich, welche Variable kritisch ist, indem wir uns fragen, welche Variable besonders viele Auswirkungen auf das gesamte System hat. So haben wir nicht nur ein Wirkungsgefüge innerhalb des Unternehmens geschaffen, sondern auch die

Beziehung des Unternehmens zum Außen hin untersucht und dargestellt.«

Dabei ist wichtig, dass diese Vernetzungen immer dynamisch sind, sprich: sich im Laufe der Zeit verändern. »Variablen sterben und kommen dazu. Das Umfeld ändert sich.« Diese Variablen dürfen nicht mit fixen Positionen oder Aufgaben verwechselt werden, sie werden immer wieder neu untersucht und beschrieben.

Auf dem Weg zum Interview

Die Fahrt mit dem Zug nach Emden war eine Freude, die Deutsche Bahn hätte pünktlicher nicht sein können, entgegen all den Schimpftiraden über ihre Unzuverlässigkeit (die sie bei der Rückfahrt dann leider wieder bestätigte). Kein Ärger, keine Hektik bei der Anreise. Der einzige Wermutstropfen bestand in einer weiteren Kostenreduktion des Mobilitätsunternehmens: Der IC von Köln nach Emden hatte trotz der Fahrzeit von gut dreieinhalb Stunden kein Bistro dabei (Tipp an die Bahn: So werden Kunden nicht zu Fans!). Als ich hungrig in Emden ankam, erwartete mich ein Bahnhof im Umbau. Einiges war schon erledigt: Die Bahnsteige strahlten mich frisch an, und es machte Spaß, dort auszusteigen. Anderes harrte noch der Fertigstellung: Die Überdachung bestand nur aus den nötigen Eisenträgern, die ordentlich in Reihe frisch einbetoniert auf die Erfüllung ihres eigentlichen Sinns warteten. Auch wenn das Bahnhofsgebäude selbst nicht gerade ein ästhetisches Meisterwerk ist und keine Erneuerung in Sicht war, so wurde doch klar, dass die Renovierung an den Gleisen ein Zugewinn ist. Ich musste schmunzeln. Das passt ziemlich gut zur Situation von Upstalsboom. Einiges ist schon geschafft, aber es gibt auch noch genug zu tun, das wurde mir während meiner Recherche im Vorfeld schnell klar. Der Weg ist noch längst nicht zu Ende.

Nach einem zügigen, kulinarisch fragwürdigen und nicht gerade besonders gesunden Snack stieg ich auf dem Vorplatz in ein Taxi. »Moin«, begrüßte mich die gestandene Taxifahrerin (und ich ahnte etwas). Sie

Wirkungsgefüge Parkhotel auf Basis des Sensitivitätsmodells nach Frederic Vester

Quelle: Upstalsboom Hotel und Freizeit GmbH

fuhr mich zielsicher zum Verwaltungsgebäude von Upstalsboom und machte mich vor dem Aussteigen noch darauf aufmerksam, dass ich dem kleinen Hund, der gerade am Auto vorbeilief, beim Aussteigen nicht die Tür vor die Schnauze haue. Achtsame Umsicht.

Da war ich nun, nach gut fünf Stunden Reisezeit, und stand vor einem schlichten, angenehm zurückhaltenden Klinkergebäude. Keine »Das-hier-ist-die-Zentrale-Allüren«, kein Hochglanz, kein Pomp. Als ich in das Gebäude eintreten wollte, kam eine Mitarbeiterin gerade heraus, lächelte mich an, hielt mir freundlich die Tür auf und sagte, dass sofort jemand kommen würde. Schon wieder achtsames Handeln. Schließlich hätte die Dame auch einfach an mir vorbeigehen und mich meinem Schicksal überlassen können. Drinnen kam sofort eine Empfangsdame strahlend auf mich zu: »Moin.« (Ich lag wohl richtig mit meiner Vermutung.) »Herr Janssen kommt gleich, nehmen Sie doch noch einen Moment Platz.« Da saß ich nun und konnte noch ein paar Minuten miterleben, wie einige weitere Mitarbeiterinnen schon um 14 Uhr allmählich dem Wochenende entgegenstrebten. Schnell noch ein paar Informationen informell ausgetauscht, dann ging es weiter. Alles wirkte im Fluss. Zwischendurch lief die Assistentin von Herrn Janssen durch den Empfangsraum, sah mich und fragte gleich, ob sie mir etwas bringen könne. Ich bekam umgehend mein Wasser, aber nicht nur ein Glas, sondern gleich eine ganze Flasche, und lief nicht Gefahr, auf dem Trockenen zu sitzen. Mit einer kleinen Verspätung kam Bodo Janssen zur Tür herein, sah mich und lächelte: »Moin.« (Na also!)

Von Anfang an war klar: Dies wird eine Begegnung auf Augenhöhe, im wahrsten Sinne des Wortes. Janssen ging ins Treppenhaus und lief flott die vier Stockwerke in den Besprechungsraum hoch. Ich durfte wählen zwischen einem Konferenztisch und einer entspannten Couchecke, die ich ohne Frage vorzog. Den Kaffee für mich machte er schnell selber und lief auch gleich noch die Milch holen. Als ich ihm dankte, meinte Janssen, dass er im Moment jede Möglichkeit zur Bewegung nutzen würde. Ich vermutete eine intensive Arbeitsphase mit viel Sitzerei, lag damit aber weit daneben. Er erklärte, dass er vorhabe, mit einigen Auszubildenden auf den Kilimandscharo zu steigen. Aber nicht als sinnentleertes Incentive, sondern als Schritt, zu mehr Selbstbewusstsein zu kommen. Der Weg auf den Berg, um sich seiner selbst bewusst(er) zu werden. Und schon waren wir mittendrin in dem, was Upstalsboom ausmacht und von vielen anderen Unternehmen unterscheidet.

Der Weg der Upstalsboom Hotel und Freizeit GmbH

Kaum dass wir sitzen, kommt auf meine Einstiegsfrage gleich eine Antwort, die für viele schwer verdaulich klingen mag: »Die Essenz des Außergewöhnlichen an unserem Unternehmen besteht darin, dass Gewinn, Wirtschaft und Konsum nicht der Sinn unseres Handels sind, sondern maximal die Basis unserer Existenz.« Auf meine zweite Frage, ob Mitbestimmung und Selbstorganisation wichtige Elemente in seinem Unternehmen seien, meinte Janssen, sie wären mehr als das, sie kennzeichneten »neurobiologische Grundbedürfnisse. Wenn wir sie anwenden, führen sie zu einer hohen Potenzialentfaltung.« Auch Bodo Janssen ist beeinflusst vom Denken Gerald Hüters, was sich für die Mitarbeiter insofern als Vorteil erweist, als nicht nur ihr Wohlbefinden, sondern letztlich sogar ihr Glück in den Mittelpunkt der Aufmerksamkeit rückt. Auf mein Nachhaken hin beschreibt Janssen die Philosophie seines Unternehmens weiter als das »rechte Maß zwischen Autonomie und Verbundenheit. Der Versuch einer liebevollen Haltung ist das, was das Unternehmen von fast allen anderen unterscheidet.«

Gewinn, Wirtschaft und Konsum sind nicht der Sinn, sondern bestenfalls die Basis der Existenz? Der Versuch einer liebevollen Haltung ist die Essenz eines Unternehmens? Milton Friedman hätte seine Freude an Janssen und Upstalsboom gehabt. Der Wirtschaftsnobelpreisträger[80] würde ziemlich irritiert dreinblicken, denn das, was in diesem Unternehmen geschieht, verfehlt den aus seiner Sicht einzigen sozialen Zweck eines Unternehmens: Gewinnmaximierung. Was bis heute im Allgemeinen als der alleinig wahre und anerkannte Sinn eines Unternehmens betrachtet wird. Aus dieser Perspektive dürfte Upstalsboom also eigentlich gar kein Unternehmen sein. Das Merkwürdige ist aber, dass es Gewinne erzeugt, und zwar nicht nur zufällig ab und an, sondern regelmäßig – und seitdem das Glück der Mitarbeiter ins Zentrum gerückt wurde, sogar mehr denn je. Könnte es also doch einen positiven Zusammenhang zwischen Unternehmensdemokratie und Gewinn geben? Vorsichtiger formuliert: Könnte es sein, dass Unternehmensdemokratie *nicht* automatisch dazu führt, dass ein Unternehmen Verluste hinnehmen muss oder gar dem Untergang geweiht ist?

Bodo Janssen hilft: »Menschen sind gerne miteinander verbunden, und wenn sie sich über etwas verbinden, dann sind sie Fan von irgendetwas. Dann begeistern sie sich dafür. Das ist für mich die Grundvoraussetzung dafür, dass Menschen begeistert statt entgeistert sind. Dann sind sie inspiriert von dem, für das sie sich einsetzen. Damit gibt es etwas, über das wir uns verbinden. Unabhängig von der Mitbestimmung als solcher gilt es für mich, etwas zu finden, wo die Menschen das Gefühl haben, dass es sich lohnt, sich dafür einzusetzen.« Das nennt Janssen *sinnorientierte* Führung. Die Aufgabe besteht darin, Rahmenbedingungen zu schaffen, innerhalb derer die Mitarbeiter ihre Arbeit als sinnvoll erachten.

Das sind bereits weitreichende alternative Ansätze, ein Unternehmen zu gestalten und zu steuern. Allerdings bleibt dabei noch offen, wie genau Unternehmensdemokratie bei Upstalsboom gelebt wird. Denn auch Eltern haben (hoffentlich) eine liebevolle Haltung ihren Kindern gegenüber. Aber in den ersten Jahren gibt es eine eindeutige elterliche Weisungsbefugnis, die sogar rechtlich als elterliche Sorge im § 1626 BGB ihren Ausdruck findet. Mit anderen Worten: Liebe schützt nicht vor Anweisung. Im Gegenteil. Wer seinem dreijährigen Sohn das Zähneputzen freistellt, hat gute Chancen, sich ein paar Jahre später den Vorwurf einzuhandeln, nicht ausreichend Sorge getragen zu haben. Aber genau dieses Verhältnis, dieser natürliche und zwingende Hoch-Tief-Status, ist zwischen Mitarbeitern und Führungskräften nicht gegeben. Hier gilt ganz offensichtlich: Auf beiden Seiten befinden sich erwachsene Menschen. Also fragte ich weiter, ob Janssen Upstalsboom als demokratisches Unternehmen versteht. Interessanterweise dachte er erst einmal nach und antwortete wohlüberlegt: »Bei der Demokratie geht es ja darum, dass zum Beispiel Entscheidungen mehrheitlich gefasst werden. Und darüber habe ich mir als solches noch keine Gedanken gemacht, weil die Themen, die wir hatten, insbesondere im kulturellen Bereich, einfach entstanden sind.« Dieser Veränderungsprozess war indes sehr wohl demokratisch. Janssen berichtete von der Entwicklung des heutigen Leitbildes. Es gab nicht die übliche Top-down-Entscheidung, die (wieder einmal) ein schönes Leitbild verlangte. Im Vorfeld stand ein Prozess der Bewusstwerdung: »Wir haben erst den Mitarbeitern die Möglichkeit gegeben, sich ihrer Werte, ihrer Fähigkeiten bewusster zu werden, dessen, was ihnen wirklich Spaß macht. Und dann gab es eine interessante Situation: Nachdem wir das gemacht haben, kam eine Mitarbeiterin auf mich zu und sagte: ›Herr Janssen, wenn Sie die Werte sehen, die uns als Mensch wichtig sind, und Sie dann die Werte sehen, die in dem alten Leitbild stehen, dann hat das eine mit dem anderen nichts zu tun. Was halten Sie davon, wenn wir auf Basis dieser neuen Erkenntnis ein neues Leitbild erarbeiten?‹ Damit war die Idee zur Entwicklung eines neuen Leitbildes geboren.« Auf Initiative einer Mitarbeiterin hin. Das scheint mir ein durch und durch demokratisches Vorgehen ohne formalisierte Prozesse zu sein.

Solche kulturellen Themen werden im oben beschriebenen Culture Club und im Kultur-Workshop er- und bearbeitet. Damit stehen jährlich sechs Veranstaltungen zur Verfügung, um die Kultur des Unternehmens fortwährend weiterzuentwickeln. Allerdings räumt Janssen eine wichtige Unterscheidung ein. In diesen kulturellen Prozessen wurde bereits auf ganz natürliche Weise ein demokratisches Vorgehen verwirklicht. Anders sieht es noch im operativen Bereich aus. Dort werden Entscheidungen konsultativ getroffen. Eine Führungskraft »holt sich den Rat aller Beteiligten ein, fällt aber letztendlich selbst die Entscheidung«. Das ist – wie schon gezeigt (vgl. S. 63) – kein besonders stark ausgeprägter Partizipationsgrad. Aber dabei soll es bei Upstalsboom nicht bleiben: »Unser Ziel ist es, noch selbstlernender oder noch individueller vorzugehen. Wir möchten erreichen, dass jedes Individuum persönlich, fachlich und methodisch so ausgestattet ist, dass es für sich die Entscheidung in der Sekunde treffen kann, wo sie ansteht.« Ein klares Ziel für eine demokratischere EntscheidungsKultur.

Aber wie genau soll das gehen? Wie weiß jeder und jede, was eine für das gesamte Unternehmen zieldienliche Entscheidung ist? Genau das ist ja einer der Kritikpunkte an demokratischer Entscheidungsfindung – die Mitarbeiter wüssten gar nicht, was im Sinne des gesamten Unternehmens ist. Janssen sieht diese Herausforderung und hat eine Vorstellung, wie das Problem gelöst werden könnte. »Wir schaffen die Voraussetzung dafür, dass wir bei jedem Einzelnen ein Verständnis für das große Ganze schaffen: Wofür sind wir da, was ist uns wichtig?« Er illustriert es anhand einer Analogie: »Schauen Sie sich Biber an. Die wissen, wofür sie ihren Staudamm bauen. Sie wollen den Eingang ihres Baus unter Wasser legen und so vor Feinden schützen. Das ist der Sinn! Das Ziel ist es, diesen Bau zu errichten – aber wie der aussieht und wie das geschieht, ist vollkommen egal. Die Bauten sehen ganz unterschiedlich aus. Sie müssen nur ihren Zweck erfüllen. Das ist das Prinzip, um das es geht. Wenn die Mitarbeiter im Unternehmen wissen, worum es geht, wofür sie sich einsetzen, und es ein paar Rahmenbedingungen gibt, die bekannt sind, ganz grob verfasste Prinzipien, Werte, Prozesse, Standards, dann kann ich die Entscheidung bei jedem Einzelnen lassen. Weil ich weiß, dass er nach bestem Wissen und Gewissen entscheidet. Im Sinne der Sache. Und das ist optimal.«

Das wird jedoch nicht davor schützen, Fehler zu machen. Wie geht Janssen damit um, wie sieht die Fehlerkultur bei Upstalsboom aus?

»Fehler sind für uns essenziell. Sie sind ein weiterer Wachstums-motor.« Janssen und sein Unternehmen haben ein klares Bewusst-sein für Fehlerlernen entwickelt: »Der erste Schritt zum Erfolg ist der erste Schritt zum Misserfolg. Der Misserfolg ist der Freund des Erfol-ges. Das kommt ein bisschen aus dem Chinesischen, denn dort sind Chance und Risiko letztendlich ein Schriftbild. Ende letzten Jahres habe ich meinen Mitarbeitern viele Probleme und Fehler gewünscht. Da haben sie mich gefragt: ›Wieso das?‹ Und ich habe geantwortet: ›Wenn ihr denen begegnet, dann habt ihr die Chance zu wachsen.‹ Es ist genauso wie im Allgemeinen: Menschliche Krisen sind immer auch Wachstumschancen. Es geht darum, ›Fehler an sich anzuerken-nen‹.« Das weitreichend umzusetzen ist jedoch ein »anspruchsvoller Prozess, Menschen dazu zu bewegen, die Verantwortung zu überneh-men.« Um das zu erreichen, geht Janssen mit gutem Beispiel voran und erklärt glaubwürdig, dass er selbst dankbar ist für seine Fehler, weil er weiß, dass er daraus lernen kann. Er lebt seine eigene Fehler-freundlichkeit vor, indem er seine Fehler offen kommuniziert. Damit lädt er zu einem reflektiert positiven Umgang mit Fehlern ein; ver-sucht, Mut zu machen und das Vertrauen der Mitarbeiter zu entwi-ckeln, dass ihnen »nicht der Kopf abgerissen wird oder es irgendwelche Sanktionen gibt«.

Das erinnert mich an ein Gespräch mit Klaus Kobjoll, dem Inhaber und Geschäftsführer des immer wieder preisgekrönten Seminarhotels »Schindlerhof«. 2009 interviewte ich ihn für mein letztes Buch und kam mit ihm auch auf die Fehlerkultur in seinem Unternehmen zu sprechen. Kobjoll berichtete seinerzeit von einem kleinen monat-lichen Ritual, dem »Fehler des Monats«. Wer den lehrreichsten Fehler gemacht hat, wird als Dank für den Mut, eventuell einen Fehler zu machen, mit einem kleinen Preis geehrt – und zwar allen Ernstes, ohne Ironie. Also fragte ich Janssen, ob es bei Upstalsboom ebenfalls ein Ritual gibt. Offensichtlich habe ich damit bei ihm eine offene Tür eingelaufen: »Ich träume von Ritualen, weil ich glaube, dass sie dem Arbeiten und Sein eine gute Struktur und Stabilität bringen. Rituale spenden auch Energie. Aber sie sind bei mir im Moment noch Wunschdenken.«

Auch wenn es bei Upstalsboom noch keine besonders überraschenden und kreativen Rituale gibt und im operativen Alltag zurzeit »nur« per konsultativem Einzelentscheid Optionen ausgewählt werden, so gibt es doch schon tiefgreifende Entwicklungen hin zur gemeinsamen Leitbildentwicklung, dem Culture Club und Kultur-Workshop. Wie im Vorspiel erwähnt, bestand eine der großen Herausforderungen auf dem Upstalsboom-Weg in den erschreckenden Ergebnissen der Mitarbeiterbefragung 2009. Für Bodo Janssen ging es im ersten Schritt darum, »diesen Schmerz, der dadurch entstanden ist, erst einmal zu ertragen. Und dann auch die Konsequenzen daraus zu ziehen. Veränderungen kommen ja nicht vom Wollen, sondern vom Tun. Ich konnte nicht flüchten. Ich war der Inhaber des Unternehmens. Mein Vater war ein paar Jahre zuvor mit dem Flugzeug abgestürzt, und ich stand nun dort. Es wäre schlecht gewesen, einfach wegzurennen. Ich habe eine extrem negative Emotion erfahren. Ich habe mich letztendlich dazu entschlossen, mich dem zu stellen. Das war die größte Herausforderung: das, wie andere mich sehen, anzunehmen, es nicht infrage zu stellen oder schönzureden. Meine subjektive Realität wurde damals ganz schnell zerstört. Es war ja nicht nur eine Aussage, das kam von vielen.«

Janssen entschied nach diesem Desaster, an sich selbst zu arbeiten. Er ging immer wieder ins Kloster und entwickelte sein persönliches Leitbild, aus dem er viel Orientierung und Energie ziehen konnte. Dadurch entstand der Wunsch, »diese gute Erfahrung auch meinem Umfeld zuteilwerden zu lassen«. Seine Einladung der Führungskräfte in das Kloster verbindet er mit einer Anregung: »Baut euer Leitbild zusammen, euer persönliches, damit ihr authentisch werdet und nicht versucht, im Rahmen eurer Führung eine Rolle zu spielen. Eine Rolle, die ihr gar nicht seid und die euch ermüdet, weil ihr schauspielert.« Er selbst hat dann diesen Weg beschritten und merkt an: »Ich habe sehr viel Energie und Zeit investiert, dass Menschen bei uns im Unternehmen ihr persönliches Leitbild finden. Ich habe die Möglichkeiten geschaffen, in das Kloster zu gehen, habe ›Corporate Happiness‹ als einen Ansatz zur Disposition gestellt, habe selbst ein Curriculum entworfen, wo die Menschen sich mit diesen Themen beschäftigen konnten. Das war ein langwieriger Prozess. Und dann kam die andere große Herausforderung: Ich habe mit alldem nicht die Resonanz erfahren, die ich mir erhofft hatte. Da kam ganz schnell die Frage, wofür ich das eigentlich mache.« Die Lösung fand Janssen wieder in sich selbst. Er konnte sich durch sein eigenes Leitbild fangen, durch seine Vision von glücklichen Menschen. »Alles, was ich tue, mache ich nur, damit ich in 35 Jahren meinen Enkelkindern Gutenachtgeschichten von glücklichen Menschen erzählen kann. Weil es der Anblick eines glücklichen Menschen ist, der mich inspiriert. Ich mache es nicht, um jetzt hier Resonanz zu bekommen. Ich mache das intrinsisch.«

So konnte Janssen für sich klären, dass die »Erwartung an sich der Ursprung vielen Übels ist«. Und zwar auch der destruktiver Emotionen, die er in sich trägt. Er begann, seine Erwartungen abzustellen und »die Dinge aus der inneren Überzeugung zu machen, ohne die Absicht, etwas dafür wiederzubekommen«. Die größten Herausforderungen, die Bodo Janssen zu bewältigen hatte, lagen also in der Akzeptanz dessen, wie ihn die Mehrheit der Mitarbeiter sah, und in der Bewältigung der Resonanz auf seine Ideen und Initiativen. Die größten Herausforderungen »lagen immer bei mir selbst, nicht bei den anderen«.

Natürlich gab es auch Hürden zu nehmen, die andere aufgestellt hatten. Denn bei Upstalsboom zeigte sich das Problem, das in ähnlicher Weise anderen Unternehmen zu schaffen macht und das immer wieder gerne als Argument gegen die Demokratisierung ins Feld geführt wird: Die Mitarbeiter haben eigentlich gar kein Interesse, in weiten Teilen mitzubestimmen, mitzuentwickeln, sich verantwortlich zu zeigen. Nicht alle, aber einige. Janssen reagierte darauf nicht mit einem Angebot fachlicher Weiterbildung, sondern mit der Entwicklung persönlicher Kompetenzen. »Wir haben die Voraussetzung dafür geschaffen, dass ein Mensch dazu bereit ist, Verantwortung zu übernehmen. Also im wahrsten Sinne des Wortes ›sich selbst zu führen‹ und nicht durch andere geführt zu werden. Wenn ich etwas nicht mache aus Angst vor der Meinung anderer, davor, schlecht dazustehen oder nicht angesehen zu sein, dann werde ich geführt. Wenn ich die Dinge aus eigener Überzeugung heraus mache, Dinge, die mir bedeutsam sind, von denen ich weiß, dass ich sie kann und dass sie mir Spaß machen, wenn ich mir meiner selbst bewusst bin, dann habe ich die Fähigkeit dazu, auch Verantwortung zu übernehmen. Denn dann bin ich etwas unabhängiger von der Meinung anderer.« Janssen ist das bis heute besonders wichtig. Als Geschäftsführer sieht er darin eine seiner hauptsächlichen Aufgaben: »In diese Entwicklung der Persönlichkeit unserer Mitarbeiter investiere ich nach wie vor noch fast 80 Prozent meiner Zeit.« Das ist beeindruckend. Welcher Geschäftsführer oder Vorstand investiert den größten Teil seiner Zeit und Energie in die menschliche Entwicklung seiner Mitarbeiter? Und wie genau ermöglicht es Janssen seinen Mitarbeitern, sich ihrer selbst bewusster zu werden und herauszufinden, was sie wirklich wollen, wofür sie wirklich brennen?

Durch Möglichkeitsräume der Selbsterfahrung. Dem möglichen Selbst einen Raum geben. Das mögliche Selbst wird aber nur dann wirklich, wenn auch gehandelt wird. Um das zu erreichen, bietet Janssen seinen Auszubildenden zum Beispiel eine geführte Besteigung des Kilimandscharo an. Aber nicht als juxiges Abenteuerincentive zur Belohnung besonders erfolgreicher Vertriebsleistungen. Bei Janssen steht der Berg als Sinnbild fürs Leben. Er glaubt, dass nach der Überwindung des inneren Schweinehundes eine erfolgreiche Besteigung dazu führt, vom Wollen ins Handeln zu kommen. Damit aber von Anfang an klar ist, dass hier nicht der Spaß im Vordergrund steht, hat Janssen die Auszubildenden gemeinsam mit dem Extremsportler Hubert Schwartz, der die Tour leiten wird, auch mit den »hässlichen Bildern« wie Höhenkrankheit konfrontiert. Es reicht auch nicht, einfach die Hand zu heben und mitfahren zu wollen, sondern die potenziellen Teilnehmer müssen sich bewerben. Bereits diese Auseinandersetzung mit dem Warum löste bei einigen Teilnehmern lehrreiche und inspirierende Erkenntnisprozesse aus. Janssen schilderte mir das Beispiel eines jungen Mannes, der dem Geschäftsführer eine persönliche Geschichte schilderte und Zuversicht entwickelte, eine lang gehegte Herausforderung seines Privatlebens endlich zu meistern. Dieser junge Mann hat begonnen, Verantwortung zu übernehmen. In einer Lebenssituation, die ihm von jemand anderem aufgezwungen wurde. Janssen fasst dieses Vorgehen zusammen: »Wenn es darum geht, Selbstverantwortung zu übernehmen, indem ich den Weg selber gehe, dann bekommt der Gipfel des Berges für mich eine ganz andere Bedeutung, als wenn ich mich mit dem Hubschrauber hochfliegen lassen würde. Genau das ist das Bild, was ich sehe. Keine Verantwortung zu übernehmen ist ganz einfach.« Und zudem, setzt Janssen hinzu, noch äußerst unbefriedigend. Umgekehrt bedeutet die Verantwortungsübernahme eine äußerst starke Befriedigung. Dieser Lern- und Wachstumsprozess könnte »ein Schlüssel in unserem Wandel in den Unternehmen« hin zur Selbstverantwortung sein. Vielleicht, so Janssen, hätte dies dann auch einen positiven Einfluss auf das Wohlbefinden insgesamt.

Wenn der Sinn des großen Ganzen klar ist, wenn Verantwortung übernommen wird und auch jeder selbst entscheiden darf, dann kann es schnell passieren, dass man sich selbst ausbeutet. Arbeit macht dann richtig Spaß und kann zum Suchtfaktor werden. »Diese Phänomene hatten wir, dass das rechte Maß verloren gegangen ist. Aber da geht es auch wieder um (Selbst-)Verantwortung. Egal was ich tue! Es geht um das rechte Maß. Immer wenn ich in die Extreme abrutsche, wird es pathologisch. Die Kunst liegt darin, das den Menschen bewusst werden zu lassen, für die innere Ausgewogenheit auch ›Nein‹ zu sagen. Grenzen setzen, Grenzen achten. Ein Verhalten, das in die Maßlosigkeit tendiert, hat Ursachen. Da besteht häufig irgendein Mangel oder irgendein Bedürfnis in der Persönlichkeit.« Um der Selbstausbeutung vorzubeugen, sollte man sich rechtzeitig klarmachen: »Achtsamkeit ist die Voraussetzung für Selbstwahrnehmung. Selbstwahrnehmung ist die Voraussetzung für Selbstbewusstsein (Janssen meint das sprachlich präzise: sich seiner selbst bewusst sein). Wenn ich in der Achtsamkeit verweile, dann ist das für mich auch die Grundlage dafür, nicht in die Maßlosigkeit zu verfallen. Dann bin ich im Hier und Jetzt. Maßloses Handeln entsteht in der Aussicht *auf* etwas oder im Rückblick *von* etwas.« Das ist ein Grund, warum Achtsamkeit der oberste Wert bei Upstalsboom ist. Der Slogan dazu bringt es gut auf den Punkt: »Wir leben den Moment und gestalten die Zukunft.« Auch diese sprachliche Verdichtung war von den Mitarbeitern maßgeblich beeinflusst: »Ich war ein Projektmensch«, sagt Janssen. »Die Menschen waren bei uns traumatisiert, wenn es um den Begriff ›Projekt‹ ging. Wie viele Projekte ich damals hatte. Und dann haben sie gesagt: ›Es gibt auch das Leben im Hier und nicht nur in Projekten und der Zukunft.‹«

Diese große Bedeutung der Achtsamkeit bei Upstalsboom weckte in mir die Frage, welche Rolle Intuition im Unternehmen spielt. Janssen antwortete: »Intuition ist bei uns extrem wichtig. Die Voraussetzung für Intuition ist Selbstwahrnehmung, mit sich selbst in Berührung zu sein: Dann ist sie besonders ausgeprägt. Intuition ist bei uns eine Entscheidungsgrundlage, die von mir akzeptiert wird. Bei uns kann der Mitarbeiter sagen: ›Ich habe ein gutes Gefühl, ich möchte das machen.‹ – ›Ja, mach!‹, das funktioniert bei uns. Denn ich glaube, dass der Kopf uns eher hindert beim ›Denken‹. Ich arbeite hochintuitiv, ich horche sehr viel in mich hinein. Nicht nur bei der Meditation, sondern regelmäßig. Am Tag halte ich inne und frage mich, wie es mir gerade geht und was mir mein Bauch sagt.« Janssen hat verstanden, was meistens noch ignoriert oder abgelehnt wird: die wichtige Rolle der Intuition bei professionellen Entscheidungsfindungen. Allerdings räumt er ein, dass »der Begriff Intuition noch nicht so bewusst in den Köpfen der Mitarbeiter ist«. Aber wichtig ist letztlich, dass Intuition faktisch im Handeln wertgeschätzt wird. Das zeigt sich bei Upstalsboom auf zweierlei Weise: Erstens nimmt Meditation, die zweifelsfrei die Intuition stärkt, im Unternehmen einen zunehmend größeren

Raum ein. Es gibt mittlerweile Hoteldirektoren, die mit den Mitarbeitern regelmäßig meditieren – in der Arbeitszeit. Zweitens hat jedes Hotel eine Bibliothek, in der für Upstalsboom wichtige Themen vertreten sind. Dort findet man auch Bücher über Intuition, als Lektüre für die Belegschaft.

Zum Abschluss erwähnt Janssen einen ersten Tipp für Unternehmensdemokraten im Aufbruch: »Früher habe ich versucht, gute Antworten zu geben. Heute versuche ich, gute Fragen zu stellen.« Janssen folgt da einer wichtigen Erkenntnis: Jede gute Antwort ist das Ergebnis einer noch besseren Frage! Das ist der erste Baustein. Der zweite besteht darin, »dass derjenige, von dem dieser Wandel ausgeht, sich seiner selbst bewusst ist und dieses Bewusstsein auch möglichst in einem klaren persönlichen Leitbild formuliert. Dass er für sich eine Vision hat, einen Sinn sieht in dem, was er tut, und nicht auf etwas hinarbeitet, was in der Zukunft liegt, sondern den Sinn als solchen in die tägliche Haltung übernimmt und durch sein tägliches Verhalten zum Ausdruck bringt. Das ist für mich die zwingende Voraussetzung, dass ich mein für mich bestimmtes Leitbild gefunden und erfahren habe und mich in meinem Tun ganz konsequent danach ausrichte.« Dabei ist allerdings ein wichtiger Punkt zu beachten: »Es darf nicht die Absicht bestehen, durch die eigene Veränderung, die eigene Bewusstwerdung den Unternehmenswandel zu initiieren. Meine persönliche Wandlung darf nicht Mittel zum Zweck werden. Ich darf meinen Wandel, mein Wachstum, meine Selbstentwicklung nicht instrumentalisieren.« Dagegen ist das Unternehmen »nicht mehr und nicht weniger als Mittel zum Zweck, um meine Vision zu verwirklichen und für den Sinn meines Lebens einen Beitrag zu leisten. Danach richte ich mein Handeln. Und alles andere, was sich daraus ergeben hat, die ganze Aufmerksamkeit, der ganze Erfolg, die ganze Wirtschaftlichkeit, ist nicht relevant. Es ist einfach entstanden, weil wir uns davon getrennt und weil wir losgelassen haben.«

Mitbestimmt gesund

Ein Weißblechhersteller entwickelt demokratisch sein Gesundheitsmanagement

Vorspiel

Auf dieses Fallbeispiel wäre ich nicht alleine gekommen. Ich verdanke es Sebastian Campagna, Leiter des Referats Wirtschaft der Hans-Böckler-Stiftung. Er schickte mir vier Bücher mit Fallstudien zu Betriebs- und Dienstvereinbarungen zu jeweils einem Themenbereich: zukunftsfähige Gesundheitspolitik, gelebte Chancengleichheit, Eingliederungsmanagement in Großbetrieben und flexible Arbeitszeiten. Bei der Sichtung dieser Fallbeispiele stieß ich auf ThyssenKrupp Rasselstein mit seinem partizipativen Gesundheitsmanagement. Wäre es nicht interessant, die Demokratisierung im Bereich der betrieblichen Gesundheitsförderung zu betrachten? Ein Thema also, das praktisch alle Unternehmen betrifft. Immerhin gibt es einen interessanten Zusammenhang zwischen Mitbestimmung beziehungsweise autonomer Selbstbestimmung und Gesundheit der Mitarbeiter. Das zeigt unter anderem der im ersten Kapitel aufgeführte Gallup Engagement Index anhand der unterschiedlichen Fehlzeiten bei Unternehmen mit mehr oder weniger Mitbestimmung.

Gleichzeitig wäre dieser Fall ein Beispiel dafür, wie man gezielt in einzelnen Bereichen eines Unternehmens Mitbestimmung beleben kann. Rasselstein ist als gesamtes Unternehmen nicht mit einer unternehmensweiten Demokratie vorgeprescht wie beispielsweise die Haufeumantis AG mit ihren Führungskräftewahlen oder die Farbenwerke Wunsiedel GmbH mit dem Aufgabenpool. Das Beispiel Rasselstein bietet somit eine größere Anschlussfähigkeit an viele andere Unternehmen, die noch nicht so weit sind und eine Demokratisierung erst einmal in kleineren Schritten angehen wollen. Dabei kann die thematische Fokussierung, so wie in diesem Fall auf das betriebliche Gesundheitsmanagement, hilfreich sein.

Mein Interviewpartner war der Betriebsratsvorsitzende Wilfried Stenz. Dieser Mann ist ein echtes Urgestein in der Firma. Zum Zeitpunkt des Interviews näherte er sich der 45-jährigen Betriebszugehörigkeit und war schon seit zwölf Jahren als Betriebsratsvorsitzender tätig. Bereits einen Tag nach der Kontaktaufnahme mit seiner Assistentin war der Termin für ein Interview in trockenen Tüchern. Trotz der Größe des Unternehmens mit immerhin rund 2400 Mitarbeitern lief die Kommunikation angenehm unkompliziert und reibungslos.

Die ThyssenKrupp Rasselstein GmbH ist nicht nur das größte, sondern auch mit Abstand das älteste Unternehmen aller hier vorgestellten Firmen. 1760 wurde Rasselstein gegründet und kann damit auf eine über 250-jährige Geschichte zurückblicken, was schon eine Leistung an sich ist. 1835 wurden in dem Betrieb die Schienen für die erste deutsche Eisenbahnstrecke von Nürnberg nach Fürth gewalzt. 1934 folgte eine weitere historische Wegmarke, als die erste elektrolytische Bandverzinnungsanlage in Betrieb genommen und Weißblech damit weltweit das erste Mal als Verpackungsstoff möglich wurde. 1958 beteiligte sich Thyssen zu 25 Prozent am Unternehmen, erhöhte seine Anteile vier Jahre später auf 50 Prozent und übernahm es im Jahr 1990 ganz. 2012 schließlich kam das Unternehmen zum heutigen Namen durch die Umfirmierung von der Rasselstein GmbH in die ThyssenKrupp Rasselstein GmbH.

Das Unternehmen ist zur Montan-Mitbestimmung verpflichtet.[81] Damit gehört es zu den aussterbenden Unternehmen, die über einen paritätisch besetzten Aufsichtsrat verfügen. Als überwiegend Eisen oder Stahl erzeugendes Unternehmen mit über 1000 Mitarbeitern weist Rasselstein eine größere demokratische Grundordnung auf als die meisten anderen Unternehmen dieser Größenordnung, die keinen paritätischen Aufsichtsrat installieren müssen. Repräsentative Demokratie hat also in diesem Unternehmen eine jahrzehntelange Geschichte und Tradition.

2003 begann im Unternehmen das Projekt »Der gesunderhaltende Betrieb« und wurde 2005 erfolgreich abgeschlossen. Seitdem werden die erarbeiteten Strukturen, Prozesse und Errungenschaften umgesetzt. Interessant an der Entwicklung des Gesundheitsmanagements ist, dass der Betriebsrat von Anfang an großen Wert auf die Einbindung der Mitarbeiter legte. »Sie können sich an unterschiedlichen Unternehmensprozessen, zum Beispiel Gesundheitszirkeln und dialogorientierten Gesundheitsaudits, beteiligen. Ihre Einbeziehung hat bei Rasselstein hohe Priorität, sie werden als Expertinnen und Experten ihres Arbeitsplatzes geschätzt.«[82] Keine Frage, das ist eine Form von Mitbestimmung, die bis heute noch nicht unternehmerisches Allgemeingut ist, aber schon längst als Inspiration dienen kann.

Das Modell der ThyssenKrupp Rasselstein GmbH

Es gibt zwei Dimensionen des Gesundheitsmanagements bei Rasselstein: erstens das Gesundheitsmanagement selbst, das dazu beitragen soll, dass die Mitarbeiter möglichst gesund bleiben (gesunderhaltender Betrieb) und auf gute Weise wieder gesunden, wenn sie erkrankt sind oder einen Arbeitsunfall erlitten haben. Die zweite Dimension betrifft die *Entwicklung* dieses Gesundheitsmanagements, also wie es erarbeitet und implementiert wurde und bis heute gepflegt und weiterentwickelt wird.

Ich beziehe mich mit dem Modell, das ich hier vorstelle, in erster Linie auf die zweite Dimension. Es geht *um den Prozess, wie das Gesundheitsmanagement entwickelt wurde* und welche Rolle dabei Mitbestimmung und Partizipation gespielt haben. Das Gesundheitsmanagement selbst ist nicht Gegenstand dieses Falls. Der Fokus liegt auf der Demokratisierung im weitesten Sinne. Der Vollständigkeit halber werde ich im zweiten Teil dieses Abschnitts kurz die Elemente des Gesundheitsmanagements aufführen, aber nicht weiter ausführen. Wenn Sie diese erste Dimension im Detail interessiert, lohnt die weiterführende Literatur (vgl. S. 263).

Elemente bei der Entwicklung des Gesundheitsmanagements

Bei der Entwicklung und Entstehung gab es insgesamt vier Elemente: den Steuerkreis Gesundheit, die Gesundheitszirkel, den Gesundheitsbericht und die Auditorenschulung. Grundsätzlich gilt dabei, dass der Vorstand, Betriebsrat und die Mitarbeiter zusammen die Ziele des Arbeits- und Gesundheitsschutzes verfolgen, die eng mit dem Gesundheitsmanagement verzahnt sind.

1. Steuerkreis Gesundheit

Dieser Steuerkreis hatte die Aufgabe, die Aktivitäten des Gesundheitsmanagements zu veranlassen, sie zu koordinieren und den Erfolg zu kontrollieren. Das Entscheidende im Sinne der Mitbestimmung lag in der Beteiligung der betrieblichen Interessenvertreter. Die Steuerung erfolgte also nicht, wie sonst üblich, durch Vertreter des Human-Ressource-Bereichs, die gewissermaßen von außen für die Kollegen aus der Produktion ein Gesundheitsmanagement mit Hilfe externer Berater aufbauen.

Über die erwähnten Aufgaben hinaus soll der Steuerkreis sicherstellen, dass die betriebliche Gesundheit und ihr Erhalt auch in weiteren Entscheidungsgremien beachtet werden. Um diese vielfältigen Aufgaben zu bewältigen, tagt der Steuerkreis viermal jährlich.

2. Gesundheitszirkel

In diesem moderierten Gremium wurden von den Beschäftigten als Experten für ihre eigene Arbeit Ideen entwickelt und gesammelt, wie Belastungen in den einzelnen Arbeitsbereichen verringert werden können. Des Weiteren machten die Mitarbeiter Verbesserungsvorschläge für die tägliche Arbeit, um Belastungen und Unfallrisiken vorzubeugen. Es wurde also davon Abstand genommen, Vorschläge von externen betriebsmedizinischen Experten entwickeln zu lassen. Im Sinne demokratischer Selbstbestimmung und Verantwortungsübernahme kümmerten sich die Mitarbeiter selbst um ihre Gesundheit.

3. Gesundheitsbericht

In diesem jährlich wiederkehrenden Bericht werden alle betrieblichen und aktuellen Kennzahlen zur Gesundheit der Mitarbeiter erfasst und miteinander in Beziehung gesetzt. Dieser Bericht ist die Grundlage für Entscheidungen zum Gesundheitsmanagement. Auch dies ist nach Wilfried Stenz ein Aspekt von Mitbestimmung. Denn nach der Auswertung geht der Betriebsrat auf die Mitarbeiter zu und bezieht sie in Entwicklungsprozesse mit ein, indem sie gefragt werden, wo sie Handlungsbedarf sehen und wie sie unterstützt werden können, um Belastungssituationen zu reduzieren. Die Mitarbeiter haben also auch über die Vernetzung mit dem Gesundheitsbericht die Möglichkeit der Mitbestimmung und damit Mitgestaltung, übernehmen aber auch Verantwortung, um das Ziel des »gesunderhaltenden Betriebs« zu verwirklichen.

4. Auditorenschulung

Die Gesundheitsauditoren haben die Aufgabe, gesundheitliche Belastungen der Mitarbeiter sensibel wahrzunehmen und für gesundheitliche Probleme möglichst weitgehend ansprechbar zu sein. Die Gesundheitsauditoren sind kein medizinisches Fachpersonal, geschweige denn Betriebsärzte. Vielmehr können Betriebsräte, Führungskräfte oder Gruppensprecher Gesundheitsauditor werden. Dazu durchlaufen sie eine entsprechende Qualifizierung zu gesundheitlichen Themen im körperlichen und psychischen Bereich. Diese Weiterbildungen wurden zunächst durch die Berufsgenossenschaft und später durch Gewerkschaften umgesetzt. Aufgrund der Komplexität des Themas Gesundheit werden jährlich weitere Fortbildungen mit verschiedenen Schwerpunkten durchgeführt.

Interessant ist eine gewisse Ambivalenz hinsichtlich der Selbstbestimmung bei der Auditorenschulung. Der Betriebsratsvorsitzende Wilfried Stenz machte im Interview klar, dass die Betriebsräte diese Schulungen mitmachen *müssen*. Sie haben nicht die Wahl, dies selbst zu entscheiden. Demokratie scheint da in weiter Ferne. Andererseits machte

Stenz plausibel, warum das wichtig ist. Nur so ist sichergestellt, dass jeder Betriebsrat ein Grundverständnis für das bei Rasselstein wichtige Thema der Gesundheit bekommt. Nur so können die Betriebsräte die Belange der Mitarbeiter in Fragen der Gesundheit kompetent vertreten. Die Auditorenschulung ist die Conditio sine qua non, ohne die diese Vertretung nicht gesichert werden kann.

Natürlich sind nicht allein die Auditoren für das Wohl der Mitarbeiter verantwortlich. Es gibt zusätzlich einen Werksarzt, Sicherheitsfachkräfte, Sicherheitsbeauftragte, einen Physiotherapeuten, Ernährungsberater und Psychiater sowie Betriebssanitäter. Im Fitnesscenter werden die Mitarbeiter zudem durch qualifizierte Trainer unterstützt.

Elemente des Gesundheitsmanagements

Die im Folgenden kurz skizzierten elf Elemente sind alphabetisch geordnet und stellen kein Ranking dar.

1. Arbeitsbedingungen

Die Arbeit soll so gestaltet werden, »dass eine Gefährdung für Leben und Gesundheit möglichst vermieden und die verbleibende Gefährdung möglichst gering gehalten wird. Gefahren sind an ihrer Quelle zu bekämpfen.«[83] Dazu wird vor allem eine regelmäßige Gefährdungsbeurteilung durchgeführt, Beinahe-Unfälle eingeschlossen. Dies stellt eine interessante Ähnlichkeit zum Vorgehen von High Reliability Organizations dar, bei denen regelmäßig nicht nur entstandene Fehler, sondern auch Beinahe-Fehler analysiert werden.[84]

2. Arbeitszeitregelung & Schichtmodell

Die Arbeitszeiten und das Schichtmodell stehen in einem direkten Zusammenhang zur Gesundheit. Deshalb spielen die Regelung der Arbeitszeiten und die Gestaltung eines möglichst gesunderhaltenden Schichtmodells eine wichtige Rolle und werden später im Fallbeispiel aufgegriffen.

3. Betriebliches Eingliederungsmanagement

Das betriebliche Eingliederungsmanagement umfasst die drei Dimensionen Prävention,[85] Rehabilitation und Integration und ist bei Rasselstein in die Betriebsverfassung aufgenommen. Erkrankte Mitarbeiter werden mit ihrer Erkrankung nicht alleine gelassen, sondern durch Führungskräfte, Personalreferenten, Betriebsräte und Betriebsärzte begleitet. Dies reicht bis zu Krankenbesuchen, die größtenteils als positive Unternehmenskultur von den Betroffenen bewertet werden.

4. Ernährung und Ernährungsberatung

Da die Ernährung einen maßgeblichen Einfluss auf die Gesundheit hat, spielen das Essen und die Ernährungsberatung ebenfalls eine wichtige Rolle. Verpflegungsautomaten und die Werksküche wurden zum Teil mit einem neuen Sortiment bestückt, und es wurde im Laufe des Aufbaus des Gesundheitsmanagements auch ein neues Verpflegungsfahrzeug angeschafft.

5. Fitness & Bewegung

Schon 2007 wurde ein eigenes Trainingszentrum in Betrieb genommen, das den Beschäftigten Trainingszeiten rund um die Uhr ermöglicht. Natürlich gibt es darüber hinaus noch die üblichen Angebote wie Lauf- und Walkingtreffs, Firmenläufe und individuelle Fitnessberatung.

6. Gesundheitsaudit

Wie oben bei der Auditorenschulung angegeben, werden die jährlichen Gesundheitsaudits von Betriebsräten, Führungskräften und Gruppensprechern durchgeführt. Neben der Gefährdungsbeurteilung nach dem Arbeitsschutzgesetz werden auch psychische und körperliche Belastungen erhoben und dokumentiert. Den Audits liegt ein dialogorientierter Interviewleitfaden zugrunde.

7. Gesundheitsbeauftragte

Bei Rasselstein gibt es insgesamt 14 Teams, die jeweils demokratisch einen Gesundheitsbeauftragten wählen. Diese kommen vierteljährlich zusammen und berichten über Probleme bei der Gesundheitsförderung oder Beeinträchtigung der Gesundheit. Diese Treffen wiederum sind die Grundlage für eine unternehmensweite Auswertung, aus der dann entsprechende Maßnahmen abgeleitet werden.

8. Gesundheitscheck

Der Gesundheitscheck dient der kostenlosen Prävention und Früherkennung. Hierunter fallen auch Raucherentwöhnungskurse, die bereits 2010 von rund 20 Prozent der Belegschaft erfolgreich absolviert wurden.

9. Gesundheitscoaching für Führungskräfte

Da Führungskräfte in ihrer Vorbildfunktion einen großen Einfluss auf die Mitarbeiter haben, sind sie für den Erfolg des Gesundheitsmanagements von großer Bedeutung. Dem wird bei Rasselstein durch Gesundheitscoachings für Führungskräfte Rechnung getragen. Das Ziel ist dabei ein umfassendes Gesundheitsverständnis der Vorgesetzten.

10. Gesundheitspass

Mit dem Gesundheitspass für die Beschäftigten wird über ein Punktesystem für die Teilnahme an verschiedenen Aktivitäten ein zusätzlicher Anreiz geschaffen. Für bestimmte Punktzahlen gibt es gestaffelte Preise rund um das Thema Gesundheit. 2010 führten gut 62 Prozent der Mitarbeiter einen Gesundheitspass.

11. Gesundheitsseminare

Zu den bisher aufgeführten Elementen werden zusätzlich Gesundheitsseminare durchgeführt. Die Themen umfassen verschiedene Bereiche wie Fit im Berufsalltag, Heben – Tragen – Sitzen, gesundheitsgerechte Führung und konstruktives Stressmanagement.

Auf dem Weg zum Interview

Die Strecke nach Andernach war mir größtenteils bekannt, erst als ich dort ankam, musste ich mir Orientierung verschaffen, was allerdings ziemlich einfach war, denn am Horizont waren die großen Gebäude von Rasselstein schon längst sichtbar. Außerdem war der Weg zu Rasselstein, wie ich dann auch noch feststellte, zusätzlich ausgeschildert. Dreifach hält besser: Navigationsgerät, gute Ausschilderung und leichte Fahrt auf Sicht. Ich war praktisch schon bei Wilfried Stenz. Dachte ich.

Am Werkstor angekommen, stellte ich mein Auto auf dem letzten freien Parkplatz direkt vor der Pforte ab, stieg aus und steuerte auf mein Ziel zu. An der Pforte nannte ich meinen Namen und sagte, wer mich erwarte. Der Pförtner schaute mich einen Moment mit einem etwas sonderbar schalkhaften Blick an und antwortete mir, dass hier leider nicht die Pforte, sondern der Feuerwehrzugang sei. Freundlich erklärte er mir den Weg und verabschiedete sich immer noch grinsend. Ich stapfte los, zum Glück noch gut in der Zeit. Als mir klar wurde, dass der Parkplatz doch größer war als vermutet, kehrte ich noch einmal um, um mein Auto zu holen, zumal ich nach dem Interview noch einen Termin in Heidelberg hatte, also möglichst pünktlich loskommen wollte. Also habe ich mich wieder ins Auto reingezwängt, was meiner Gelenkigkeit einiges abverlangte, und fuhr ans andere Ende des Parkplatzes. Dort sah die Lage deutlich besser aus, ich fand sofort einen Besucherparkplatz, der ein maximal komfortables Ein- und Aussteigen erlaubte. Zuerst ging alles nur mit Müh und Not, dann plötzlich war alles ganz einfach – fast alles.

In der nun definitiv richtigen Pforte begrüßte ich die Dame hinter der Empfangstheke und trug erneut mein Anliegen vor. Nur leider fand sich mein Termin mit dem Betriebsratsvorsitzenden nicht im Computersystem. Die Dame suchte und suchte. Und fand nichts. Als sie dann wieder hochblickte, entdeckte sie einen Besucherausweis mit dem Rücken nach oben auf der Theke liegen, nahm ihn und stellte fest, dass eine Kollegin bereits meinen Ausweis ausgedruckt und vorbereitet hatte.

Nach ein paar Minuten Wartezeit erschien die Assistentin von Wilfried Stenz und sorgte gleich dafür, dass meine Gesichtszüge mittelprächtig entgleisten: »Wir hatten Sie eigentlich vor einer Stunde erwartet.« Wow, eine echte Meisterleistung meinerseits. Ich hatte aus welchen Gründen auch immer elf Uhr im Kopf, aber tatsächlich stand in meinem Kalender zehn. Alle elektronischen Hilfsmittel hatten es nicht geschafft, mich an den Termin zu erinnern. Glücklicherweise sorgte die Assistentin sofort für Erleichterung: »Das ist aber kein Problem. Ein Folgetermin ist ausgefallen, und Herr Stenz hat auch jetzt Zeit.«

Wir liefen los übers Werksgelände, ein Weg, den ich vermutlich alleine nicht gefunden hätte. Nach ein paar Minuten gingen wir auf ein kleines, älteres Backsteingebäude zu, es wirkte ein bisschen anachronistisch und verloren zwischen den deutlich moderneren Produktionshallen. Tatsächlich aber wurde von hier aus der Aufbau des mitbestimmten Gesundheitsmanagements maßgeblich mitgesteuert.

Der Weg der ThyssenKrupp Rasselstein GmbH

Der Ausgangspunkt für das heutige Gesundheitsmanagement liegt im Jahr 2002. Damals wurde die demografische Entwicklung des Unternehmens untersucht, um herauszufinden, wie sich die Situation in den kommenden 15 Jahren bezüglich der Altersstruktur entwickeln wird. »2003 lag das Durchschnittsalter bei 40 Jahren, 2018 würde es bei 46,5 liegen.«[86] Wilfried Stenz kommentierte dieses Ergebnis so: »Wir waren uns sicher, dass wir die Auswirkungen recht bald zu spüren bekommen, wenn man das so laufen lässt. Also haben wir uns zusammengesetzt. Hilfreich war damals das Projekt ›gesunderhaltender Betrieb‹. Wir hatten seinerzeit von der Berufsgenossenschaft als Pilotbetrieb zum Thema gesunderhaltender Betrieb einen Zuschuss von über einer Million Euro bekommen. Um gewissermaßen solch ein

Projekt aus dem Boden zu stampfen. Dabei war unser Ansatz auch von unserer Seite mit zu hinterfragen, mitzusteuern, und wir sollten Vorschläge machen.« Es ging also von Anfang an darum, das Gesundheitsmanagement partizipativ aufzusetzen. Das ist äußerst beachtlich, denn selbst heute, über eine Dekade später, sind die meisten betrieblichen Gesundheitsmanagements immer noch top-down entwickelt und gesteuert.[87] Stenz ist zu Recht stolz auf den Betriebsrat bei Rasselstein: »Wir sind kein Betriebsrat, der nur reagiert. Wir sind ein Betriebsrat, der auch agiert, mit all den Themen, die in jeglicher Bandbreite hier auf uns zukommen. Es gibt viele Themen, die wir angestoßen haben.«

Aus dieser frühzeitigen Fokussierung auf eine partizipative Entwicklung des Gesundheitsmanagements entstand unter anderem die oben erwähnte Bedeutung der Gesundheitsauditoren, die sich aus Betriebsräten, Führungskräften oder Gruppensprechern zusammensetzen. Um das Ausmaß der Mitbestimmung zu verstehen, ist es wichtig zu wissen, dass der Betriebsrat bei den Gesundheitsaudits federführend ist. Der Gesundheitsmanager und der Werksarzt nehmen lediglich eine begleitende Rolle ein. Dass dieses Vorgehen äußerst effektiv sein kann, illustrierte Stenz an einem beeindruckenden Beispiel: »In der Schleiferei hatten wir bei so einem Audit 14 Prozent Fehlzeitenstand ermittelt. Da stellten wir uns natürlich sofort die Frage, wie es dazu kommen konnte. In anderen Teams haben wir nur drei bis fünf Prozent. Heraus kam zweierlei: erstens die Schwere der Arbeit und zweitens das Thema Führung. Wir haben dann Maßnahmen aufgesetzt und den Krankenstand innerhalb von einem halben Jahr auf einen Durchschnittswert von vier Prozent herabgesenkt.« Eine Reduktion des Fehlzeitenstands um zehn Prozentpunkte innerhalb von sechs Monaten – die Latte hängt hoch, würde ich sagen.

Dieser Erfolg führte zu einem neuen Element: dem Gesundheitsbeauftragten vor Ort. »Jedes Team hat einen eigenen Gesundheitsbeauftragten. Der wird demokratisch gewählt. Schließlich muss er das Vertrauen der Menschen haben, um uns in der quartalsmäßigen Sitzung berichten zu können: ›In unserm Team gibt es die und die Probleme zum Thema Gesundheitsförderung oder Beeinträchtigung.‹ Denn diese Daten werden dann in einer zentralen Sitzung mit allen Gesundheitsbeauftragten zusammengeführt, um daraus mit dem Werksarzt und unserem Gesundheitsmanager Maßnahmen abzuleiten.« Im gesamten Betrieb gibt es pro Team einen Gesundheitsbeauftragten bei zurzeit 14 Teams, die bis zu 340 Mitarbeiter umfassen.

Es ist interessant, dass bei der Bestellung der Gesundheitsbeauftragten das Wahlprinzip herrscht, um mit dem sensiblen Thema Gesundheit einen guten Umgang zu gewährleisten. Wenn man dies mit den Führungskräftewahlen bei der Haufe-umantis AG in Verbindung setzt, könnte die Wahl der Gesundheitsbeauftragten oder anderer Akteure im Gesundheitsmanagement ein Einstieg in eine repräsentative Unternehmensdemokratie sein. Eine solche Demokratisierung hätte höchstwahrscheinlich wiederum Auswirkungen auf die Gesundheit der Mitarbeiter durch die erlebte Selbstbestimmung und Kontrolle. Wer sich nicht als Spielball seines Lebens fühlt, sondern es selbstbestimmt gestaltet und damit ein gewisses Maß an Kontrolle über die eigenen Lebensumstände ausübt, ist resilienter gegenüber psychischen und somatischen Erkrankungen.[88]

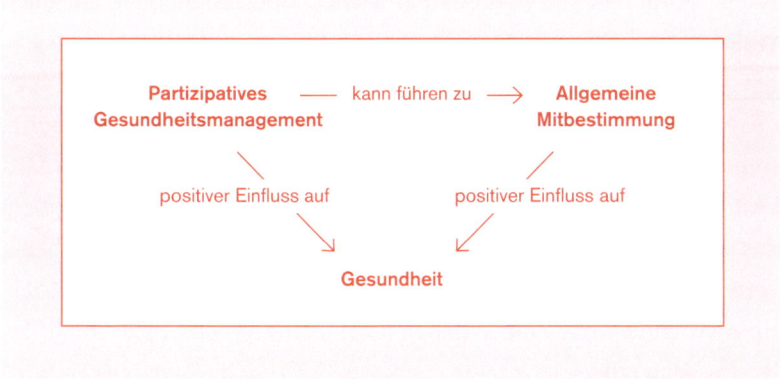

Zusammenhang zwischen partizipativem Gesundheitsmanagement, allgemeiner Mitbestimmung und betrieblicher Gesundheit

Auf dem weiteren Weg war auch wichtig, dass »Gesundheitsförderung in jeder Belegschaftsversammlung neben der Arbeitssicherheit ein zentrales Thema war und ist«. Auf das gesamte Unternehmen bezogen merkt Stenz noch an: »Die Mitbestimmung ist eine Kultur bei uns, die wirklich auf Augenhöhe praktiziert wird.« Allerdings scheint es bei aller Mitbestimmungskultur auch wichtig zu sein, dass die wichtigen Gesprächs- und Verhandlungspartner einem Thema Bedeutung beimessen und ein inhaltliches Verständnis aufbringen: »Wir hatten bisher immer das Glück, einen eigenen Personalvorstand zu haben, mit dem man natürlich leichter über solche Brandthemen kommunizieren kann, als wenn man nur einen technischen Vorstand oder Werkleiter hätte. Das ist unser Plus hier.« Ergänzend kommt hinzu, dass im Sinne des Erfolgs darauf geachtet wird, zwischen einer möglicherweise vorhandenen Arbeitnehmervertretung und dem Arbeitgeber kein althergebrachtes Klassendenken aufkommen zu lassen: »Wir betrachten uns nicht als Klassenfeinde. Wenn bei anderen dieser Nimbus von Klassenfeindschaft herrscht – da ist die Seite der Arbeitgeber, hier die Arbeitnehmer –, dann können die nicht zusammenkommen. Doch man kann zusammenkommen, wenn man sich anständig an einen Tisch setzt.« Dies ist im Zusammenhang mit der Demokratisierung von Unternehmen ein nicht zu unterschätzender Aspekt. Einerseits, weil es dieses Klassendenken und damit verbundene Konflikte immer noch gibt, wie Stenz aus eigener Erfahrung bestätigt. Andererseits, weil es eben wichtig und möglich ist, aus alten Wahrnehmungs- und Denkmustern endlich auszubrechen.

Bei der Entwicklung des Gesundheitsmanagementsystems spielt auch die Arbeitszeitregelung eine wichtige Rolle. Dies insbesondere dann, wenn in Schichten hart gearbeitet wird. Dabei ist es im Sinne der Mitbestimmung wichtig, den Mitarbeitern die Möglichkeit einzuräumen, das Schichtsystem selbst mitzugestalten. Genau das ist bei Rasselstein verwirklicht worden. »Wir hatten damals einen Dreischichtbetrieb. Eine Woche Früh-, eine Woche Nacht-, eine Woche Spätschicht im Rückwärtswechsel. Jetzt haben wir zwei Früh-, zwei Spät-, zwei Nachtschichten. Auch das war eine Forderung von uns, dieses Schichtsystem umzustellen, um die Gesunderhaltung der Menschen lange zu gewährleisten. Dann haben wir zunächst gegen den Willen der Mitarbeiter eine Entscheidung getroffen und einen Pilotversuch in einem Team mit 120 Mitarbeitern gemacht. Damit verbunden war aber das Versprechen, nicht weiterzumachen, wenn das Modell bei einer anschließenden Abfrage nicht angenommen wird. Dann haben wir diesen Zweierrhythmus eingeführt und wissen Sie, was bei der Umfrage nach einem Jahr rausgekommen ist? Hundert Prozent wollten in diesem neuen System arbeiten. Das ging wie ein Lauffeuer herum, alle anderen wollten das Modell auch. Die Mitarbeiter haben sogar freiwillig die Arbeitszeiten bei Lohnverlust reduziert. Das haben sie hingenommen. Sie haben bis zu 140 Euro eingebüßt, um auf dieses Modell zu gehen.« Das Ergebnis dieser freiwilligen Umstellung ist beeindruckend: »Die Leute, die vier Tage freihaben, kommen entspannter aus ihrer Freizeit zurück und sind produktiver. Man sieht es an den Leistungskennzahlen, die wir haben. Die Prämien steigen, die Unfallhäufigkeit sinkt rapide, und die Fehlzeiten bleiben auf einem konstanten Niveau.« Wilfried Stenz stellt auf meine Frage nach Ratschlägen und Tipps für andere Unternehmen einen Aspekt mehrfach deutlich heraus: »Ich warne davor, dass man etwas einfach überträgt, dass man meint: ›Da ist ein System. Das wollen wir auch.‹ Zuerst muss man die Grundvoraussetzungen erarbeiten, und das dauert manchmal recht lange.« Anstatt irgendein System, das einen anspricht, einfach eins zu eins implementieren zu wollen, gilt es, einen eigenen intelligenten Ansatzpunkt zu finden.

Bei Rasselstein war dies die Frage, wie es zu gewährleisten ist, »dass der Facharbeiter der Gegenwart und Zukunft sein Rentenalter bei uns gesund erreichen, gesund ausscheiden und etwas von seiner Rente haben wird. Das ist der erste Ansatzpunkt. Man muss gezielt auf die einzelnen Arbeitsplätze bezogen schauen, wie man die Voraussetzungen gestalten kann. Was müssen wir anpacken? Wo liegen die Schwerpunkte von Krankheiten?«

Der zweite Ansatzpunkt bestand darin, eine Win-win-Situation für die Arbeitnehmer- und die Arbeitgeber zu entwickeln. Es ging darum, dem Vorstand zu verdeutlichen, dass die Mitarbeiter und deren Vertretung »sich selbst Gedanken machen und nicht immer nur etwas haben wollen, sondern zum Wohle beider agieren«. Mit diesem konkreten Ansatzpunkt wurde die alte Blockbildung von Arbeit und Kapital nachhaltig überwunden.

Das, was bei Rasselstein über die Jahre entstand, »ist wie ein Mosaik, bei dem man mit vielen Steinchen ein Bild zusammenfügt, was nachher auch Substanz hat. Daran muss man dann arbeiten, jeden Tag.« Es geht also darum, die für sich jeweils passenden Mosaiksteine zu finden und damit ein neues, eigenes Bild zu entwickeln. Und das braucht, wie auch schon in anderen Fallbeispielen deutlich wurde, Geduld.

Das Ergebnis lohnt die Mühe. Wilfried Stenz stand zum Zeitpunkt des Interviews vor seinem 62. Geburtstag und sagte überzeugend: »Ich komm immer noch gern zur Arbeit und hab noch Ideen im Kopf.« Was will man mehr?

Anfang und Ende

Von der Gründung einer demokratischen Bank und dem Demokratierückbau eines Solarherstellers

Alle bisherigen Fallbeispiele, mit Ausnahme der Haufe-umantis AG, haben zwei Gemeinsamkeiten: Erstens waren die Unternehmen nicht von Anfang an demokratisch aufgestellt, sondern haben einen Veränderungsprozess hin zur Unternehmensdemokratie durchlaufen. Zweitens existieren alle Unternehmen noch und wirtschaften erfolgreich. In dieser letzten Fallstudie stelle ich zwei Unternehmen vor, die in beiden Punkten abweichen: zum einen die Bank für Gemeinwohl, die die erste alternative Ethik-Bank Österreichs werden könnte und sich bei Veröffentlichung dieses Buches noch in Gründung befindet. Zum anderen die heutige Wagner Solar GmbH, die lange Jahre ein viel zitiertes Beispiel für Unternehmensdemokratie war, aber 2014 Teil der Sanderink Holding wurde und seitdem nicht mehr demokratisch geführt wird.

Aus beiden Fällen lässt sich einiges über den Anfang und das Ende von Unternehmensdemokratien lernen:

- Wie kann man von Beginn an ein Unternehmen so aufbauen, dass es demokratisch verfasst ist und auch in Zukunft nicht unters Fallbeil antidemokratischer Gewinnmaximierung kommt?
- Wie kam es, dass ein ehedem erfolgreiches demokratisches Unternehmen wieder von der ursprünglichen demokratischen Führung abrückt?

Anfang: Bank für Gemeinwohl

Die Finanz- und Wirtschaftskrise 2007/2008 scheint schon fast wieder vergessen. Business as usual, Boni erreichen zum Teil neue Rekordhöhen. Aber die damaligen Entwicklungen waren für engagierte Ehrenamtliche einer der Auslöser, um 2010 zu beginnen, eine gemeinsame Vision von einer neuen Bank zu entwickeln. Einer Bank, in der so manches anders läuft, als gewohnt. Die Bank für Gemeinwohl formuliert in ihrer Vision unter anderem: »Durch demokratisches Gestalten wird die Bank für Gemeinwohl Geld von einem Mittel der Macht und der Ungleichheit zu einem Mittel des Gemeinwohls und der Lebensqualität für alle machen.« Sie versteht sich vor allem »als Vorreiterin zur beständigen Weiterentwicklung der Demokratie in der Gesellschaft – einerseits als Modell für eine demokratische Unternehmensorganisation, andererseits durch das Bereitstellen des Zugangs zu finanziellen Basisdienstleistungen für alle Menschen«.[89] Außerdem betreibt die Bank »Gemeinwohl-Maximierung statt Gewinnmaximierung«. Schon die Gründung sollte von Anfang an demokratischen Prinzipien folgen. Es sollte keinen visionären Gründer geben, der alleine kraft seiner Genialität die Weichen für die nächsten Jahre stellt und verschweißt. Ein geradezu wahnwitzig anmutendes Vorhaben. Was wurde bisher auf welchem Weg erreicht? Antworten auf diese Frage gab mir der Aufsichtsratsvorsitzende Markus Stegfellner.

Meilensteine

Im Juni 2010 fanden die ersten Treffen statt, bei denen die Ideen in einem Zehn-Punkte-Visionspapier dokumentiert wurden. Daraufhin berichteten die ersten Medien von der Gründungsphase der demokratischen Bank. In der Folge bereitete die Kerngruppe einen Kick-off-Event in Wien vor, zu dem Anfang Oktober 2010 insgesamt 110 Interessierte erschienen.

Im nächsten Schritt wurde ein Verein gegründet und die Vision weiterentwickelt. Im Februar 2011 wurde dann die Vision gemeinsam verabschiedet. Sechs Monate später startete ein Strategieprozess in Verbindung mit den ersten Marktforschungen, der schließlich in eine Strategie und einen damit verbundenen Geschäftsplan mündete.

Es konnten zwei Bankexperten gewonnen werden, deren Aufgabe darin bestand, Gespräche mit zentralen Stakeholdern wie Anwälten, Behörden, Gerichten, Verbänden und Wirtschaftprüfern zu leiten. Außerdem bereiteten sie eine Kampagne vor, die die Sammlung des Gründungskapitals vorantreiben sollte. Ende April erfolgte die Gründung einer freien Genossenschaft, Mitte Dezember dann die Eintragung ins österreichische Firmenbuch.[90]

Innenansichten vom Anfang

Einer der bemerkenswertesten Aspekte dieses Unternehmens liegt darin, dass bereits die Gründung mit 110 Mitgründern demokratisch durchgeführt wurde. Markus Stegfellner dazu: »Es sollte von Anfang an eine Bank entstehen, die wir Menschen wollen – und zwar auch in einem demokratischen Prozess entwickeln wollen. Das heißt, nicht irgendein Vereinsvorstand oder schon gar nicht irgendein künftiger Shareholder der Bank bestimmt, wie die Bank wird, sondern alle gemeinsam, die an der Gründung mitwirken wollen. Aus dem heraus leitet sich unser Claim ab: ›Wir gründen eine neue Bank. Gründen Sie mit!‹ Dieses ›Wir‹ meint die Zivilgesellschaft. Die gründet eine Bank. In diesem Claim ist der Appell enthalten, das nicht irgendjemandem zu überlassen, es nicht zu delegieren, sondern wirklich selbst in die Verantwortung zu gehen, um die Gründung im Detail bis hinunter in die Niederungen irgendwelcher Genossenschafts-Gründungsprozesse wirklich in die Hand zu nehmen.« Damit bietet diese Gründung die Möglichkeit, nicht erst auf irgendwelche systemischen, politischen Entscheidungen und Veränderungen im Bankbereich zu warten, sondern selbst im Hier und Jetzt aktiv zu werden. »Wenn nicht jetzt, wann dann?« könnte dabei das Leitmotiv sein.

Aber es waren bei weitem nicht nur die 110 Mitgründer, die mitwirkten. Im Laufe der Jahre kamen und gingen weitere ehrenamtlich engagierte Gestaltungswillige, die eine faire, am Gemeinwohl ausgerichtete Bank entwickeln wollten. Dieser Fall dokumentiert, wie lebhaft das Interesse an der Mitgestaltung bereits bei der Gründung sein kann. Was auch an der angepeilten Art der Dienstleistung liegen mag und die Bedeutung der Sinnkopplung für die Motivation einmal mehr unterstreicht.

In der gemeinsam entwickelten Vision wurde auch festgehalten, dass sich die Bank in Gründung weiterhin demokratisch entwickeln soll – und zwar im Innen- wie Außenverhältnis gleichermaßen, wie Stegfellner anmerkt: »Die Bank, die zurzeit aufgebaut wird, soll auch nach innen demokratisch mit hoher Mitbestimmung arbeiten, was die Eigentümer und Mitarbeiter betrifft.« Das ist, was die demokratische Gestaltung und Steuerung im Unternehmen angeht, nicht allzu schwierig, denn die Bank selbst »hat vermutlich nur zehn Mitarbeiter, und die Genossenschaft hat dann vielleicht drei bis fünf Mitarbeiter. Das wird sehr, sehr klein sein, aber das gesamte System wird 35 000 bis 40 000 Miteigentümer haben. Und das ist dann wieder das Besondere und Herausfordernde: Dieses System mit derart vielen Menschen so zu gestalten, dass es demokratisch bleibt.«

Diese Größenordnung würde einem sehr großen mittelständischen Unternehmen oder einem kleinen Konzern entsprechen. Unternehmerische demokratische Entscheidungsfindung in dieser Dimension gilt gemeinhin als nicht zu realisieren. Es gibt zwar Unternehmen in dieser Größe, die als demokratisch eingestuft werden, wie zum Beispiel die spanische Genossenschaft Mondragon[91] mit über 74 000 Mitarbeiter in 2015. Deren Größe aber kommt durch 257 angeschlossene Unternehmen und Genossenschaften zustande, die ihrerseits deutlich kleiner sind (im Schnitt mit knapp 300 Mitarbeitern). Genauso verhält es sich mit der amerikanischen Bio-Supermarktkette Whole Foods Market mit rund 87 200 Mitarbeitern in 2014, verteilt auf 399 Filialen und die Zentrale. Demokratie wird in beiden Unternehmen hauptsächlich im operativen Alltag in den angeschlossenen Unternehmen, Genossenschaften und Filialen verwirklicht. Inwieweit die Belegschaft tatsächlich auch in taktischen Fragen (Personaleinstellung etc.) oder auch strategisch mitentscheidet, ist fraglich.

In der angehenden Bank für Gemeinwohl betrachten die Akteure die bisherige Arbeit als gemeinsames Lernfeld. Markus Stegfellner erklärt: »Das, was wir jetzt gelernt haben oder jeden Tag neu lernen, betrachten wir quasi als Probierwiese, um Erfahrungen zu sammeln, was man zu tun hat, wenn man plötzlich 30 000 Mitglieder[92] hat.« Stegfellner hat den Anspruch an Wahrhaftigkeit klar formuliert: »Das soll nicht nur eine hohle Phrase auf der Homepage sein. Wir sind eine Genossenschaft, bei der die Miteigentümer einfach und direkt eingebunden sind im Unterschied zu bisherigen Genossenschaften. Wir bauen sozusagen eine Genossenschaft 2.0.«

Ganz zu Beginn wurde mit der Haltung der gewaltfreien Kommunikation nach Marshall Rosenberg gearbeitet. Im Laufe der Zeit wurde dies ausgeweitet auf die jüngere Methodik Art of Hosting, die »die kollektive Weisheit und die Fähigkeit zur Selbstorganisation von Gruppen jeglicher Größe«[93] nutzt. Allerdings wurde beides »nie strukturell verankert. Deshalb haben wir angefangen, ein Projektmanagement aufzubauen, und haben dann gemerkt, dass sich das irgendwie beißt. Auf der einen Seite ist das klassische alte Projektmanagement, auf der anderen Seite wollen wir mit gewaltfreier Kommunikation und Art oft Hosting arbeiten. Aber das passte nicht richtig zusammen. Dann haben wir vor zwei Jahren in meinem ersten Projektleiterjahr angefangen, systemisch zu konsensieren[94], weil klar war, dass die Entscheidungen nicht durch die üblichen Mehrheitsentscheidungen, sondern über systemisches Konsensieren getroffen werden sollen. Im weiteren Verlauf haben wir dann sogar angefangen, mit den hundert Menschen in diesem System elektronisch zu konsensieren.«

Dieser letzte Schritt ist die logische Konsequenz aus der bis dahin gemachten Erfahrung und hat ein gewisses Potenzial, die Demokratisierung vieler anderer Organisationen zu unterstützen. Anfänglich wurde in Gruppen von 30 bis 40 Personen systemisch konsensiert. »Aber es gab Vereinsmitglieder oder Ehrenamtliche aus Graz, aus

Vorarlberg, aus Linz. Die konnten nicht jedes Mal für irgendeine Einzelentscheidung, für die man eine Dreiviertelstunde braucht, extra von Graz nach Wien fahren. Dann haben wir irgendwie erfahren, dass es auch möglich ist, online systemisch zu konsensieren. Daraufhin haben wir uns dieses Tool angesehen, wie man damit Entscheidungen nach dem gleichen Prinzip fällt. Das Gute dabei: Es ist möglich, damit viel öfter, schneller und vor allem ortsunabhängig zu arbeiten. Dann haben wir bei einigen Entscheidungen dieses Onlinetool genutzt und dadurch gelernt, was man in der Vorbereitung und Durchführung machen muss, damit es funktioniert. Denn das Werkzeug allein ist es nicht, man muss es auch beherrschen. Da haben wir jetzt einen relativ hohen Reifegrad erreicht, so dass wir uns zuzutrauen, Online-Konsensieren auch mit den 30 bis 40 000 Mitgliedern erfolgreich anwenden zu können.« Wenn das gelingt, erzeugt die Bank für Gemeinwohl damit einen wichtigen Unterschied zu anderen, traditionelleren Genossenschaften, die immer noch mit einem Vertreterprinzip arbeiten. Schließlich ist es nicht möglich, 30 000 Mitglieder oder mehr in einer Stadthalle zu versammeln. Stegfellner kondensiert das Problem dieser Entscheidungsstruktur: »Da sitzt am Ende ein Vertreter für beispielsweise 500 Mitglieder in der Stadthalle. Darum erleben viele Miteigentümer von Genossenschaften heute keine Mitbestimmung mehr, weil sie nicht mehr in den Entscheidungsprozess eingebunden sind.«

Mit dieser Lernerfahrung ging es dann geradewegs weiter zum nächsten methodischen Konzept: »Wir sind im Laufe der Zeit darauf gekommen, dass wir mit dem systemischen Konsensieren nur ein Entscheidungsverfahren aus einer Vielzahl unterschiedlicher anderer Verfahren verwenden, die gleiche demokratische Grundansätze haben. Wir haben aber immer so getan, als ob das schon alles wäre. Und da haben wir gesehen, dass das Feld ein bisschen breiter ist. Im Herbst 2013 haben wir uns entschieden, das komplette Projekt bei der Gründung und später auch den operativen Betrieb nach den Prinzipien der Soziokratie[95] aufzusetzen.« Dazu holte die Gründergemeinschaft soziokratische Lehrer und ließ sich in Workshops und Schulungen die

Grundprinzipien der Soziokratie vermitteln, um diesen Ansatz zu verstehen und neue Werkzeuge zu gewinnen. Mit der Zeit wurde die Soziokratie im Projekt verankert und ist mittlerweile ein fester Bestandteil der Gemeinwohl Bank in Gründung: »Heute ist es so, dass die Soziokratie das Projekt durchströmt und wir in unserer Arbeit einen riesigen Qualitätssprung gemacht haben durch die soziokratischen Kultur-, Organisations- und Entscheidungselemente.« Weil das so ist, wurde die Soziokratie sogar in der Satzung verankert, um sicherzustellen, dass auch »künftige Geschäftsführungen in 20 oder 30 Jahren« diese demokratischen Prinzipien nur auf demokratischem Weg ändern können, da dazu eine Mehrheit von 75 Prozent nötig ist. Diese Konstruktion erinnert ein bisschen an die Kapitalneutralisierung bei der Autowelt Hoppmann durch die Überführung des Unternehmens in eine soziale Stiftung. In beiden Fällen können spätere Generationen in der Geschäftsführung nicht mehr nach Belieben in alte Managementideologien und -methoden zurückschalten.

Auf diesem Weg bis heute war eines laut Stegfellner sehr wichtig: die Vermeidung von Expertokratie. Oder positiv formuliert: die Gründung im Anfängergeist. Expertokratie entsteht immer dann, wenn Experten aufgrund ihrer Expertise glauben, die beste oder gar einzig richtige Lösung oder Vorgehensweise zu kennen. Das birgt das Risiko, andere, vielleicht im Ergebnis wesentlich bessere Lösungen zu übersehen, da sie nicht im Tunnelblick der arroganten Expertokratie auftauchen. Umgekehrt meint Anfängergeist den Willen und die Fähigkeit, im Wahrnehmen, Denken und Handeln offen zu bleiben für Lernprozesse. Also nicht schon vorher zu wissen, was am besten ist.

Stegfellner führt aus: »In diesen Prozess waren zu Beginn keine Experten eingebunden. Dann haben sie Ralf Widtmann und mich dazugeholt, weil deutlich wurde, dass irgendwann jemand benötigt wurde, der bankfachliche Fähigkeiten hat und aus dieser bisherigen Nichtexpertenvision die Realisierung ermöglicht. Wir wussten ja prinzipiell nicht, ob das, was wir uns ausgedacht haben, überhaupt in den fachlichen und rechtlichen Rahmenbedingungen, die wir heute haben, realisierbar ist. Das hat sich im Vorfeld einfach entwickelt. Da standen Sachen in der Vision, die bei heutiger Gegebenheit nicht realisierbar sind, weil sie teilweise sogar Gesetzen widersprochen haben. Damit wurde es eine spannende Aufgabe, die Vision und alle anderen Ideen zu verwirklichen, ohne sie zu verraten, damit die Menschen, die das entwickelt haben, dabeibleiben. Wenn Ralf Widtmann und ich ein völliges Expertenprojekt daraus gemacht hätten, wären wir in der Sache zwar hundert Prozent im Recht gewesen, aber wir hätten keine hundert Leute mehr in dem Projekt gehabt.«

Auf dem bisherigen Weg gab es natürlich auch Rückschläge. Und zwar immer dann, »wenn wir irgendwelche Leute im Projekt verloren haben. Es gingen auch mal Ehrenamtliche, weil sie einfach mit einem bestimmten Entwicklungsschritt oder mit einer bestimmten Entwicklungsgeschwindigkeit nicht einverstanden waren. Auch gerade bei dieser Übersetzung aus dem Anfängergeist in die Realisierung. So weit sind wir schon – einerseits. Auf der anderen Seite hat es aber dazu geführt, dass Leute, die in der Vision weiter waren, es nicht verkraften konnten, wenn man irgendeinen Teil davon preisgibt, um das Projekt realisieren zu können. Das war immer ein schmerzlicher Prozess. Wenn man so intensiv miteinander arbeitet, entsteht eine ganz andere Art Verhältnis zueinander. Das ist keine Freundschaft. Ich kann gar nicht sagen, was genau es ist, aber es ist irgendwie ein Nahverhältnis, und mir hat das jedes Mal wehgetan, wenn dann jemand gesagt hat, dass er oder sie unter diesen Bedingungen im Projekt nicht mehr mitarbeiten will.« Glücklicherweise ist es aber auch immer wieder vorgekommen, dass Menschen zurückgekommen sind.

Für die Zukunft sieht Stegfellner eine große Herausforderung in der neuen Besetzung des Vorstands der Genossenschaft, die die Holding der Bank darstellt. Mit der ersten Vorstandsgeneration konnten Führungskräfte gewonnen werden, »die in ihrem Herzen und in ihrem Wollen diese Idee wirklich verkörpern. Das muss uns auch in Zukunft gelingen. Denn sobald du technokratische Joberfüller hast, die zwar der Meinung sind, dass das alles cool sei, was bei uns geschieht, aber letztlich doch nur den Managementsöldner geben, wird es wahrscheinlich schwierig werden.« Wichtig ist aber auch, dass diese Entscheidungsverantwortlichen wegen ihres Risikos der Haftbarkeit die Möglichkeit bekommen, eine kollektive Entscheidung nicht mitzutragen, sprich: ein Vetorecht haben. Allerdings eines, dass auf diejenigen Entscheidungen beschränkt ist, die die persönliche Haftbarkeit der Vorstände direkt berührt.

Der Weg der ersten österreichischen Bank für Gemeinwohl ist noch längst nicht zu Ende. Es gibt noch viel zu tun. Dabei ist keineswegs sicher, ob diese Geschichte ein Erfolg wird. Aber letzten Endes kann dieses Experiment nicht scheitern, wenn die Beteiligten nur offen genug für die vielfältigen Lernerfolge bleiben. Zunächst ist grundsätzlich fraglich, »ob es Banken in zwei Jahren in der Form noch gibt, wie wir sie heute kennen. Das wissen wir alle nicht. Darum wissen wir auch nicht, ob es eine neu gegründete Bank geben wird.« Aber Stegfellner – und hoffentlich auch die meisten anderen der Engagierten – gehen damit entspannt um. »Schließlich wurde im Projekt gelernt, wie zivilgesellschaftliche Initiativen gelingen können. Es gibt so viele Themen, wo wir uns selbst ermächtigen müssen, etwas zu lösen, wo wir aufhören müssen, in der Opfer- und Jammerrolle zu bleiben. Wenn ich das Projekt irgendwo vorstelle, dann bring ich dieses Lernen mit hinein und stelle klar, dass man das auf jedes andere Thema anwenden kann. Dass ist jetzt zufällig eine Bank, aber am Ende kann auch etwas ganz anderes das Ergebnis sein.«

Ende: Wagner & Co. Solartechnik GmbH

Von Mitbestimmung, Partizipation oder gar Unternehmensdemokratie ist auf der Homepage der heutigen Wagner Solar GmbH nichts mehr zu lesen. Dort finden sich nur die üblichen Plattitüden über Mitarbeiterorientierung, Wertschätzung und Toleranz: »Wir streben Arbeitsplatzsicherheit an, verbunden mit einer leistungsgerechten und den Lebensunterhalt sichernden Entlohnung. Wir achten darauf, dass Arbeit, Familie und Privatleben miteinander im Einklang stehen.« Und: »Wir gehen tolerant und wertschätzend miteinander um und schätzen die Vielfalt unserer Mitarbeiter/-innen mit ihren unterschiedlichen Fähigkeiten und Talenten.«[96] Es dürfte kaum jemand so irrsinnig sein, das Gegenteil öffentlich zu bekunden. Wie also kam es zu diesen Gemeinplätzen, zum Rückbau eines der demokratischen Vorzeigeunternehmen? Um dieser Frage nachzugehen, sprach ich mit einem der ehemaligen Geschäftsführer, Thomas Payer, und einem ehemaligen Mitarbeiter, Guido Kroll. Letzterer war es, der mich auf die Geschichte von Wagner aufmerksam machte. Während einer Barcamp-Session, die ich zum Thema Unternehmensdemokratie hielt, war er es, der es inmitten demokratiesehnsüchtiger Teilnehmer wagte, auch die dunklen Seiten der Unternehmensdemokratie aufzuzeigen.

Meilensteine

1979 wurde die Wagner & Co. Solartechnik GmbH von Marburger Studenten gegründet und war damit einer der Pioniere in der Solarbranche. Im Segment Solarwärme entwickelte sich das Unternehmen mit den Jahren sogar äußerst erfolgreich zu einem der führenden Produzenten in Europa. Stellvertretend für das Unternehmen wurde der Geschäftsführer Andreas Wagner noch 2011 von der Prüfungs- und Beratungsgesellschaft Ernst & Young zum Entrepreneur des Jahres gewählt. Spätestens 2012 wurden dann aber erhebliche Probleme sicht- und spürbar, die Verkaufszahlen gingen stark zurück. Warum eine Prüfungs- und Beratungsgesellschaft nur ein Jahr vorher noch voll des Lobes war, ist ein mittelprächtiges Rätsel. Gerade zwei Jahre später, am 22. April 2014, stellte das Unternehmen einen Insolvenzantrag. Der Firma drohte das Aus. Allerspätestens zu diesem Zeitpunkt waren Demokratie und Transparenz leere Worthülsen geworden. Nur einen Tag nach dem Insolvenzantrag wurde die Belegschaft in einer Betriebsversammlung über die aktuelle Situation in Kenntnis gesetzt.[97] Daraufhin wurden verschiedene Bemühungen unternommen, das drohende Fiasko doch noch abzuwenden. Unter anderem gründeten einige der Mitarbeiter zu diesem Zweck eine Genossenschaft mit dem Ziel, das Unternehmen zu übernehmen. Allerdings wurde nie ein Angebot abgegeben, da die Genossenschaft wirtschaftlich nicht erfolgversprechend gewesen wäre.

Parallel zu diesem genossenschaftlichen Versuch wurden internationale Investoren gesucht. In der niederländischen Sanderink Holding, einem ehemaligen Großkunden von Wagner, wurde man fündig. Das Unternehmen übernahm Wagner mit Wirkung zum 6. September 2014. Nach der erfolgten Übernahme wurde der Insolvenzverwalter zitiert: »Nur durch die Bereitschaft auf allen Seiten, Zugeständnisse zu machen, konnten wir nun diese Fortführungslösung realisieren und damit den Großteil der Arbeitsplätze an den Standorten Cölbe und Kirchhain erhalten.«[98] Eine schöne Formulierung für den Umstand, dass mit der Übernahme bei Wagner wieder die alte Regel von den Häuptlingen und Indianern gilt, denn Unternehmen sind keine demokratische Veranstaltung. Interessanterweise operiert die Holding ausgesprochen verdeckt. Transparenz? Weit gefehlt. Ich habe keine entsprechende Internetpräsenz gefunden, auf der man sich über das Unternehmen schnell und leicht informieren könnte.

Innenansichten vom Ende

Die Geschichte der Wagner-Unternehmensdemokratie lässt sich in drei Phasen einteilen: Am Anfang, in der Gründungszeit, herrschte Basisdemokratie. Das Unternehmen glich einer Graswurzelbewegung, in der jeder alles mitentscheiden konnte und durfte. Der ehemalige Geschäftsführer Thomas Payer merkte dazu an: »Damals bestand der Anspruch, dass alle alles können und auch alles entscheiden. Das war aus meiner Sicht die Reinform, das war basisdemokratisch. Das hat Wagner auch praktiziert.« Im Laufe der Zeit wurde diese Basisdemokratie in eine repräsentative Demokratie verwandelt. Die Führungskräfte wurden gewählt – von allen Mitarbeitern, ähnlich wie das heute die Haufe-umantis AG praktiziert. In der dritten Phase veränderte sich auch diese absolute Form einer repräsentativen Demokratie (alle dürfen wählen) in eine selektive repräsentative Demokratie: Wahlrecht hatten nur noch diejenigen Mitarbeiter, die über Anteile an der Firma auch Miteigentümer waren. Am Schluss wurde diese Form der repräsentativen Demokratie ad absurdum geführt. Zunächst wurde durch die Miteigentümer ein Aufsichtsrat gewählt. Der bestimmte einen Vorstand. »Und dieser Vorstand hatte dann meines Erachtens Rechte, die mit demokratischen Vorgehensweisen nicht mehr vereinbar sind,« erzählte Payer. Beispielsweise musste die Wahl der Führungskräfte durch den Vorstand abgesegnet werden, hatte also keine wirkliche Bedeutung. Sie hatte nur Gültigkeit, wenn sie dem Vorstand genehm war. Im Gegensatz zur sich verändernden EntscheidungsKultur, also den bewussten und unbewussten Regeln der Entscheidungsfindung, blieb eines als stabiles Element die meiste Zeit über erhalten: die flache Hierarchie aus den drei Ebenen Geschäftsführung, Abteilungsleiter und Mitarbeiter. Diese Struktur war bis zur Insolvenz gültig. So weit die Demokratiegeschichte von Wagner im Zeitraffer. Aber wie ist es zu diesem langsamen, schleichenden Rückbau der Demokratie gekommen?

Wie aus den bisherigen Fallbeispielen deutlich wurde, lebt eine Unternehmensdemokratie von der Belegschaft, also von *allen* Angestellten eines Unternehmens, von der Geschäftsführung bis zum Pförtner. Eine Demokratie getragen nur von den Führungskräften oder Mitarbeitern kann es nicht geben. Als die ersten neuen Mitarbeiter zu Wagner kamen, war dies noch kein Problem, wie Thomas Payer feststellt: »Es gab gerade in der Anfangsphase viele, die auf Wagner aufmerksam geworden sind als Arbeitgeber oder als Unternehmen, gerade *weil* wir versucht haben, uns anders zu organisieren als viele andere Unternehmen.« Die neuen Mitarbeiter hatten also von Anfang an ein großes Interesse an der demokratischen Verfassung und Kultur des Unternehmens. Das war, so lässt sich Payer verstehen, sogar der ausschlaggebende Grund nicht für alle, aber für viele Bewerber. Es ging ihnen nicht so sehr darum, was die Firma herstellte oder welche Dienstleistungen sie anbot. Stattdessen war die Unternehmensdemokratie das Hauptmotiv. Das ist der Idealfall intrinsischer Motivation bei neuen Mitarbeitern, um Eigenverantwortung zu übernehmen und sich demokratisch einzubringen. Sicherlich war es auch bei Wagner nicht so, dass alle Mitarbeiter diese Motivationslage vorweisen konnten, aber vermutlich viele oder die meisten. Damit gab es zu Beginn des Unternehmens nicht das Problem weitläufigen mangelnden Interesses an demokratischer Führung und Unternehmensgestaltung. Eines der Hauptargumente gegen die Demokratisierung – die Mitarbeiter wollen ja gar nicht – war zu dem Zeitpunkt nicht gegeben.

Aber wie genau wurden die nötigen Entscheidungen in dieser ersten Phase getroffen, in der alle mitentscheiden durften? »Die erste Stufe bestand immer im Versuch, einen Konsens zu finden. Wenn das nicht möglich war, lief es auf eine Mehrheitsentscheidung hinaus. Das lief in der Praxis wirklich so ab, dass nach der Abwägung der Argumente, die es für einen Sachverhalt gab, eine Abstimmung stattgefunden hat. Die wurde dokumentiert, und so wurde dann auch gehandelt.« Konsens und Mehrheitsentscheidungen wurden also auf dem üblichen Wege der Abstimmung erarbeitet: dafür, dagegen, Enthaltung. Es gab im Alltag weder alternative Entscheidungsverfahren, um einen Konsens oder eine Mehrheitsentscheidung zu erzielen, noch spezifische Instrumente, um gruppenpsychologische Probleme bei der Meinungsbildung auszuschalten. Payer merkt an: »Wir haben in einigen wenigen Fällen, die allerdings aus unserer Sicht weitreichend waren, auch komplexere Entscheidungsverfahren praktiziert. Beispiel hierfür sind regelmäßige Strategiewochenenden, die wir im Kreise der Gesellschafter durchgeführt haben, oder die Zurückverweisung strittiger Sachverhalte in Arbeitsgruppen, die später eine Art Schlichtungsfunktion übernommen haben. Auch die Arbeit mit Mediatoren war bei uns lange geübte Praxis.«

Aus meiner Sicht liegt hier eine methodische Schwäche vor, die eventuell schon sehr früh in der Geschichte des Unternehmens zu späteren Problemen geführt haben könnte. Denn neben der unternehmerischen *EntscheidungsKultur* spielt auch das operative *EntscheidungsDesign*, die Wahl und Kombination von Entscheidungsinstrumenten, eine erhebliche Rolle. Demokratie oder der Versuch einer Demokratisierung kann auch an handwerklichen Fehlern scheitern.[99] Derart simple Entscheidungsmethoden wie bei Wagner können nicht nur bei sensiblen und existenziellen Entscheidungen schnell eine Schieflage erzeugen. Das liegt an verschiedenen gruppenpsychologischen Effekten, die in Diskussionen und Entscheidungsprozessen zu vielfältigen Problemen führen können: »Bei der Informationskaskade trauen sich die Mitglieder einer Gruppe nicht, ihre Meinung zu sagen, weil sie die Information, die sie von den anderen erhalten haben, zu sehr respektieren. Bei der Reputationskaskade erlegen sie sich Stillschweigen auf, weil sie Sorge haben, innerhalb der Gruppe durch eine abweichende Meinung zum Außenseiter zu werden.«[100] Das nur in Kürze. Es können noch weitere Verzerrungseffekte entstehen, die die mögliche kollektive Intelligenz sabotieren.[101] Zumindest laut Thomas Payer und Guido Kroll wurde bei gemeinsamen Entscheidungsprozessen nicht darauf geachtet, derartige Effekte auszuschalten. Leider wurden diese möglichen Probleme nicht einmal in Erwägung gezogen. In der Anfangszeit wurden – so vermute ich – diese Fehler noch durch den Markt verziehen. Das Solargeschäft bot seinerzeit genügend Spielraum. Erst später veränderte sich die Situation erheblich und führte dann durch eine drastische Veränderung des Marktes zu einer Verkettung von Umständen, die zum Insolvenzantrag führten. Dazu später mehr.

Als sich in der zweiten Phase die politische Verfassung des Unternehmens von einer Basisdemokratie hin zu einer repräsentativen Demokratie wandelte, wurde eine grundlegende Art der Entscheidungsfindung eingeführt, die bis zum Ende der Unternehmensdemokratie gültig blieb, wie Payer erläuterte: »Unser Grundprinzip lag darin, und das hat sich auch bis zum Ende hin durchgezogen, dass wir zumindest versucht haben, Entscheidungen so dezentral wie möglich und so zentral wie nötig zu treffen. Das hat dazu geführt, dass viele Dinge auf Arbeitsbereichsebene entschieden worden sind, die möglicherweise in anderen Unternehmen an ganz anderen Stellen entschieden werden.

Die Zusammensetzung bei Projektteams war durch die ganze Mitarbeiterschaft durchmischt, da waren nicht nur Abteilungsleiter anwesend.« Es gab also eine klare EntscheidungsKultur mit einer expliziten, übergeordneten Regelung, wie Entscheidungen zu treffen sind.

Die Wahlen der Führungskräfte in dieser zweiten Phase fanden jährlich statt. Dabei bemerkte Thomas Payer etwas Interessantes: »Es ist im Laufe der Zeit bei diesen Wahlen zu erstaunlich wenig Veränderungen gekommen. Wenn eine Funktion mit einer bestimmten Person besetzt gewesen ist, hat es in den allermeisten Fällen über die gesamte Unternehmensgeschichte wenig Wettbewerb gegeben. Es gab wenige Personen, die gesagt haben, dass sie das machen wollen. Das hat es gegeben, aber es war erstaunlich selten. Also nicht so, wie wir das in unserer Gesellschaftsdemokratie kennen, wo richtige Wahlkämpfe stattfinden. Das waren eher Bestätigungen im Amt als große Wahlen.« Natürlich fragte ich nach, woran das gelegen haben könnte: »Es kann nicht *nur* daran gelegen haben, dass die Leute, die diese Funktion innehatten, auch wirklich gute Arbeit gemacht haben und alle anderen damit zufrieden gewesen wären. Da hat man auch andere Stimmen gehört. Es kann damit zusammenhängen, dass diese Funktionen im Unternehmen im Laufe der Zeit Spezialisierungen wurden. Das waren Funktionen wie der Finanzgeschäftsführer, Personalleiter oder Technikgeschäftsführer. Bei den Wählern könnte möglicherweise eine Sicht entstanden sein, dass es fachlich keine vernünftigen Alternativen gibt.« Das wäre eine plausible Erklärung dafür, warum es bei den Führungspositionen, mit denen die Mitarbeiter nicht zufrieden waren, zu keinen Veränderungen gekommen ist. Zu vermuten wäre, dass sich in der EntscheidungsKultur so etwas wie eine unausgesprochene Expertokratie ausgebreitet hatte. Egal, ob die Ergebnisse der Experten alle überzeugen. Sie sitzen an den Schaltstellen, weil sie die Experten sind, und erscheinen allen als nicht ersetzbar.

Besonders fatal war aber gar nicht dieser Umstand, sondern die Tatsache, dass aus dieser auffälligen Veränderungsresistenz trotz Thematisierung keine Konsequenzen gezogen wurden. Es gab keine Begrenzung der Amtszeit oder Ähnliches. Die Expertokratie, meinte Payer, »ist eine Spekulation von mir, wir haben da nie offen darüber geredet.« Das gilt es festzuhalten. Es wurden die immer gleichen Personen im Amt selbst dann bestätigt, wenn sich unter den Mitarbeitern Unzufriedenheit breitmachte. Es schien so etwas wie einen kollektiven blinden Fleck zu geben. Wenn die Qualität der demokratischen Führung offensichtliche Mängel aufweist, ist es doch höchst erstaunlich, dass dies zu keiner Auseinandersetzung führt. In einem streng hierarchischen Command-and-Control-Unternehmen wäre so etwas leicht nachvollziehbar. Aber in einem Unternehmen, das die Führungskräfte wählt?

Neben der Expertokratie könnte noch etwas anderes dafür ausschlaggebend gewesen sein: »Es gab Mitarbeiter, für die war Mitbestimmung ganz wichtig, ein primäres Ziel, und sie haben sich stark dafür engagiert. Andererseits gab es Mitarbeiter, für die das nicht so wichtig war. Die haben ihren Fokus mehr auf andere Aspekte der Unternehmenstätigkeit gelegt.« Seit der Gründerphase hatte sich in der Belegschaft etwas fundamental geändert: Das Interesse der Mitarbeiter an der Unternehmensdemokratie war nicht mehr die treibende Kraft. An dieser Stelle liegt ein weiteres offensichtliches Problem. Bei der Suche und Einstellung von Personal – so scheint es zumindest im Rückblick – wurde nicht genügend darauf geachtet, neben der fachlichen Qualifikation auch die kulturelle Passung zu berücksichtigen. Diese Annahme bestätigt zumindest Guido Kroll, der über seine Einstellung erzählte, dass in keiner Weise auf die kulturelle Passung geachtet wurde. Das entscheidende Kriterium war seine Fachkompetenz. Er sagte selbst von sich, dass er zu dem Zeitpunkt kein gesteigertes Interesse an demokratischer Mitbestimmung hatte. Wenn also an dieser Stelle nicht intelligent selektiert wird, untergraben die Neueinstellungen mit der Zeit die zentralen unternehmensdemokratischen Werte. Die DNA des Unternehmens beginnt zu mutieren.

In der dritten Phase, der selektiven repräsentativen Demokratie, kam ein weiteres Problem hinzu. Als das Unternehmen zunehmend größer wurde, mussten auch weitreichendere und kostspieligere Entscheidungen getroffen werden. Payer erklärte die daraus erwachsenden Konsequenzen: »Die Geschäftsführer haben immer mehr gespürt, dass sie eine juristische Verantwortung tragen, die sich von den anderen Mitarbeitern unterscheidet. Da habe ich mir die Frage gestellt, wie ich damit umgehe, wenn ich etwas verantworten muss, andere aber der Meinung sind, es sollte anders gemacht werden.« Wurden die Risiken für die Geschäftsführer im Hinblick auf Haftbarkeit und Insolvenzstrafbarkeit mit der Zeit größer? »Als das Unternehmen klein war, habe ich mir als Geschäftsführer die Frage gestellt, was eigentlich passiert, wenn es schiefgeht. Diese Frage konnte ich relativ lange so beantworten, dass die Beträge, für die ich hafte, irgendwie in diesem Leben noch zu verschmerzen sind. Das kriegt man noch auf die Reihe. Das ist aber irgendwann gekippt. Wenn ein Unternehmen größer wird, ein größeres Rad dreht, dann kommt irgendwann der Punkt, wo diese Frage neu gestellt werden muss. Wenn da etwas schiefgeht, unabhängig davon, dass man vielleicht mal eine Weile gesiebte Luft atmen muss, wie sieht das dann wirtschaftlich aus? Kommt man da hinterher noch auf die Füße?« Selbst wenn das Risiko objektiv nicht größer geworden sein sollte, »so rückte es auf jeden Fall stärker in den Fokus. Es wurde zumindest subjektiv anders wahrgenommen.«

Das ist insofern bemerkenswert, als die anderen Vorstände und Geschäftsführer aller anderen Unternehmen, die ich vorgestellt habe, in fast derselben Situation sind. Auch sie müssen sich im Fall der Fälle juristisch verantworten und ihren Kopf für Entscheidungen hinhalten, die mehr oder weniger demokratisch getroffen wurden. Da stellt sich die Frage, warum bei Wagner das Vertrauen in die demokratische Intelligenz der Belegschaft langsam schwand und warum die Meinungen bei Entscheidungen mit großer Tragweite so häufig auseinandergingen, dass das Risiko als Geschäftsführer subjektiv stärker in die Aufmerksamkeit rückte. Payer hat eine plausible Hypothese über einen relevanten Unterschied, der diese Entwicklung bei Wagner zwar nicht erklärt, aber die Dynamik etwas nachvollziehbarer macht: »Bei uns war es lange Zeit so, dass der Grundsatz ›gleicher Lohn für gleiche Arbeitszeit‹ galt. Der wurde später durch ein Lohnsystem ersetzt, bei dem die Spreizung zwischen niedrigster und höchster Lohnstufe in der Praxis ungefähr 1:2 betrug. Könnte es sein, dass in anderen Unternehmen dieses Haftungsrisiko anders vergütet wird?« Soviel ich weiß, ist diese Frage mit einem klaren »Ja« zu beantworten[102].

Der endgültige Niedergang begann mit den drastischen Veränderungen des Marktes: »Die wirtschaftliche Situation wurde schwieriger ab dem Jahr 2010. Damals brachen die Absatzmärkte ein. Pro Jahr in der Größenordnung von – je nach Segment – 40 bis 60 Prozent, getrieben durch die Gesetzgebung. Das war ein Punkt. Gleichzeitig begannen die chinesischen Wettbewerber stark zu dominieren. Dadurch gab es einen Preisverfall in der Größenordnung von 30 Prozent pro Jahr. Da kommt man mit seinen Deckungsbeiträgen in einem Unternehmen, selbst wenn man die gleiche Menge verkaufen würde, nicht mehr dahin, wo man vorher gewesen ist. Dann muss man massiv umstrukturieren. Und zwar wirklich massiv. Nicht nur ein bisschen. Wir hatten Ende 2010 ein Szenario mit Prämissen errechnet, wie sie dann 2012/2013 tatsächlich eingetreten sind. Und das hätte bedeutet, dass wir damals Ende 2010 von 400 Mitarbeitern 300 hätten entlassen müssen. Mal über den Daumen. Und das war aus meiner Sicht auch in der Unternehmensstruktur, wie wir sie hatten, selbst mit dieser aktiengesellschaftsähnlichen Struktur, nicht durchführbar.«

Das sind in der Tat dramatische Veränderungen des Umfelds. Unter diesem Druck zukunftsfähige Entscheidungen zu treffen ist selbst mit einer effektiven EntscheidungsKultur und einem intelligenten EntscheidungsDesign eine Herausforderung. Wenn es aber zusätzlich daran hapert, schwinden die Chancen auf Erfolg rapide. Aber es kam noch ein anderes Problem hinzu, merkte Payer an: »Mir kam es so vor, dass die Entscheidungen, die gefallen sind, während Wagner noch demokratische Strukturen hatte, langsamer gefallen sind als in der Phase der Krise. Da wurden Entscheidungen zügiger getroffen, aber immer noch zu spät, immer noch nicht schnell genug.« Das deckt sich auch mit der Wahrnehmung von Guido Kroll aus Mitarbeiterperspektive. Aus meiner Sicht liegt das Problem zu langer Entscheidungszeiträume aber keineswegs am Wesen der Unternehmensdemokratie, sondern an einer Verkettung von Problemen, die nicht einmal näherungsweise unlösbar waren:

1. Kein professionelles EntscheidungsDesign.
2. Keine oder nur unzureichende Reflexion der EntscheidungsKultur.
3. Kein angemessenes System einer Personalauswahl und -einstellung.
4. Keine ausreichende Auseinandersetzung mit der Belegschaft zur Krise.
5. Der bereits vollzogene Rückbau der Unternehmensdemokratie.

Thomas Payer sieht das etwas anders. Für ihn liegt die Hauptursache der Insolvenz »nach wie vor an der Entwicklung unserer Absatzmärkte. Ich bin wirklich nicht sicher, ob die Insolvenz mit einer demokratischen Struktur ohne diese genannten Schwächen hätte vermieden werden können.« Meiner Auffassung nach wäre dies sehr wohl denkbar. Es gab bekanntermaßen Unternehmen, die in noch dramatischeren Situationen den Turnaround gerade erst *durch* demokratische Prozesse geschafft haben. Das bekannteste Beispiel ist Semco in der Zeit der brasilianischen Wirtschaftskrise mit einer damals auf viele andere Unternehmen fatal wirkenden Inflationsquote. Ebenso beeindruckend löste der venezolanische Dachgenossenschaftsverband Cecosesola immer wieder Krisen, bei denen sogar Waffen gegen die Genossen eingesetzt wurden.[103] Kurzum: Die Situation aus Markteinbruch, gleichzeitigem Konkurrenzdruck und Preisverfall ist definitiv herausfordernd. Aber es geht auch noch deutlich schlimmer. Und selbst dann konnten demokratisch organisierte Unternehmen erfolgreich Krisen meistern.

Nachdem also die oben aufgeführte fatale Mischung ihre destruktive Wirkung voll entfaltete, kam es im April 2014 zum erwähnten Insolvenzantrag. Mit der Übernahme durch die Sanderink Holding wurde

die zu diesem Zeitpunkt ohnehin schon längst in Auflösung befind-
liche Unternehmensdemokratie völlig abgeschafft.

Als ich am Ende des Gesprächs Thomas Payer fragte, was er anderen
raten würde, die eine Unternehmensdemokratie entwickeln wollen,
antwortete er zuerst: »Was man am Anfang tun sollte, ist, zu gucken,
ob es in dem Unternehmen, in dem man sich befindet, einen Nährbo-
den für das Bewusstsein gibt, dass die Menschen auch wirklich demokratisch arbeiten wollen.«

Und ergänzte später: »Ich denke mir immer, man sollte es wollen.
Man muss in einem Umfeld sein, das wirtschaftlich tragfähig ist.
Wenn das so ist, dann geht es. Und wenn man sich gut organisiert,
dann ist es nach meiner Erfahrung so, dass ein demokratisches Unternehmen gegenüber einem hierarchisch oder konventionell geführten
Unternehmen zumindest keine Nachteile haben muss.« Offensichtlich sieht Payer also in der demokratischen Verfassung eines Unternehmens an sich nicht das Problem. Das machte er auch mit seinem
letzten Satz im Gespräch deutlich: »Wenn ich eine geeignete Idee
hätte, würde ich es wieder probieren.«

Quer durch den Garten

Drei Unternehmen und ein Genossenschaftsdachverband

Vorspiel

Über die bis hier vorgestellten Unternehmen hinaus gibt es natürlich noch weitere Fälle erfolgreicher Unternehmensdemokratie. In diesem Kapitel finden Sie vier Unternehmen, jeweils kürzer beschrieben. Für diese Beispiele habe ich nicht extra mit Vorstandsvorsitzenden, Aufsichtsräten, Geschäftsführerinnen oder Betriebsräten gesprochen. Sie sind nichtsdestotrotz inspirierende Beispiele, welche Wege Unternehmensdemokraten gehen können, um unter anderem dem menschlichen Bedürfnis nach Selbstbestimmung und Kontrolle über das eigene Umfeld nachzukommen – und auf diese Weise die demokratischen Werte unserer Gesellschaft auch bei der Arbeit zu verwirklichen.

allsafe Jungfalk GmbH & Co. KG

Wieder eines mehr! Ein Unternehmen, in dem sinnvoll und menschlich gewirtschaftet, in dem eine funktionierende Form von Unternehmensdemokratie praktiziert wird. Auch Detlef Lohmann, der Geschäftsführer von allsafe Jungfalk GmbH & Co. KG wurde in einem Artikel des Online-Magazins *changeX* unter dem Titel »Expertise statt Hierarchie« vorgestellt.[104] So bin ich auf Lohmanns Buch *Und mittags geh ich heim* ... gestoßen. Lohmann und sein Unternehmen zeigen, dass es mit rund 130 Mitarbeitern bei der Herstellung von Ladegutsicherungen und Transportsystemen möglich ist, anders vorzugehen als gemeinhin angenommen. Die Grundlage dazu sieht Lohmann im Menschenbild.

Detlef Lohmann arbeitete 15 Jahre in der Automobilzulieferer-Branche, bevor er allsafe Jungfalk übernahm. Nach einer mehrjährigen

Reise durch diverse Umstrukturierungen unter seiner Führung wurde das Unternehmen zu dem, was es heute ist. Mittlerweile beginnt Lohmann seinen Arbeitstag damit, die Post auszuteilen, eine »Aufgabe«, die ihm auch als Einstieg für sein Buch nützlich war. Ein schöner Auftakt, der zugleich die dienende Rolle des (Top-)Managements klarstellt – und die Vorteile, die daraus erwachsen: Seine Mitarbeiter können ihn konsultieren, und er erfährt schnell und oft ganz nebenbei, »wo der Schuh drückt«, und bleibt so auf dem neuesten Stand. Ein sympathisches, originelles Vorgehen, anscheinend ohne die geringsten Berührungsängste und ohne unnötigen Hochmut. Dennoch stellt sich die Frage, wie und warum der Geschäftsführer zum Postboten geworden ist. Und damit kommen wieder die schon länger bekannten Argumente auf den Tisch:

Erstens hat sich die Wirtschaftswelt massiv geändert, sie ist komplexer und dynamischer zugleich als je zuvor. Das Umfeld der Unternehmen ändert sich schneller als bisher, und notwendige Anpassungen schreien nach Flexibilität und ständigem Wandel. Dieser Forderung werden Unternehmen zweitens besser gerecht, wenn sie sich selbst organisieren, Führungskräfte und Mitarbeiter auch weitreichende Entscheidungen treffen können. Drittens ist der erwünschte Nebeneffekt eine höhere intrinsische Motivation, denn Menschen wollen mitgestalten und Verantwortung übernehmen. Womit wir beim Menschenbild sind. Lohmann vertraut seiner Mannschaft und geht mit gutem Beispiel voran, ganz im Gegensatz zum Topmanagement formal-hierarchischer Unternehmen. Die wälzen sich offensichtlich regelrecht in Misstrauen, um dann ein Argument in der Hand zu haben, warum man die Belegschaft anweisen und kontrollieren muss, was natürlich – viertens – zu höheren Kosten führt. Klassische Unternehmensstrukturen und -kulturen haben aber noch einen weiteren erheblichen Nachteil, auf den Lohmann hinweist: Sie sind, fünftens, von der Fähigkeit einer oder weniger Personen an der Spitze abhängig – was so mancher Unternehmensfall im doppelten Sinne eindrücklich illustriert.

Alles, was Lohmann anders macht als die Mehrzahl der anderen Unternehmen, erinnert sehr an das Vorgehen, das Ricardo Semler schon Jahre zuvor mit Semco erarbeitet und noch konsequenter umgesetzt hat.[105] Anstelle klassischer Entscheidungsstrukturen ist eine weitreichende Selbstorganisation eingeführt, Unternehmensdaten sind transparent und stehen allen zur Verfügung, Stellenbeschreibungen und Titel existieren nur zu Zwecken einer praktikableren Außenkommunikation und können durch die Mitarbeiter frei angepasst werden – so wie es eben die Kommunikation mit Kunden und Partnern erfordert. Lohmann selbst verfügt über verschiedene Visitenkarten mit Titeln wie Geschäftsführer, CEO oder Inhaber. Genau wie Thomas Hinderberger, der Vorstandsvorsitzende der Volksbank Heilbronn, sieht Lohmann eine wichtige Herausforderung für sich darin, Entscheidungen immer zurückzudelegieren und sich möglichst aus dem operativen Geschäft rauszuhalten. Selbst dann, wenn er anders entscheiden würde. Und da Entscheidungen früher oder später zu Fehlern führen, bedarf es folgerichtig einer positiven Fehlerkultur, denn nur wer Fehler macht, lernt und wächst. Letztlich hat der Geschäftsführer mehr Zeit zur Verfügung, denn er hat weniger zu entscheiden. Also geht Lohmann mittags heim und widmet sich anderen für ihn wichtigen Aufgaben. Auch darin ähnelt er Ricardo Semler, der längst keine 70 oder 100 Wochenstunden mehr im Unternehmen schuftet.

Damit sind wir wieder bei der Frage: Wofür braucht es eigentlich noch einen Chef, wenn doch alle selber erfolgreich entscheiden dürfen und können? Lohmanns Antwort fällt etwas anders aus als die von CEO Marc Stoffel von der Haufe-umantis AG. Er sieht sich in der Verantwortung für das Risikomanagement und die Zukunftsausrichtung. Da allerdings wird es, im Gegensatz zu Stoffels Antwort, ein wenig fragwürdig. Warum sollte sich niemand außer den Chefs über die grundsätzliche strategische Ausrichtung Gedanken machen können und dürfen? Weil es eben doch noch die Königsdisziplin des Managements ist? Die Antwort darauf bleibt Lohmann schuldig. Es klingt auf die Schnelle betrachtet irgendwie schlüssig, lässt aber doch ein wenig Erstaunen zurück. Wenn ich die Belegschaft für grundsätzlich intelligent und kompetent halte, sollte ich auch davon ausgehen, dass diese wichtigen Themen früher oder später auf der Agenda auftauchen. Und vor allem: Gerade die Zukunftsausrichtung ist eine der wichtigsten und komplexesten Aufgaben. Wieso sollte ausgerechnet die von einem alleine erarbeitet werden? Zumal Lohmann selbst den Wert verschiedener Perspektiven sieht. In der Haufe-umantis AG war die gemeinsame Strategieentwicklung einer der wichtigen Schritte hin zur heutigen Unternehmensdemokratie. Der ehemalige Mitgründer, Mitinhaber und heutige Verwaltungsratsvorsitzende Hermann Arnold ist sich mit Marc Stoffel darin einig, dass es nicht nur gut möglich ist, die Strategie gemeinsam zu entwickeln, sondern dass es besser ist. Denn warum sollten die Mitarbeiter, die ansonsten zur Verantwortungsübernahme eingeladen und aufgefordert werden, nicht mehr mitverantwortlich sein, wenn es um die strategische Weichenstellung geht? Schließlich wird dort der Rahmen festgelegt, innerhalb dessen das tägliche operative Geschäft abzuarbeiten ist. Abgesehen von dieser leichten Irritation aber sind allsafe Jungfalk und der Geschäftsführer Detlef Lohmann eine ermutigende Geschichte.

Cecosesola

Irgendwo habe ich über Cecosesola gelesen und bin aufmerksam geworden auf das 165 Seiten starke Buch *Auf dem Weg*, erschienen in Die Buchmacherei, einem kleinen Berliner Verlag. Es wird Zeit, dass dieses Buch und damit Cecosesola mehr Aufmerksamkeit bekommt. Viel mehr. Denn was ich in dem Buch las, faszinierte, überraschte und begeisterte mich. Nein, das stimmt nicht ganz. Es war noch mehr. Mich beschlich das Gefühl, dass sich seit Ende 1967 im venezolanischen Bundesstaat Lara etwas Großes entwickelt hat. Ein lebendiges Experiment, das inspirieren kann, weil es kein Modell ist und keinerlei Rezeptur zur Verfügung stellt. Vielleicht ist dies der Beginn einer Ent-

wicklung, die eines Tages über alle Kontinente in viele Länder hinein-
reicht – und unser aller Leben verändert. Wer weiß.

Das Besondere des Dachverbands zeigt sich auch in der Autorschaft:
Cecosesola. Es gibt keine einzelnen Autoren, sondern nur das gemein-
same Werk. Cecosesola ist ein Akronym – »Central Cooperativa de
Services Soziales del Estado Lara« –, hinter dem der Dachverband der
Kooperativen für soziale Dienstleistungen im Bundesland Lara steht.
Heute betreibt Cecosesola drei Wochenmärkte in Laras Hauptstadt
Barquisimeto, die eine Million Einwohner umfasst. Auf diesen Märkten
kaufen jede Woche rund 55 000 Familien ein, was in etwa einem Vier-
tel der Stadtbevölkerung entspricht. Pro Woche werden dort 450 Ton-
nen Obst und Gemüse verkauft zu Preisen, die etwa 30 Prozent unter
denen privatwirtschaftlicher Märkte liegen. Außerdem bietet Cecosesola seit einigen Jahren eine eigene selbstorganisierte Gesundheitsver-
sorgung an. In dem von Cecosesola errichteten Krankenhaus werden
jährlich rund 190 000 (!) Behandlungen durchgeführt. Hier liegen die
Preise 60 Prozent unter denen von privaten Anbietern. Für Mitglieder
der Kooperativen sind manche Behandlungen sogar kostenlos. Und weil
Cecosesolas Frauen und Männer gemeinsam so viele neue Ideen entwickeln, gibt es mittlerweile (wieder) Transportbetriebe, eine Spar-
kasse und Finanzierungs- und Solidaritätsfonds. »2010 betrug der
Umsatz all dieser Unternehmen 100 Millionen (US-)Dollar«[106], er-
wirtschaftet von rund 20 000 Mitgliedern. Wir reden also nicht von
irgendeiner kleinen postsozialistischen Klitsche.

Wer jetzt denkt, dass dies mit Subventionen eines Staates, der bekanntermaßen Kooperativen mehr oder weniger fördert, keine große
Leistung sei, liegt vollends daneben. Die Mitglieder von Cecosesola
mussten vielmehr über Jahrzehnte gegen teils widrigste Bedingungen
kämpfen, wurden durch den Staat permanent torpediert. Die Geschichte ist eine fast ein halbes Jahrhundert während Tour de Force.
Ich kam aus dem Staunen nicht mehr heraus, mit welcher Ausdauer
die Cooperativistas an ihren sich ständig ändernden Geschäftsmodellen drangeblieben sind; wie sie ebenso mutig wie intelligent nicht nur

gegen äußere Widerstände antraten, sondern auch innere, teils gezielte Zersetzungsprozesse transformierten. Und das alles in einem Land, in dem nicht nur nach unseren Maßstäben die Arbeitskultur und -moral lausig ist, sondern auch noch Verbrechen und Gewalt an der Tagesordnung sind.[107]

1967 gründeten zehn Kooperativen den Dachverband Cecosesola, um den Cooperativistas einen Beerdigungsservice anbieten zu können, den die einzelnen Kooperativen aus rechtlichen Gründen nicht leisten konnten. Die ersten Jahre dümpelte die neue Organisation eher so dahin, und nach sechs bis sieben Jahren hatten sich längst formal fixierte Hierarchien gebildet, die vor allem der Selbstbereicherung und Vorteilsnahme dienten. 1974 zeigte sich, dass der damalige Geschäftsführer systematisch Geld veruntreute. Das war der Auslöser, der letztlich zum heutigen Stand führte. Denn nun wurde erst der Geschäftsführer entlassen, die Geschäftsführung durch Cooperativistas übernommen und der fixe Versammlungsraum der Geschäftsführung aufgelöst.

Statt an einem festen Ort wurden die Versammlungen fortan mal hier, mal dort durchgeführt. Die wichtigste Neuerung war jedoch, dass nach der außerordentlichen Versammlung infolge der Veruntreuung alle folgenden regelmäßigen Treffen auf regionaler Ebene zusammen mit den Mitgliedern und Beschäftigten abgehalten wurden. Und dort geschah – ohne dass zu dem Zeitpunkt jemand auch nur ahnen konnte, wie weitreichend sie wirken sollte – die zentrale Veränderung: In den Treffen wurden *persönliche Verhaltensweisen* regelmäßig kommuniziert und analysiert. Heute machen diese Treffen in unterschiedlichen Formen den Wesenskern von Cecosesola aus. Sie stehen heute allen Mitgliedern offen.

Als die Busunternehmen des Landes 1975 den Fahrpreis auf einen Schlag um 100 Prozent erhöhten und die vielen kleinen und auch größeren Proteste nichts bewirkten, entstand unter den Cooperativistas die Idee, selbst eine Transportkooperative zu gründen. Also reichten sie im November desselben Jahres einen Kreditantrag bei der staatlichen Finanzierungsstelle für Kooperativen ein. Ziel war die Anschaffung von 235 Bussen, inklusive der nötigen Ersatzteile, Werkzeuge, Betriebsstätten. Bewilligt wurde ein Kredit, der für 92 Busse reichte. Was dann kam, war nicht nur logistische Planung, es ging vor allem darum zu klären, wie sich das Busunternehmen und Cecosesola selbst angesichts wachsenden Personals organisieren konnten. Den Cooperativistas stellte sich eine unvermeidliche Frage, die über alle Ländergrenzen hinweg den Kern unternehmerischer Demokratisierung berührt: »Was füllt die Lücke, die in unserer Kultur entsteht, wenn es keine Hierarchie mehr gibt?«[108] Da die neuen Mitarbeiter der Transportkooperative nur die Arbeit unter einem Chef kannten, kamen sie fast zwangsläufig auch mit der Hierarchielosigkeit nicht klar, und es kam, wie es kommen musste: Sie übernahmen in vielen Fällen keine Verantwortung und taten nur das, wozu sie Lust hatten. Schließlich waren sie ja nun ihr eigener Chef.

In den folgenden Jahren gab es eine überaus bewegte Zeit, in der die Transportkooperative durch andere Transportunternehmen und staatliche Stellen unter Beschuss kam. Die Mitarbeiter von Cecosesola übten sich immer wieder in mehr oder weniger erfolgreichen Protestaktionen, mit denen sie versuchten, die Bevölkerung für sich zu gewinnen. Allerdings war dies in Summe nicht erfolgreich. Busse wurden beschlagnahmt, und selbst auf richterliche Beschlüsse, die Fahrzeuge zurückzugeben, folgten nur desaströse Momente, in denen festgestellt wurde, dass die Busse ausgeschlachtet oder zerstört worden waren. Irgendwann in diesem Kampf entstand die Idee, die zu den heutigen Wochenmärkten als tragendem Element führten: In einem ersten Bus wurden Sitze herausgelöst, verkauft und dafür Gemüse und Obst eingekauft und mit dem nun leeren Bus in Gemeinden gefahren, wo die ersten mobilen Märkte eröffnet wurden.

Unabhängig von den verschiedenen Geschäftsmodellen und Dienstleistungen lässt sich heute im Rückblick festhalten, dass die Entwicklung der Kommunikations- und Entscheidungsstrukturen den Wesenskern der heute noch fortlaufenden Transformation einerseits und des heutigen Zusammenarbeitens andererseits ausmachen. Diese Entwicklung ergab sich ungeplant in drei Schritten:

Erstens fing alles damit an, dass sich die Beteiligten »strikt an das gesetzlich festgelegte Vorgehen [hielten]: Eine Versammlung pro Jahr und eine Geschäftsführung, an denen Vertreter der beteiligten Kooperativen beteiligt waren, ohne jegliche Beteiligung der Arbeiter. ... Die Entscheidungen wurden per Abstimmung gefällt. Sie waren gültig und endgültig.«[109]

Im zweiten Schritt entwickelten sich über die Jahre erste formale Veränderungen in der Beteiligung, indem Versammlungen und Leitungen auf Abteilungsebene eingeführt und eine Beteiligung von Vertretern der Arbeiter zugelassen wurde. Die hierarchische Struktur blieb davon jedoch unberührt. Die Generalversammlung war weiterhin die höchste Autorität.

Erst danach wurden– drittens – die formalen Prozesse, die eine offene und direkte Beteiligung einschränkten, schrittweise abgeschafft. Die Treffen dienten im Laufe der Zeit nicht mehr in erster Linie einer Entscheidungsfindung. Stattdessen wurde der Informationsaustausch wichtiger und vor allem die gemeinsame Reflexion der täglichen Arbeit, individuellen Verhaltens und vor allem auch der täglichen Beziehungen zwischen den Mitgliedern.

Die Kommunikations- und Entscheidungsstrukturen spiegelten sich 2011 in insgesamt rund 3000 Treffen aller Kooperativen und Projekte pro Woche wider, begleitet von 300 übergreifenden Versammlungen. Es gibt verschiedene Bereichstreffen: wöchentliche kollektive Koordinierungen, 14-tätig stattfindende Analysetreffen und Treffen im Gesundheitsbereich, monatliche Treffen der Produzenten und Dienstleister. Treffen zwischen Produzenten und den Märkten erfolgen auf Bedarf. Darüber hinaus gibt es Treffen zum Hilfsfonds alle zwei Monate und Bildungsveranstaltungen sowie die alle drei Monate stattfindende Generalversammlung. Von elementarer Bedeutung ist dabei, dass diese Struktur nicht zementiert wurde. Sie ist vielmehr »ein fließender und flexibler Prozess, in dem neue Treffen einberufen werden, sobald eine Aktivität oder neue Bedürfnisse danach verlangen, und andere verschwinden, weil sie nicht mehr gebraucht werden.«[110] Mittlerweile geht es darum, »von Vertrauen getragene Bindungen aufzubauen und zu gemeinsamen globalen Ansichten zu kommen, also um die eigene Veränderung«.[111] Heute können Entscheidungen auch von nicht repräsentativen Gruppen oder sogar Einzelpersonen gefällt werden, solange sie nur dem je aktuellen Geist des Dachverbandes entsprechen. Sollte jemand, der nicht dabei war, Einwände haben, können diese Entscheidungen sogar im Nachhinein wieder aufgerollt werden.[112] Der »je aktuelle Geist« seinerseits ist natürlich nicht in Stein gemeißelt, sondern einem fortwährenden Entwicklungs- und Veränderungsprozess unterworfen. Das geht so weit, dass sogar Einzelpersonen neue, kollektiv gültige Konsenskriterien aufstellen können. Cecosesola ist hochgradig adaptiv. Verändern sich relevante Parameter in der Innen- oder Außenwelt, passt sich der Dachverband an.

Auf diesem Weg wurde den Cooperativistas auch klar, dass die eigenen kulturellen Wurzeln ein maßgeblicher Aspekt der täglichen Arbeit und ihres Gelingens oder Scheiterns sind. Sie arbeiteten die eigenen kulturellen Wurzeln heraus, auch und gerade im Gegensatz zu westlichen Kulturmustern und Verhaltensweisen. In einem wahrhaft systemtheoretischen Umfang durchdrang Cecosesola die Zusammenhänge kultureller und individueller Aspekte, von Arbeit und (persönlichen) Beziehung(en) sowie organisationaler und persönlicher Veränderung. Da scheint es nur konsequent, dass die Autoren eindeutige Bezüge zum komplexen Selbstorganisations- und Autopoiesekonzept von Humberto Maturana[113] herstellen.

Auf dem Weg gibt es nicht immer klare Meilensteine oder Bezugspunkte. Es gibt vielmehr eine Menge Unsicherheiten, die den Mut erfordern, sich diesem Nichtwissen zu stellen. Bislang wurde dieser Mut belohnt. Wohin die Reise führt, ist ungewiss.

CPP Studios GmbH

Er ist einer, der sich was traut. Einer, der Mut hat. Und kein Blatt vor den Mund nimmt. Gernot Pflüger, Inhaber und Geschäftsführer der CPP Studios Event GmbH, hat 2009 die Erfolgsgeschichte seines Unternehmens mit einer frisch-frechen Schreibe veröffentlicht. Seitdem gibt es neben den üblichen internationalen Fallbeispielen radikaler Managementinnovationen wie Semco oder Svenska Handelsbanken endlich ein deutsches Unternehmen mehr, in dem Unternehmensdemokratie ähnlich konsequent umgesetzt wird.

Gernot Pflüger beginnt seinen Bericht über sein Unternehmen, indem er erzählt, wie er zum Inhaber und Geschäftsführer wurde. Am Anfang standen seine leidvollen, »hässlichen« Erfahrungen als Angestellter, der wohl eher ein Abgestellter war aufgrund des Verbots, eigenständig zu denken und zu handeln. Es waren diese Erfahrungen als Mitarbeiter in dem Unternehmen, dessen Inhaber und Geschäftsführer er später wurde, die ihn auf die Idee zu einer erfolgreichen Unternehmensdemokratie brachten. Vielleicht wäre es für manchen Topmanager ratsam, ab und an mal das eigene Büro zu verlassen, um zu sehen und zu erleben, was die Arbeit der Mitarbeiter ausmacht. Ein Vorgehen, das sich systematisiert bei dem Outdoorhersteller Patagonia findet, über den ich weiter unten noch berichte, und das der Geschäftsführer Detlef Lohmann bereits als interner Postbote täglich umsetzt.

Die zwei wichtigsten Faktoren für hohe Produktivität und gute Atmosphäre in den CPP Studios bestehen in dem Verzicht auf eine »statische und institutionelle Hierarchie«[114] und einem Einheitsgehalt. Der Spaß hört bekanntlich beim Lohn auf – da gibt es zahllose pseudointelligente oder gar wissenschaftlich fundierte Gehaltssysteme, tarifliche und außertarifliche Gehälter und so weiter und so fort. Am Ende des Tages bleibt trotzdem immer wieder viel Unzufriedenheit und das Gefühl, nicht gerecht bezahlt zu werden. Ich selbst habe dies bei einem großen deutschen Konzern erlebt, für den ich fünf Jahre lang als

Trainer und Coach tätig war. Für insgesamt Hunderte von Mitarbeitern, die ich während meiner Seminare erlebte, waren in den Pausen die unterschiedlichen Gehälter und die sich darum rankenden Geheimnisse das durchgängige Thema. Lassen Sie das einmal auf sich wirken: Den meisten Teilnehmern war es am wichtigsten, in der arbeitsfreien Zeit über Geld und dessen gerechte oder ungerechte Verteilung zu diskutieren! Kein Wunder also, dass in solchen Unternehmen die Gehaltspolitik Gegenstand von Treppenhausgeflüster ist, das von der eigentlichen Arbeit abhält. Pflüger ist einer der ganz wenigen, die klarstellen, dass Leistungsmessung ein Problem ist, das niemals sauber gelöst werden kann. Obendrein führt das fortwährende Schielen auf fixe und variable Gehaltsanteile zu einer Entfremdung von der eigentlichen Arbeit. Dazu ist es gar nicht nötig, die irrwitzigen Boni der Finanzbranche erneut zu schelten.

Genauso konsequent wie bei der Gestaltung des Gehalts geht Pflüger bei der formalen Hierarchie vor: Es gibt nur noch zwei Stufen, die aber im Grunde letztlich doch nur eine sind: die Geschäftsführung und alle anderen Mitarbeiter. Innerhalb dieser hierarchischen Struktur gibt es drei Arten von Entscheidungen: einfache, recht banale Fragen, die keinen großen Einfluss aufs Geschäft haben, solche, die das gesamte Arbeitsumfeld nachhaltig verändern können, und schließlich die für das Unternehmen existenziellen Entscheidungen. Die Abstufung der demokratischen Entscheidungen läuft von einfacher Mehrheit über eine überwiegende Mehrheit bis hin zu einer Quasi-Einstimmigkeit. Spannend ist, dass erstens selbst existenzielle Entscheidungen bislang immer zügig getroffen wurden, womit das Schreckgespenst der Entscheidungslähmung verscheucht wäre. Zweitens berichtet Pflüger von einem Fall, in dem er persönlich durch die Entscheidung der Mehrheit äußerst betroffen war, weil er selbst anders entschieden hätte. Aber er hat die gemeinsame Entscheidungs-Kultur akzeptiert, obwohl es ihm sehr schwerfiel. Das ist natürlich die Voraussetzung für das Funktionieren eines solchen Vorgehens.

Entscheidungsstruktur bei der CPP Studios GmbH

Entscheidungen ohne große Auswirkung	Einfache Mehrheit
Entscheidungen, die nachhaltig das Arbeitsumfeld beeinflussen können	Überwiegende Mehrheit
Entscheidungen, welche die Existenz des Unternehmens betreffen	Quasi-Einstimmigkeit

Diese bereits weitreichende demokratische EntscheidungsKultur wird noch durch eine Besonderheit ergänzt, die Pflüger in seinem Buch mit »Trommelwirbel und Bassgeigen« ankündigt: das Vetorecht. Sobald es um wichtige Entscheidungen geht, dürfen *alle* Mitarbeiter ein Veto einlegen. Pflüger reflektiert natürlich sofort das damit verbundene mögliche Risiko und kommt zu dem Ergebnis, dass es viel mehr theoretischer Natur als in der Praxis vorhanden ist. Denn nach seiner nunmehr rund 25-jährigen Erfahrung bei CPP »gehen Menschen mit einem solchen Vetorecht viel sorgfältiger und bewusster um«[115], als man ihnen mit dem üblichen negativen betriebswirtschaftlichen Menschenbild unterstellt.

Diese radikal demokratische EntscheidungsKultur basiert auf der Einsicht, dass institutionalisierte und formalisierte Macht aushärtet wie Beton und dann nur noch – so Pflügers Metapher – mit einem Presslufthammer verändert werden kann. Außerdem haben die formale Hierarchie und die damit verbundene Macht negative psychologische Auswirkungen, die ein hoher Preis für dieses Konzept sind. Es gibt erstens keine ehrlichen Rückmeldungen mehr, und zweitens wird die Wahrnehmung der Ermächtigten dahin gehend verändert, dass sie durch ihre planerische Verantwortung die Mitarbeiter immer öfter »als Werkzeuge oder Ressourcen (sehen), nicht als Menschen mit all ihren komplexen Befindlichkeiten und Potenzialen«.[116]

Über diese beiden Faktoren hinaus gibt es noch einige andere Aspekte, die die CPP Studios zu einem demokratischen Unternehmen machen: völlige Kassentransparenz, die nötig ist, um überhaupt gemeinsam unternehmensrelevante Entscheidungen treffen zu können; Anfängergeist (ein Praktikant darf Bestehendes hinterfragen), um dem

Scheuklappenblick der Expertokratie zu entrinnen; Fehlerfreundlichkeit, um einen intelligenten Umgang mit Fehlern zu ermöglichen, die natürlich passieren, wenn alle kräftig mitentscheiden; freie Arbeitszeitregelung, um den Angestellten ein möglichst stressfreies Leben zu ermöglichen; und letztlich die Erlaubnis, während der Arbeitszeit auch seinen Privatangelegenheiten nachzugehen! Man könnte es auch ein Rundum-sorglos-Paket nennen.

Patagonia

Yvon Chouinard ist der Gründer und Inhaber des Outdoorherstellers Patagonia. Er wollte eigentlich nie Unternehmer werden, hatte nicht einmal Respekt für diese Spezies Mensch, da er reichlich viel Übel mit ihnen verband. Das sind natürlich sehr gute Vorbedingungen, um sich nicht an die üblichen unternehmerischen Glaubenssätze zu halten, sondern stattdessen Neues auszuprobieren. Daran hält sich Chouinard bis heute.

Nicht umsonst nimmt er sich die Zeit und den Raum, die Entstehung und die Hintergründe seines Vorzeigeunternehmens in seinem Buch ausführlich zu präsentieren. Es ist auch die Liebe zur Natur, zum Draußensein, zum Klettern und Surfen, die das Unternehmen zu dem macht, was es heute ist. Es wird deutlich, dass ein Hochleistungsunternehmen, in dem erfolgreiche Arbeit vor allem Spaß macht, nur dann funktionieren kann, wenn die gesamte Belegschaft sowohl mit der eigenen Aufgabe als auch mit den eigenen Produkten sinngekoppelt ist.

Chouinard hat ein weitreichendes Verständnis von »Nachhaltigkeit«, dem Fast-Unwort des Jahrzehnts. Er versteht Nachhaltigkeit immer ökologisch *und* sozial, er verharrt nicht in der Verkürzung des Begriffs auf die Verwendung von grünem Strom. Ökosoziale Nachhaltigkeit wird im Innen- und Außenverhältnis des Unternehmens angestrebt. Auf ökologischer Ebene heißt das bei Patagonia:

- Produkte werden zunehmend nachhaltig produziert, indem beispielsweise fast nur noch Bio-Baumwolle verwendet wird und Hardshell-Jacken aus recycelten PET-Flaschen hergestellt werden.
- Logistikketten werden kritisch unter der Maßgabe möglichst geringer Emissionen reflektiert und neu aufgestellt. Ziel ist eine möglichst lokale Produktion.
- Cradle to Cradle: Produkte werden am Ende ihres Lebenszyklus zurückgenommen und wiederverwertet.

Im Gegensatz zu den meisten anderen unternehmerischen Nachhaltigkeitskonzepten werden Mitarbeiter als Ganzes wahrgenommen und respektiert. Sie dürfen ihre Zeit selber einteilen und sind eingeladen, selbständig kritisch zu denken und auch bei wichtigen Entscheidungen demokratisch mitzugestalten. Die Unternehmensdemokratie beginnt bei der Personalsuche und -einstellung: »Wir stellen keine Menschen ein, die man herumkommandieren kann wie die Infanteristen in einer Armee … Wir wollen keine Drohnen, die lediglich Anweisungen befolgen. Wir wollen Mitarbeiter, die den Sinn von etwas, das sie für eine schlechte Entscheidung halten, infrage stellen.«[117] Pointiert ließe sich sagen: Patagonia sucht echte Quertreiber, Menschen, die den Mund sofort aufmachen, wenn sie etwas für Blödsinn halten. Wie viele Unternehmen suchen solche Mitarbeiter? So oder so, solche Menschen sind das Salz in der Suppe der Demokratie. Es sind aber nicht nur die potenziellen neuen Mitarbeiter, die ein wichtiges Element der Unternehmensdemokratie sind, sondern auch das Einstellungsverfahren selbst: »Es ist für einen Managementkandidaten durchaus üblich, mit mehreren Gruppen, die aus vier bis sechs Menschen bestehen, auf einmal zu sprechen oder zwei- oder dreimal über mehrere Wochen verteilt wiederzukommen.«[118] Die Personalsuche und -einstellung ist ähnlich wie bei der Haufe-umantis AG ein wichtiger Bestandteil der demokratischen Gestaltung. Die Zeiten, in denen die Menschen, die später tatsächlich zusammenarbeiten sollen, einfach ungefragt zusammengepfercht werden, sind hier vorbei. Wer will schon 20 oder 40 Stunden die Woche von Menschen umgeben sein, die einem unangenehm sind?

Wichtig bei Patagonia sind natürlich auch demokratische Entscheidungen: »In einem so komplexen Unternehmen wie dem unseren hat keine einzelne Person die Antwort auf unsere Probleme, aber jede hat einen Teil der Lösung. In einer guten Demokratie werden Entscheidungen durch Konsens getroffen, wo jeder am Ende einsieht, dass die getroffene Entscheidung die richtige ist.«[119] So lässt sich kollektive Intelligenz auch auf den Punkt bringen. Die Voraussetzung für die demokratischen Entscheidungen ist gelungene Kommunikation. Das wird bei Patagonia durch das einfache Management by walking around erreicht, das Detlef Lohmann, der Geschäftsführer von allsafe Jungfalk, in seiner Rolle als selbsternannter Postbote perfektioniert hat. Chouinard hält nichts davon, wenn sich Führungskräfte den ganzen Tag in ihren Büros aufhalten und von ihren Schreibtischen aus die Führung übernehmen. Stattdessen sind die Manager bei Patagonia in Bewegung und können »von jedem, der sie aufsucht, angesprochen werden«.[120]

Das wird dadurch unterstützt, dass es bei Patagonia keine Privatbüros gibt. Alle arbeiten in Räumen »ohne Türen oder Abtrennungen«. Damit machen Chouinard und seine Mannschaft gute Erfahrungen. So manch einer sieht das kritisch, zweifelsfrei nicht ganz zu Unrecht. Ich hatte selbst das zweifelhafte Vergnügen, einen radikalen Neubau einer Firmenzentrale mitzubekommen, in der es keine klassischen Büros mehr gab. Für einige Mitarbeiter war das ganz und gar nicht erquicklich. Allerdings resümiert Chouinard, dass der Verlust an ruhigen Räumen zum Nachdenken »mehr als wettgemacht [wird] durch die bessere Kommunikation und egalitäre Atmosphäre«.[121]

Bei Patagonia liegt die Frauenquote bei rund 50 Prozent, was vermutlich etwas mit der umfassenden internen Kinderbetreuung zu tun hat. Kinder gehören zu Patagonia wie die Liebe zum Outdoorsport. Die Kinder werden aber nicht einfach nur in einem abgetrennten Raum und auf dem Spielplatz draußen versorgt, sondern dürfen sich frei bewegen. »Eine Mutter, die ihr Kind während einer Sitzung stillt, ist Normalität in Ventura.«[122] Es ist eben keineswegs nötig, sich zwischen Kindern oder Karriere zu entscheiden. Beides kann hier friedlich miteinander vereint werden.

Chouinard bringt all das, was in seinem Unternehmen seit vielen Jahren erfolgreich gelebt wird, auf einen einfachen Nenner: Arbeit muss Spaß machen.

Elf Thesen für Unternehmensdemokraten im Aufbruch

Es gibt keine Best Practice. Jedes Unternehmen hat seine eigene Route gesucht und gefunden. Ein paar Gemeinsamkeiten finden sich indes schon, ob sie jedoch für andere Firmen gültig sind, weiß niemand.

1. **Demokratie ist ein Wert an sich_** Sie ist kein alleiniges Mittel zum Zweck der Gewinnmaximierung.
2. **Arbeit an sich selbst_** Auch das Topmanagement muss sich ändern. Manchmal muss es sogar bei sich anfangen.
3. **Positives Menschenbild_** Vertrauen in die Kompetenzen und den guten Willen der Mitarbeiter ist das Fundament.
4. **Wille zur Macht_** Unternehmensdemokratie lebt von Menschen, die ihr Umfeld gestalten wollen. Darauf ist auch bei der Personaleinstellung zu achten.
5. **Unsicherheitstoleranz_** Nichtwissen und Unsicherheit ängstigen zwar, sind aber gute Voraussetzungen für kreative Lösungen und Innovation.
6. **Fehlerfreundlichkeit_** Wer Neuland betritt, wird Fehler machen. Eine gute Chance, daraus zu lernen und gemeinsam zu wachsen.
7. **Eigene Wege finden_** Es gibt keine Best Practice. Jedes Unternehmen braucht eigene Lösungen.
8. **Selbstgesteuertes Lernen_** Wer mitgestalten soll und will, hat mitunter viel zu lernen. Was, weiß meist jeder selbst am besten.
9. **Geduld_** Ohne sie geht einem der Atem aus. Veränderungen in Richtung Unternehmensdemokratie brauchen Zeit.
10. **Verbündete finden_** Niemand stellt allein die Welt auf den Kopf. Es braucht eine Gemeinschaft Gleichgesinnter.
11. **Wer will, der kann_** Wie bei allen anderen Herkulesaufgaben ist es wichtig, die Demokratisierung wirklich zu wollen.

TEIL 3_ AKTION

Überblick

Wer sich als Unternehmensdemokrat auf den Weg machen will, braucht nicht nur Mut, Geduld, Gleichgesinnte und ein bisschen Glück. Alle, die diesen Weg wagen, müssen sich irgendwann auch überlegen, welche Instrumente und Methoden jeweils nützlich sind. Allerdings kann sich niemand über einen Mangel an Handwerkszeug beklagen. Es gibt eine große Auswahl, die Menükarte ist lang, und es braucht Zeit, sich einen Überblick zu verschaffen, um herauszufinden, was Appetit auf mehr macht. Deshalb geht es anschließend weniger um die Abläufe der Methoden selbst, sondern darum, mit welcher Haltung die teils vollkommen verschiedenen Sozialtechniken für eine Demokratisierung erfolgreich eingesetzt werden können. Und es geht um die immanenten Aspekte dieser Methoden, um ihre demokratisch geprägte DNA.

Schlussendlich münden das im ersten Teil entwickelte Bezugssystem für Unternehmensdemokratie und die Fälle in ein konzentriertes Pladoyer: den Aufbruch der Unternehmensdemokraten. Was lässt sich verdichtet aus den Fällen lernen? Welche ersten Schritte sind erfolgversprechend? Wie entscheiden wir, wie entscheiden Sie über die Zukunft der Unternehmensdemokratie?

Eine Frage der Haltung

Instrumente und Methoden

Ein Messer ist ein Messer ist ein Messer. Das stimmt. Und ist völliger Unsinn. Ein und dasselbe Messer kann sich fundamental unterscheiden. Den Unterschied macht die innere Haltung und Intention, mit der wir das Messer benutzen. Wenn Sie damit Zwiebeln häuten und klein hacken, um ein Essen für Ihre Familie und ein paar Freunde zu kochen, ist das etwas völlig anderes, als wenn jemand anderes dasselbe Messer als Folterinstrument verwendet. Das Messer bleibt dasselbe, aber sein Gebrauch entscheidet darüber, zu welchen Ergebnissen es führt.

Genauso verhält es sich mit den meisten der hier vorgestellten Kommunikations- und Interaktionsinstrumenten und Methoden. Nichts davon ist neu, nichts habe ich erfunden. Das Einzige, was ich hier anbiete, ist ein bestimmter Blick auf diese Techniken, eine bestimmte Perspektive, eine bestimmte innere Haltung. Wer diese innere Haltung täglich lebt, wird die nachher aufgeführten Methoden anders nutzen als jemand, der sich diese Haltungen nicht zu eigen macht oder gar Gegenteiliges lebt. Mit dieser Haltung gelingt der Aufbruch als Unternehmensdemokrat deutlich besser.

Epistemische Bescheidenheit

Das ist meine Umkehrung von Nassim Nicholas Talebs düsterem Begriff der epistemischen Arroganz. Er führte ihn in seinem Buch *Der schwarze Schwan* ein und meint damit die Selbstüberschätzung unseres Erkenntnisvermögens. Die beinhaltet einerseits eine Überschätzung der eigenen Fähigkeiten in Kombination mit einer Überschätzung der Qualität der vorliegenden Informationen. Daraus können überhebliche Entscheidungen resultieren, denn wer von falschen Annahmen ausgeht, dabei glaubt, verstanden und die Dinge unter Kontrolle zu haben, der wird früher oder später absolut überflüssige Fehlentscheidungen treffen. Wer sich indes in epistemischer Bescheidenheit übt, ist deutlich selbstkritischer. Und wird vor allem im Falle vermuteten Wissens und Verstehens andere zu Rate ziehen und sein Wissen überprüfen. Es ist auch genau diese epistemische Bescheidenheit, die Einsicht, wie wenig wir eigentlich wissen und wie weitreichend unser Nichtwissen ist, die uns das Leben an sich be-wundern lässt.

Radikaler Respekt

Wenn wir diese Bescheidenheit und Demut im besten Sinne spüren und leben, folgt daraus ganz von allein der zweite Wert. Radikaler Respekt macht keine Unterschiede zwischen Klassen oder hierarchischen Stufen. Radikaler Respekt unterscheidet nicht zwischen Nationalitäten, Geschlechtern, Vorlieben, Bildungswegen. Der Pförtner und die Putzfrau können wichtige und wertvolle Ansichten hegen. Ihnen gebührt derselbe Respekt wie dem Bereichsleiter oder der Geschäftsführerin. Allein schon deshalb, weil ja sonst niemand die Toiletten putzen will – aber sofort angewidert und genervt ist, wenn sie nicht sauber und gepflegt sind.[123]

Demokratische Problemdefinition

Selbst eine an sich demokratische Methode wie Open Space kann dazu verwendet werden, um ein top-down definiertes Problem lösen zu lassen. Denn die Ausgangsfrage ist das Einzige, was in einem Open Space nicht durch die Teilnehmer selbst erarbeitet wird. Hier beginnt die ernst gemeinte Selbstorganisation und Mitbestimmung: bei der gemeinsamen Problemdefinition. Selbstverständlich ist es völlig in Ordnung und sinnvoll, wenn eine Geschäftsführung ein Problem sieht, das gelöst werden muss. Allerdings sollte es dann auch die Möglichkeit geben, die Problemdefinition zu überdenken und gegebenenfalls neu zu formulieren. Sprich: etwas anderes als Problem zu identifizieren, als was ursprünglich vorgegeben war.

Dahinter steckt ein einfacher, aber weitreichender Gedanke: Wer das Problem definiert, legt damit die Route fest, auf der nach Lösungen gesucht wird. Nicht umsonst ermahnen die beiden Alte-Welt-Berater Torsten Ostermanns und Daniel Nemeyer in ihrem Buch *Machtfrage Change* zur Hoheit über die Problemdefinition, um bestehende Herrschaftsansprüche zu zementieren: »Wahre Macht ist, zentrale Probleme im Unternehmen zu definieren.«[124] Wenn bezüglich der formalen Hierarchie alles beim Alten bleiben soll, darf das Topmanagement auf keinen Fall die Macht zur Problemdefinition aus der Hand geben. Sie ist das wichtigste Instrument, sie ist die Kumulation und Verdichtung von Macht schlechthin. Unternehmensdemokratie ohne Partizipation bei der Problemdefinition ist bestenfalls ein Anfang.

Denn es ist nicht auszuschließen, dass die Mitarbeiter *das* Problem gar nicht dort sehen, wo es die Geschäftsführung zu identifizieren glaubt. Die Formulierung des Problems ist schließlich nichts anderes als eine *Arbeitshypothese* über Ursache und Wirkung. Der damit implizit oder explizit formulierte Kausalzusammenhang hängt jedoch von der Perspektive des jeweiligen Betrachters ab, er ist geprägt durch die individuelle Optik. Eine einseitig-einfältige Problemdefinition ist zwar schneller erstellt als eine vielfältige, dafür aber auch weniger auf Gültigkeit und Verlässlichkeit getestet. Das ist das zweite Problem einer undemokratischen Problemdefinition. Wer Probleme ohne Teilnahme anderer definiert und sie damit vorgibt, bricht gleich mit zwei zentralen Bestandteilen unserer heutigen Gesellschaft: Demokratie und Wissenschaft. Die einseitige Problemdefinition kann schnell zur autokratischen Märchenstunde verkommen.

Instrumente und Methoden

Dialog[125]

Seit 2001 habe ich als zertifizierter Dialogbegleiter zahlreiche Dialog-runden mit Kunden erleben können. Ich bin immer wieder fasziniert von der Schlichtheit der Methode und der Kraft, die sie entfalten kann. Dialog eignet sich hervorragend, um Unternehmensdemokra-ten auf ihrem Weg zu unterstützen. Einerseits indem *gemeinsames* Denken und Kommunikationsverhalten geübt und verbessert wird, andererseits zur demokratischen Lösung konkreter Fragestellungen und Probleme. Diesen beiden Bereichen sind die zwei verschiedenen Dialogformen zugeordnet: Im generativen Dialog üben die Teilneh-mer gemeinsames Denken und Kommunizieren, während die Inhalte des Dialogs nur ein Vehikel sind, um diesen Prozess überhaupt zu er-möglichen. Im strategischen Dialog hingegen wird zu einer Frage eine Antwort beziehungsweise zu einem Problem eine Lösung erarbeitet.

Die Teilnehmer eines Dialogs sitzen im Stuhlkreis. In der Mitte befin-det sich ein Gegenstand, ein Stein, Stock, eine Holzfigur, egal. Dieser Gegenstand hat eine wichtige symbolische Funktion. Er ist der Rede-stein, der Talking Stick. Nur wer diesen Gegenstand in der Hand hält, darf reden. Alle anderen hören zu. Dies ist die erste und vielleicht auch wichtigste Regel des Dialogs. So banal sie klingt, so wichtig ist der Effekt: Entschleunigung. Meetings, die in der Alltagshektik durch-geführt werden, verführen grundsätzlich dazu, mit minimalem Zeitauf-wand maximal viel zu besprechen. Auf der Suche nach dem heiligen Gral der Effizienz fallen wir uns dann schnell ins Wort, weil wir schon wissen, was der andere sagen will, bevor er nur den Mund aufgemacht hat. Im Dialog wird dieses Pseudoeffizienzmuster unterbrochen. Je-der kann sich entspannt zurücklehnen und dem Sprecher in Ruhe zu-hören, da sowieso kein anderer das Wort ergreifen kann, bevor er nicht den Redestein in der Hand hält.

Die zweite Regel fordert dazu auf, sich kurz zu fassen. Denn ansonsten könnte der Dialog schnell zu einem Monolog werden, indem der eine oder andere die Chance nutzt, allen Anwesenden endlich mal alles zu sagen, was ihm seit Wochen, Monaten oder Jahren durch den Kopf geht. Die Aufforderung »Fasse dich kurz« wird nicht mit einem Sekunden- oder Minutenzeiger gemessen und kontrolliert. Es reicht, die Regel auszusprechen. In all den Jahren habe ich es nicht einmal erlebt, das jemand seine Redezeit missbraucht hätte. Hie und da wurde es etwas zäh, aber das ist zu verschmerzen.

Die dritte Regel fordert dazu auf, von Herzen zu sprechen. Sehen Sie jetzt Menschen, die mit esoterisch verschleiertem Blick und einem Gänseblümchenkranz barfuß über eine Wiese tanzen? Weit gefehlt. Von Herzen zu sprechen ist nur die liebevolle Variante der Aussage, nicht belanglos rumzulabern. Wenn geredet wird, sollte es bitte emotional gehaltvoll sein. Es muss keine neue bahnbrechende Weltformel mitgeteilt werden, aber das, was ich sage, sollte mir wirklich wichtig sein, es sollte mir wirklich am Herzen liegen. Wenn das befolgt wird, entsteht mit der Zeit eine wertvolle Kommunikation.

Viertens sollte sich jeder nicht nur im möglichst genauen Zuhören üben, sondern auch in der Selbstbeobachtung: Wie reagiere ich auf die verschiedenen Kollegen, Chefs oder Mitarbeiter? Gibt es wiederkehrende Muster? Langweilt mich der Meier immer zu Tode? Regt mich die Müller meistens maßlos auf? Wer steht bei mir in Verbindung mit welchen Gefühlen, Bewertungen oder inneren Kommentaren? Dabei ist zu beachten: You own your own shit! Will heißen: Wenn Sie die Müller immer aufregt, bleibt die Verantwortung für diese Gefühle bei Ihnen. Es sind Ihre Gefühle. Und über die haben nur ganz allein Sie die Hoheit. Im Dialog haben Sie die Möglichkeit herauszufinden, warum Sie jemand (immer wieder) auf eine bestimmte Art und Weise antriggert und wie Sie mit Ihren Gefühlen gelungener umgehen können. Wer sich damit immer wieder konfrontiert, vergrößert seinen inneren Spielraum und erarbeitet sich damit eine wichtige demokratische Fähigkeit: Toleranz.

Fünftens werden die Teilnehmer dazu eingeladen, die Haltung eines Lernenden einzunehmen. Ich würde lieber davon sprechen, den Dialog im Anfängergeist zu führen, sprich: nicht gleich zu glauben, alles verstanden zu haben, was der andere sagt, sondern nach dem Zuhören erst einmal über das Gesagte nachdenken. Dann vielleicht rückfragen, in aller Ruhe. Und noch mal nachdenken. Tatsächlich gilt: Das scheinbar Selbstverständliche ist das eigentlich Missverständliche! Der Dialog bietet die wunderbare Möglichkeit, sich in epistemischer Bescheidenheit zu üben. Nicht gleich alles wissen, alles unter Kontrolle haben, sondern lieber erst einmal in sich kehren und reflektieren. Nicht gleich Antworten geben, sondern Fragen stellen. Auch Fragen an sich selber richten und diese öffentlich aussprechen. Das ist die Tugend des »Lautdenkens«. Aus ihr – und nur aus ihr – entsteht schließlich gemeinsames Denken. Nur so können andere an meinem ansonsten nicht nachvollziehbaren Prozess des Denkens teilhaben. Es geht darum, nicht nur fertige Aussagen als Ergebnisse meines ansonsten geheimen Denkens zu präsentieren, sondern diesen Prozess aus der Haltung des Anfängergeistes heraus öffentlich zu machen. Mit all den Ungereimtheiten, Widersprüchen und (logischen) Fehlern, die darin enthalten sein mögen.

Der Dialog hat einen wirklich großen Vorteil. Sie können mit diesen fünf Regeln[126] sofort loslegen. Jeder ist in der Lage, einen Stuhlkreis und einen Gegenstand als Redestein zu organisieren. Jeder kann die fünf Regeln wiedergeben – und einhalten. Dann braucht es nur noch den Willen dazu und eine ordentliche Prise Geduld sowie Durchhaltevermögen. Schließlich ändert sich weder das eigene Kommunikationsverhalten noch das anderer von heute auf morgen. Es gilt, eingeschliffene Muster aufzulösen und neue Wege zu finden und auszubauen. Viele Teilnehmer empfinden den Dialog am Anfang als träge und ineffizient. Das ist jedoch keine Aussage über die Qualität des Dialogs, sondern über das längst ins Unbewusste abgesackte eigene Muster angeblich effizienter Gespräche. Oder waren alle Meetings, bei denen Sie dabei waren, herausragende Beispiele für gelungene demokratische Kommunikation?

Open Space

Diese Methode gehört zu den Urgesteinen der Großgruppenmetho-
den. Vielleicht haben auch Sie schon den einen oder anderen Open
Space miterlebt oder in Ihrem Unternehmen genutzt. Harrison Owen,
der Erfinder von Open Space, stellte fest, dass seine Methode bereits 2005 rund 60 000-mal in 108 Ländern in Gruppen mit fünf bis
2000 Teilnehmern angewendet wurde. Das Verfahren hat also schon
eine gewisse Bekanntheit.

Open Space bietet, vergleichbar mit dem Unternehmenstheater, zu
dem ich später noch komme, eine sehr gute Möglichkeit, die Selbstor-
ganisationskräfte einer Gruppe zu fördern und zu fordern. Denn am
Anfang stehen wiederum nur Stühle in einem Kreis[127] bereit. Wenn
sich alle versammelt haben, führt einer oder mehrere Moderatoren in
die Methode und das Thema beziehungsweise die Fragestellung ein,
die der Ausgangspunkt ist. Danach können die Teilnehmer selber
Themen für Workshops, Diskussionen, Arbeitskreise, was auch immer vorschlagen.

Diese Veranstaltungen in der Veranstaltung werden in ein Raster von
Räumen und Zeiten eingeplant. Ab dann gilt das Gesetz der zwei
Füße: Jeder kann hingehen, wo er will. Sobald jemand das Gefühl hat,
in einem Workshop keinen Beitrag mehr leisten zu können oder selber nicht mehr zu profitieren, steht er oder sie auf und geht einfach zu
einer anderen Veranstaltung. Die Ergebnisse der einzelnen Workshops werden dokumentiert und allen Teilnehmern am Ende in einem Tagungsband zur Verfügung gestellt.

Harrison Owen beschreibt die Fähigkeit, Nichtwissen zu ehren, als
Ausgangspunkt des Open Space. Er ist der Meinung, dass unser
»Drang zur Aneignung von Wissen derart stark [ist], dass der wich-
tige Aspekt des Ausgangspunktes häufig übersehen wird. ... Diese Hek-
tik in der Beurteilung hat uns unter einem Ozean von Antworten auf
Fragen begraben, die wir nie stellten oder nur schemenhaft wahrge-
nommen haben. Ist es dann noch ein Wunder, dass wir uns von einer
Informationsflut überwältigt sehen? Die schlechten von den guten In-

formationen und die nützlichen von den irrelevanten zu trennen ist eine wichtige Aufgabe, die unmöglich wird ohne Bezug zur Frage.«[128] Was Owen als Grundlage des Open Space betrachtet, ist nichts anderes als epistemische Bescheidenheit. Das Wichtige ist die Frage, nicht maximal schnell Antworten zu finden. Damit verbunden ist unser Drang, wichtige Fragen an Experten abzugeben und deren Antworten anschließend als das Nonplusultra in den Himmel zu heben. Denn diese Experten sind die Wissenden. Sie sind gewissermaßen die Hohepriester der Wissensgesellschaft. Deshalb geht es im Open Space auch darum, den Raum des (Nicht-)Wissens zu öffnen, damit möglichst viele verschiedene (Nicht-)Experten ihre Wahrnehmung, ihr Denken und ihre Erfahrung einbringen können. Es geht darum, gemeinsam, partizipativ und demokratisch neues, geteiltes und lebendiges Wissen zu erarbeiten.

Systemisches Konsensieren

2012 stolperte ich das erste Mal über das systemische Konsensieren. Nach der Lektüre des gleichnamigen Buchs veröffentlichte ich in einem mittlerweile stillgelegten Blog von mir eine kritische Auseinandersetzung. Das führte ziemlich schnell zu einer – sagen wir – bewegten Diskussion zwischen den Entwicklern des systemischen Konsensierens, einigen hartgesottenen Fans, kritischen Freigeistern und mir. Durch meine Gespräche mit Angelika Nürnberger von den Farbenwerken Wunsiedel und Markus Stegfellner vom Projekt Bank für Gemeinwohl wurde mir klar, dass dieses Verfahren trotz einiger kritischer Aspekte tatsächlich eine gute Möglichkeit für gemeinsame Entscheidungen darstellt.

Systemisches Konsensieren ist in der Nähe von Konsensentscheidungen zu verorten. Gruppen welcher Größe auch immer ermitteln aus selbstentwickelten oder vorgegebenen Lösungsvorschlägen denjenigen, der den geringsten Widerstand erzeugt. Mit diesem simplen Kniff kann ein Ergebnis erzielt werden, das einem Konsens am nächsten kommt. So weit das Grundprinzip, dass bereits auf unterschiedliche

Weise in den Farbenwerken Wunsiedel (S. 127 f.) und bei dem Projekt Bank für Gemeinwohl (S. 181 f.) erfolgreich genutzt wird.

Es gibt drei verschieden aufwendige und in ihren Effekten unterschiedliche Formen des Konsensierens:

1. Schnellkonsensieren, um in (Groß-)Gruppen gut vorbereitete und/ oder unwesentliche Entscheidungen zu treffen.
2. Auswahlkonsensieren, um zwischen vorgegebenen Optionen eine Wahl zu treffen.
3. Vertieftes Konsensieren, um bei besonders neuralgischen oder weitreichenden Problemen oder Entscheidungsoptionen zu einer gemeinsamen Lösung zu kommen.

Im Zusammenhang mit der Demokratisierung von Unternehmen und Organisationen spielt vor allem das vertiefte Konsensieren eine Rolle. In seinem vollen Umfang ist es ein Prozess über elf Stufen: Die ersten vier Stufen dienen der Zielerhebung: Erarbeitung der Aufgabenstellung (1), Entwickeln einer übergeordneten (offenen) Fragestellung (2), Inforunde zur Festlegung der Rahmenbedingungen (3) und die Formulierung von Teilnehmerwünschen an eine gute Lösung (4). In der zweiten Phase werden Vorschläge entwickelt und durchleuchtet: Erst gilt es, Lösungen zu finden (5) und diese dann zu verstehen und auf Vor- und Nachteile zu untersuchen (6). Die dritte Phase zielt darauf ab, die Vorschläge zu verbessern: Es erfolgt eine vorläufige Bewertung der Lösungsvorschläge (7), die Erkundung von Restwiderständen (8), die Anpassung und gegebenenfalls Neuentwicklung von Vorschlägen (9), erneute Verständnisfragen, Anpassung und Neuvorschläge (10). Abschließend erfolgt in der vierten Phase die eigentliche Entscheidung (11).

Dieses Verfahren ist schon etwas aufwendiger und komplizierter als die fünf einfachen Regeln des Dialogs oder der größtenteils selbstorganisierte Ablauf eines Open Space. Der elfstufige Prozess lässt sich aber auch durch folgende vier Phasen deutlich kompakter darstellen und einfacher gestalten: Fragestellung entwickeln, Sammeln von Lösungs-vorschlägen, Bewerten und Entscheiden, Auswertung. Das ist dann, ähnlich wie beim Dialog oder Open Space, kein großer Zauber mehr. Durch die gemeinsam erarbeitete Fragestellung oder Problemdefinition beim vertieften Konsensieren ist der wichtigste Demokratisie-rungsschritt verwirklicht. Der Korridor, innerhalb dessen die späteren Lösungsvorschläge erarbeitet und dann bewertet werden, wurde ge-meinsam abgesteckt.

Unternehmenstheater

Als ich mich mit Unternehmenstheater zu beschäftigen begann, konnte ich auf knapp zehn Jahre eigene, teils semiprofessionelle Schau-spielerfahrung zurückblicken. Angefangen hat alles mit einer kleinen Nebenrolle im Stadttheater Heidelberg, steigerte sich allmählich und reichte bis zu Produktionen mit dem Nationaltheater Mannheim. In dieser Zeit lernte ich viel über die Schauspielarbeit, über das Verkör-pern von Rollen, Bühnenpräsenz, Ensemblearbeit und was gute von schlechter Regie unterscheidet. Diese Erfahrungen nutzte ich später, um mit Schauspielkollegen ein eigenes Unternehmenstheaterkonzept zu entwickeln, mit dem ich bis heute arbeite.

Unternehmenstheater gibt es in vielen verschiedenen Variationen. Grundsätzlich lässt sich danach unterscheiden, ob professionelle Schau-spieler auf der Bühne stehen oder die Mitarbeiter etwas in Szene set-zen. Natürlich gibt es auch Mischformen, wenngleich selten. Außerdem ist zwischen inszenierten Stücken und Improvisationstheater zu un-terscheiden. Alle Formen arbeiten aber letztlich damit, Bilder zu in-szenieren und darüber vor allem die Emotionen der Zuschauer anzuregen. Das Großartige an dieser Methode ist ihre tiefe Verwurze-lung in unserer Gesellschaft. Jeder kennt Theater, wir alle haben uns mehr oder weniger intensiv mit klassischen Theatertexten befasst. Theater ist in unseren westlichen Gesellschaften gewissermaßen ein kulturelles Imprint, das sich auch von Unternehmensdemokraten nutzen lässt.

In besonderem Maße bietet sich dazu das Mitarbeitertheater an. Diese Methode fördert und fordert vor allen Dingen die Selbstorganisationsfähigkeit der Beteiligten. Denn es gibt für sie keine Vorgaben, wer welche Funktion und Rolle übernimmt. Dies müssen die Teilnehmer selbstverantwortlich aushandeln: Wer steht in welcher Rolle auf der Bühne? Wer kümmert sich um das Bühnenbild? Wer gibt eventuell einen allwissenden Erzähler aus dem Off? Organisiert jemand Musikeinspielungen? Wird vielleicht sogar gesungen? Gibt es eine Regisseurin? Improvisiert jemand die Kostüme? Gibt es überhaupt welche? Und so weiter und so fort. Die Herausforderung für die Teilnehmer besteht – abstrakt formuliert – darin, unter Unsicherheit selbstorganisiert erfolgreich zu navigieren. Um das zu erreichen, bedarf es einer intensiven Kommunikation und Interaktion zwischen den Teilnehmern, was wiederum eine höchst demokratische Angelegenheit ist. Gelungene respektvolle, egalitäre Kommunikation und Interaktion ist das Fundament aller Unternehmensdemokraten.

Im Zusammenhang mit fortlaufender Personalentwicklung wird Theaterarbeit bei dm-drogerie markt schon lange als fester, verbindlicher Teil der Ausbildung eingesetzt. 2004 hatte ich die Möglichkeit, einer mir bekannten Regisseurin über die Schulter zu schauen, als sie wieder einmal mit einer bunten Gruppe von Auszubildenden eine Woche lang intensiv eine Theateraufführung erarbeitete. Dieser Prozess bot den Auszubildenden viele Möglichkeiten, an verschiedenen Fähigkeiten zu arbeiten, die insbesondere dann wichtig werden, wenn weitreichende Partizipation gelebt werden soll.

Verschiedenes

Ein großes Problem von Unternehmensdemokratien besteht in möglichen gruppenpsychologischen Verzerrungseffekten, die den Erfolg von gemeinsamen Entscheidungen gefährden können. Diese Schwierigkeit zeigt sich natürlich genauso bei streng hierarchischen Unternehmen und dortigen Gruppenprozessen, wenn beispielsweise der gesamte Vorstand Entscheidungen trifft. Allerdings werden in demokratisch geführten Unternehmen *wesentlich mehr* Entscheidungen von Gruppen getroffen, da mehr Menschen in diese Prozesse eingebunden sind. Somit fallen die gruppenpsychologischen Verzerrungseffekte in Unternehmensdemokratien mehr ins Gewicht als in klassisch organisierten Unternehmen, und es wäre naiv, so zu tun, als ob demokratische Entscheidungsprozesse an sich schon zu besseren Ergebnissen führen als Einzelentscheidungen von Führungskräften. Damit die Qualität demokratischer und kollektiver Entscheidungsprozesse auch tatsächlich höher ist als die von Entscheidungen einzelner Personen oder kleiner homogener Expertengruppen, müssen allerdings verschiedene Bedingungen erfüllt sein. Ist das nicht der Fall, können demokratische Entscheidungen durchaus ernste Probleme erzeugen, was am Fallbeispiel der Wagner Solar & Co. GmbH hoffentlich deutlich wurde.

In der Tabelle habe ich ein paar der wichtigsten gruppenpsychologischen Effekte zusammengefasst.[129]

Um diese Fehlerquellen möglichst weitgehend auszuschalten, können Sie die folgenden Minimethoden bei Entscheidungsprozessen nutzen:

1. Verbieten Sie dem Anführer erst mal den Mund

   Ob es sich bei einem Anführer um eine offizielle Führungskraft handelt oder eine graue Eminenz, ist egal. Entscheidend ist, dass Anführer häufig durch eine schnelle, oft verfrühte Meinungsäußerung die anderen Gruppenmitglieder dazu bringen, ihre eventuell abweichende Meinung nicht mehr auszusprechen. Das kann sowohl an der Informations- als auch der Reputationskaskade liegen. Wer sich als Anführer am Anfang zurückhält, schafft so einen Raum, in dem die anderen Gruppenmitglieder ihre Meinung freier äußern können. So können Informationen in den Entscheidungsprozess einfließen, die ansonsten mit einer gewissen Wahrscheinlichkeit unterdrückt würden.

Bias-Effekte in Gruppen und bei Einzelpersonen

Effekte	Beschreibung
Gruppeneffekte	
Common-Knowledge-Effekt	Informationen, über die alle Gruppenmitglieder verfügen, haben größeren Einfluss auf das Gruppenurteil als Informationen weniger Mitglieder.
Informationskaskaden	Mitglieder wagen es nicht, die eigene Meinung zu äußern, weil sie Informationen, die sie von anderen erhalten haben, zu sehr respektieren. Dadurch passen sich Folgemeinungen der Anfangsmeinung an.
Polarisierende Diskussion	In Gruppendiskussionen entstehen extremere Positionen als bei den Gruppenmitgliedern.
Reputationskaskaden	Mitglieder schweigen, weil sie sich sorgen, in der Gruppe durch abweichende Meinung zum Außenseiter zu werden.
Einzel- und Gruppeneffekte	
Framing-Effekte	Unterschiedliche Formulierungen können bei prinzipiell gleichen Inhalten starke Meinungs- oder Verhaltensänderungen erzeugen.
Repräsentativitätsheuristik	Der Glaube, dass Dinge, Ereignisse oder Menschen, die einander in einer Hinsicht ähnlich sind, sich auch in anderer Hinsicht ähneln müssen.
Sunk-Cost-Trugschluss	An einem voraussichtlich erfolglosen Projekt hängen bleiben, weil bereits viel investiert wurde.
Verfügbarkeitsheuristik	Leicht zu erinnernde Ereignisse oder Dinge scheinen wahrscheinlicher zu sein als solche, die schwer zu erinnern sind.

2. Bahnen Sie kritisches Denken an

Sorgen Sie dafür, dass Sie oder eine andere Person als Anführer einer Gruppe die Gruppenmitglieder explizit zu unterschiedlichen und kritischen Meinungsäußerungen einlädt. Machen Sie klar, dass auch Beiträge wertvoll sind, die von der Gruppenmeinung abweichen. Vielleicht enthalten gerade diese abweichenden Meinungen die entscheidungsrelevanten Informationen.

3. Verteilen Sie spezifische Rollen

Wenn die Gruppenmitglieder wissen, dass alle Anwesenden besondere Perspektiven und Informationen beitragen können, steigt die

Wahrscheinlichkeit, dass auch tatsächlich alle vorhandenen Informationen zu einem Gesamtbild ergänzt werden. Bei großen Gruppen ist es auch möglich, Untergruppen zu bilden und ihnen spezifische Rollen zuzuordnen. Eine triviale Möglichkeit besteht darin, die ohnehin vorhandenen verschiedenen Rollen durch die verschiedenen Funktionen wie Vertrieb, Marketing, Produktion, Buchhaltung, Controlling etc. zu besetzen. Das scheint zunächst überflüssig, aber die explizite Betonung, dass durch diese verschiedenen Funktionen auch sich ergänzende wertvolle Informationen auf den Tisch kommen, ist hilfreich. Eine andere Möglichkeit besteht darin, ähnlich wie bei der Sechs-Hüte-Technik von de Bono, unterschiedliche abstrakte Rollen zu verteilen: Analyse, Emotion, Kritik, Optimismus, Kreativität und Ordnung.

4. Berufen Sie einen Advocatus Diaboli
Des Teufels Advokat ist gewissermaßen die abgespeckte Variante der Verteilung spezifischer Rollen. Ernennen Sie bei einer kleinen Gruppe ein Mitglied, bei einer größeren Gruppe mehrere Mitglieder zum Advocatus Diaboli. Aus dieser Rolle heraus sollen Perspektiven entgegen einer möglicherweise entstehenden Gruppenmeinung zu Wort kommen. Die Rolle des Advocatus Diaboli macht es wesentlich leichter, potenziell störende oder unliebsame Standpunkte zu vertreten, schließlich wird das Querdenken erwartet.

5. Sorgen Sie für anonyme Urteilsbildung
Die aufgeführten gruppenpsychologischen Effekte können auch recht einfach dadurch ausgehebelt werden, dass nach einer Gruppendiskussion die endgültige Entscheidung anonym abgegeben wird. Auf diese Weise muss niemand fürchten, zum Außenseiter zu werden, oder das Gefühl bekommen, in seiner Meinung nicht wertgeschätzt zu sein.

Organisationskonzepte

Soziokratie

Im Rahmen einer anderthalbjährigen Führungskräfteentwicklung stand ich unter anderem vor der Frage, wie die Top-Führungskräfte ihre Arbeitstreffen zukünftig sinnvoller strukturieren und durchführen können. Dadurch stieß ich auf Holacracy[130] und war anfänglich davon ausgesprochen angetan. Mit weiteren Recherchen wurde mir aber klar, das Holacracy lediglich ein leicht überarbeiteter Klon der Soziokratie ist. Absurderweise verleugnen einige Holacracy-Vertreter diesen Tatbestand, den der »Entwickler« von Holacracy, Brian Robertson, selbst in einem Interview öffentlich machte: »Schließlich machten wir uns auf die Suche und stolperten über ein Modell namens Soziokratie, das in seiner modernen Form von Gerard Endenburg entwickelt wurde. Soziokratie lieferte uns einen Großteil der Antwort, nach der wir gesucht hatten. Wir übernahmen es … und fügten dann im Lauf der Zeit mehrere eigene Innovationen und Fortschritte hinzu.«[131]

Natürlich tut es der Methode keinen Abbruch, wenn diese Wurzeln heute verschwiegen werden, aber es hinterlässt einen faden Geschmack hinsichtlich der Glaubwürdigkeit des Entwicklers und all derjenigen, die eine Historie verschleiern wollen, die schon beim bloßen Betrachten der beiden Konzepte gar nicht übersehen werden kann.[132] Schließlich ist es eine ungleich größere Herausforderung, Unterschiede zu finden als Gemeinsamkeiten.

»Soziokratie ist ein demokratisches Organisationsmodell, das Ende der 1960er Jahre in Holland von Gerard Endenburg entwickelt wurde. Die Soziokratie sichert eine besonders hohe Form der Mitbestimmung der Mitarbeiter, weil diese bei allen Grundsatz- und Rahmenentscheidungen in ihrem jeweiligen Arbeitsbereich konsensual mitbestimmen können. In Holland brauchen soziokratische Organisationen keinen Betriebsrat mehr, weil die Mitbestimmung durch das Modell verwirklicht ist.«[133]

Soziokratie ist also mehr als nur eine demokratische Entscheidungsmethode wie das systemische Konsensieren. Soziokratie ist, schlich-
ter gefasst, ein demokratisches Organisationsmodell. Begrifflich und
konzeptuell reicht die Soziokratie bis zum Begründer der Soziologie –
August Comte (1798–1851) – zurück, der allerdings weit weg war von
der demokratischen Version der heutigen Soziokratie. Im 20. Jahrhundert hat Kees Boeke eine Schule gegründet, in der die Schüler in
hohem Maße mitbestimmen konnten. Einer der Schüler war der oben
schon erwähnte Gerard Endenburg, der diese Prinzipien in die Wirtschaft übertragen hat. Als er den Elektrotechnik-Betrieb von seinem
Vater übernommen hatte, entwickelte er die vier grundlegenden Prinzipien[134] der Soziokratie, die deckungsgleich mit dem Konzept von
Holacracy sind:

1. *Dynamische Steuerung und Umkehrbarkeit:* Jede Entscheidung ist
   revidierbar.
2. *Gangbarkeit:* Vorschläge und Lösungen müssen nicht perfekt, sondern gangbar sein.
3. *Primat des Arguments:* Einwände gegen Vorschläge müssen begründet werden.
4. *Einwände sind wertvoll:* Sie werden als noch nicht wahrgenomme-
   ne Argumente verstanden und begrüßt.

Durch das Prinzip der Umkehrbarkeit wird Entscheidungen der Nimbus des Besonderen genommen. Stattdessen wird ein Versuch-Irrtums-
Labor etabliert, in dem kleinschrittig und iterativ die Auswirkungen
von Entscheidungen getestet werden. Entscheidungen bekommen damit einen experimentellen Charakter. Dadurch wird eine dynamische
Steuerung möglich, die sich an den tatsächlichen Gegebenheiten ori-
entiert und nicht an Theorien darüber, was passieren könnte, wenn
etwas so oder so entschieden wird. Ganz so, wie dies auch der Lean-
Startup-Ansatz vorsieht.[135] Diese Haltung ermöglicht, dass alle Mitarbeiter mitentscheiden können.

Das Prinzip der Gangbarkeit ist ebenso wichtig, es ist schon lange als »Viabilität« im Konstruktivismus bekannt. Das Perfekte ist der Feind des Gangbaren. Perfektionismus hält uns davon ab, Ideen, Vorschläge oder Lösungen an der Wirklichkeit zu testen. Stattdessen suchen wir häufig zu lange nach einer besonders guten Lösung, die entweder zu spät kommt oder beim Testen in der Wirklichkeit schnell versagt. Mit der legendären Geschichte vom Mann und dem Hammer aus dem Buch *Anleitung zum Unglücklichsein* des Kommunikationspsychologen Paul Watzlawick lässt sich das Gangbarkeitsprinzip gut illustrieren. Nur für den Fall, dass Sie die Geschichte nicht kennen: Ein Mann braucht einen Hammer. Er weiß, dass sein Nachbar einen hat. Aber wird der ihm seinen Hammer leihen? Und schon beginnt das Kopfkino. Wurde der Nachbar in den letzten Wochen nicht zusehends distanzierter? Hegt er vielleicht fiese Absichten? Und so läuft das Kopfkino weiter und weiter und weiter. Wird immer abstruser. Bis der Mann beim Nachbarn klingelt. Der macht auf, lächelt freundlich und bekommt eine irrwitzige Schreikanonade zu hören: »Behalten Sie Ihren scheiß Hammer und scheren Sie sich zum Teufel!« Watzlawick wollte mit dieser Analogie zwar etwas anders verdeutlichen, aber sie passt auch hervorragend hierher: Wenn wir uns zu lange in unseren Gedankenwelten perfekte Lösungen ausdenken, haben wir gute Chancen, dass sie an der Wirklichkeit außerhalb unseres Kopfes nicht mehr anschlussfähig sind.

Das Primat des Arguments hat als drittes Prinzip eine zentrale Funktion: Es soll sicherstellen, dass Lösungs- und Entscheidungsvorschläge oder Optionen bei der Wahl von Funktionsträgern nicht nach Belieben durch emotionale Befindlichkeiten blockiert werden können. Genau das ist in vielen Unternehmen Teil des Alltags. Wie viele Ideen, Vorschläge und Verbesserungen werden ohne stichhaltige Argumente blockiert oder gleich ganz abgelehnt? Was bedeutet das wohl für die Motivation derjenigen, die etwas eingebracht haben und nun zusehen dürfen, wie ihr Beitrag einen langsamen oder schnellen Tod stirbt? Also muss in der Soziokratie – und bei Holacracy ganz genauso – jeder Einwand argumentativ untermauert werden und auch eine starke Ernsthaftigkeit aufweisen. Außerdem wird durch das Primat des Arguments das konsequent umgesetzt, was in der wissenschaftlich fundierten Betriebsführung und den damit verbundenen traditionellen Managementkonzepten permanent an einem augenfälligen Widerspruch scheitert: Einerseits herrscht eine pseudorationale EntscheidungsKultur, in der Entscheidungen nur auf Zahlen, Daten und Fakten basierend getroffen werden sollen. Big Data ist die perfekt verdichtete Essenz dieser ZDF-Kultur. Andererseits herrscht bloße Willkür. Wer die Macht hat, kann auch ohne datenbasierte Legitimation entscheiden, was oft genug geschieht. Das soziokratische Primat des Arguments löst dieses Messen mit zweierlei Maß auf.

Auch das vierte Prinzip, Einwände als wertvolle Hinweise zu verstehen, ist von fundamentaler Bedeutung. Im Allgemeinen sind Einwände gegen eine Entscheidung bestenfalls toleriert, aber nicht willkommen. Abgesehen davon, dass Entscheidungen häufig beziehungsweise meistens nicht mit Mitarbeitern gemeinsam getroffen und somit im Vorfeld nicht zusammen diskutiert werden, gelten Einwände eher als Widerstand und damit als Störfaktor. Es wäre nicht einmal besonders gewagt, zu behaupten, dass die Exkommunikation, der Ausschluss der Mitarbeiter und damit der meisten der betroffenen Personen von taktischen und strategischen Entscheidungen genau die Funktion hat, Einwände von vornherein auszuschließen. Das wäre im Übrigen eine weitere Erklärung für das reziproke Verhältnis von Entscheidungsgeschwindigkeit zu Umsetzungsgeschwindigkeit. Die Umkehrung, Einwände als wichtig und wertvoll anzuerkennen, ist ein radikaler Wandel des Status quo. Methodisch arbeitet genau damit auch das systemische Konsensieren. In der Praxis leben das die Farbenwerke Wunsiedel und das Projekt Bank für Gemeinwohl.

Über diese Prinzipien hinaus lässt sich ein (reinrassiges) soziokratisches Unternehmen durch vier ebenso wichtige Regeln beschreiben:

1. *Beschluss im Konsent:* Etwas gilt als beschlossen, wenn es gegen einen Vorschlag keine schwerwiegenden und begründeten Einwände (mehr) gibt.
2. *Zusätzliche Kreisebene:* Auf dieser Ebene werden Grundsatz- und Rahmenentscheidungen konsensual getroffen.
3. *Doppelte Verknüpfung der Kreise:* Die (hierarchisch) oberen Kreise sind mit den unteren Kreisen durch je zwei Personen verbunden.
4. *Offene Wahl der Funktionsträger:* Die Wahlen finden für alle öffentlich auf der Basis von Argumenten statt.

Diese Regeln werden in Verfahrensanweisungen weiter für die Umsetzung im Alltag konkretisiert:

1. Der Konsent regiert die Beschlussfassung. Etwas gilt als beschlossen, wenn es gegen einen Vorschlag keine schwerwiegenden und begründeten Einwände (mehr) gibt. Als »schwerwiegend« wird ein Einwand dann angesehen, wenn die betreffende Person im Hinblick auf das gemeinsame Ziel nicht mitgehen könnte. Dies ist in der Funktion vergleichbar mit einer elektrischen Sicherung, die bei Überspannung den Stromkreislauf unterbricht. Im Konzept von Holacracy taucht dies auch auf, allerdings deutlich verstärkt. Ein schwerwiegender Einwand ist dann erreicht, wenn eine getroffene Entscheidung das Unternehmen gefährden könnte. Damit wird die Schwelle höher gesetzt, die überschritten werden muss, damit ein Einwand einen Vorschlag blockieren kann.
2. Die Arbeit wird in Kreisen und Kreisprozessen organisiert. Kreise sind verschiedenste Gruppen von Mitarbeitern und Führungskräften (Topmanagement, Bereiche, Abteilungen, Gruppen oder Teams), die sich immer wieder treffen, um gemeinsam erarbeitete Ziele zu erreichen. Mit Kreisprozessen sind einfache Regelkreisläufe von Leiten, Ausführen und Messen gemeint.
3. Kreise sind doppelt verknüpft. Die (hierarchisch) oberen Kreise sind mit den unteren Kreisen durch je zwei Personen verbunden. Aus

dem übergeordneten Kreis ist dies ein gewählter Chef und aus den unteren Kreisen ein gewählter Vertreter. Auf diese Weise wird sichergestellt, dass die beiden Funktionen Leiten und Messen der Kreisprozesse funktional getrennt werden. Der Chef leitet, der Vertreter misst. Das ist ein weiterer radikaler Bruch mit dem üblichen Vorgehen, in dem Führungskräfte Ziele definieren und ihren Fortschritt messen und damit kontrollieren. In den Kreisen werden alle strategischen und taktischen Entscheidungen getroffen, während die tägliche operative Arbeit in den klassischen Linien vollzogen wird.

4. Wahlen von Personen in bestimmten Funktionen erfolgen öffentlich und im Konsent. Alle betroffenen Mitarbeiter wählen eine Person mit einem Wahlschein. Die Wahl läuft nach einem festen Muster ab: Zuerst werden die Kriterien für die Rolle festgelegt, die Kompetenzen und der Aufgabenbereich. Jeder Teilnehmer füllt einen Wahlschein aus: X (Name des Wählers) nominiert Y (Name des Kandidaten). In einer ersten Runde werden die Argumente für die jeweilige Wahl im Kreis gegeben. In einer zweiten Runde kann die persönliche Wahl noch verändert werden. Auf der Basis der Argumente, nicht der Mehrheit der Stimmen, erfolgt durch den Wahlleiter ein Wahlvorschlag. Die Wahlteilnehmer »geben entweder Konsent« oder äußern begründete Bedenken. Daraufhin werden durch den Wahlleiter die Bedenken integriert und/oder ein neuer Vorschlag gemacht.

Die oben erwähnten Kreisversammlungen folgen einer klaren Verfahrensanweisung:

Verfahrensanweisungen soziokratischer Kreisversammlungen

Einstiegsrunde
Befindlichkeitsrunde und gegebenenfalls neue Themen

Administrativer Teil:
Organisatorisches und Beschluss der Agenda im Konsent

Inhaltlicher Teil:

Langfassung bei erstmaliger Behandlung

Informationsphase: Alle benötigten Informationen kommen auf den Tisch.

Zwei Meinungsrunden: Jeder äußert hintereinander im Kreis zu dem Thema/Inhalt die eigene Meinung und macht einen Lösungsvorschlag.

Entscheidungsrunde: Aus diesen Meinungen und Lösungsvorschlägen wird ein stimmiger Vorschlag zum Konsent gegeben. Bei einem schwerwiegenden Einwand werden die Argumente in einen neuen Vorschlag integriert und wieder zur Abstimmung gestellt, bis alle Konsent geben.

Kurzfassung, wenn es schon Vorarbeiten gab

Schnelle Reaktionsrunde: Erste Reaktionen auf den Vorschlag. Je nach Rückmeldungen wird der Vorschlag noch etwas verändert oder gleich entschieden.

Entscheidungsrunde: Wie oben.

Abschlussrunde
Befindlichkeit und Rückmeldung zum Treffen: Effizienz, Qualität der Zusammenarbeit, Moderation

Quelle: In Anlehnung an Rüther (2010), S. 123

Mit diesen Prinzipien, Regeln und Verfahrensanweisungen sowie der Organisations- und Besprechungsstruktur bietet die Soziokratie eine Blaupause, wie sich Organisationen demokratisieren können. Inwieweit es sinnvoll ist, ein bestehendes Unternehmen so umzubauen, dass es zu einer Soziokratie wird, bleibt jedem selbst überlassen. Zumindest für Start-ups könnte darin eine interessante Möglichkeit schlummern, nicht in die Falle einer Managementprofessionalisierung zu tappen, sobald eine kritische Größe erreicht ist, die nicht mehr mit einem improvisierten »Muddling-Through« zu bewältigen ist. Eines aber ist gewiss: Die Soziokratie bietet zahlreiche Inspirationen, um sich als Unternehmensdemokrat auf den Weg zu machen.

Aufbruch

Der Anfang einer neuen Ära

Kurz vor Abschluss des Buchmanuskripts fand in Karlsruhe die Vorführung eines Films über gleichberechtigte Arbeit, mithin Unternehmensdemokratie statt. Ich war dort als Podiumsgast eingeladen, um meine frischen Erkenntnisse aus der Arbeit an diesem Buch einzubringen. Aus der Diskussion mit den anderen Podiumsgästen, den beiden Moderatoren und dem Publikum habe ich eine wichtige Anregung mitgenommen, die ich hier teilen will.

Veränderung von oben

Schritt 1: Der Wille zur Macht_ top-down

Im Verlauf des Abends kam die Frage auf, was Mitarbeiter tun können, wenn sie sich auf den Weg zu einer Unternehmensdemokratie machen wollen. Glücklicherweise wurde ich nicht zuerst gefragt und hatte Zeit zu überlegen. Ich ging alle Fallbeispiele des Buchs in Gedanken durch: Volksbank Heilbronn, Hoppmann Autowelt, Haufeumantis, Farbenwerke Wunsiedel, Upstalsboom, Rasselstein. Um sicherzugehen, flanierte ich im Geiste noch mal an dieser Beispielreihe entlang. Es half nichts, änderte nichts daran, was mir da gewissermaßen wie Schuppen von den Augen fiel. Erst jetzt. Dabei war es doch so offensichtlich. Bei allen Unternehmen, die einen Wandel von der alten in die neue Welt vollzogen hatten oder noch dabei sind, kam der Impuls von oben. Genauer: von der Geschäftsführung oder dem Vorstand.

Als mir das Mikrofon gereicht wurde, dachte ich einfach weiter, nur laut und öffentlich: Auch wenn die paar Fallbeispiele nun wirklich nicht statistisch repräsentativ sind, so ist es doch bemerkenswert, dass es eine Einhundertprozentquote ist. Ebenso wie bei allen Beispielen aus dem Film. Allerdings habe ich keine Ahnung, was das bedeutet, wie das interpretiert werden könnte.

Ist das ein Problem? Oder einfach nur ein Fakt, mit dem es irgendwie umzugehen gilt? Oder optimistischer in die Zukunft geblickt: Ist es eine Chance, wenn der Wandel durch das Topmanagement eingeleitet werden muss? Nochmals anders gedreht: Wie können es Unternehmensdemokraten oder solche, die es gerne wären, nutzen, dass alle Demokratisierung durch dieses Nadelöhr gehen muss? Im Grunde ist es unsagbar trivial. Natürlich ist das so. Schließlich muss das Topmanagement seine Macht, die es schon qua Gesellschaftsvertrag hat, überhaupt erst teilen *wollen*. Erst wenn dieser Schritt getan ist, wenn der Wille da ist, kann ein Weg gefunden werden. Und so beginnt auch diese Reise wie alle anderen seit Menschengedenken mit dem ersten Schritt. Liegt das Ziel noch so nah, noch so fern, ohne ersten Schritt kommt keine Bewegung ins Spiel. Dieser erste Schritt liegt in der Willensänderung derjenigen, die die Entscheidungsmacht noch bei sich allein versammeln.

Schritt 2: Der Wille zur Macht_ bottom-up
Ist dieser erste Schritt getan, stehen die Chancen nicht schlecht, tatsächlich eine neue Welt zu betreten. Ab da führt der Weg nicht alleine weiter. Es braucht dann diejenigen, die bislang entmächtigt waren und das Spiel so mitspielten. Wie schon am Anfang dieses Buches klargestellt: Ja, es gibt diejenigen, die (zum Teil) auch gar nicht ermächtigt werden wollen.

Wer jedoch ein wenig zurücktritt, um die Bühne ganz zu überblicken, erkennt hier, grob gesprochen, drei Typen von Menschen: Vollblutdrückeberger, Teilzeitverantwortliche und Vollverantwortliche. Diese Typologie entspricht einer entwicklungspsychologischen Reifung, die jeder durchläuft. Babys und kleine Kinder können noch gar keine Verantwortung übernehmen. Dies geschieht erst im Laufe des Heranwachsens, Stück für Stück. Es kommt immer ein bisschen mehr Verantwortung hinzu – es sei denn, ein Erwachsener drückt sich explizit vor der eigentlich anstehenden Verantwortungsübernahme. Dann greift das, was wir im Deutschen so schön formulieren: Er stiehlt sich aus der Verantwortung. Wenn das ab und an passiert, ist es menschlich, als regelhaftes Verhalten problematisch.

Der erste Typus, der Vollblutdrückeberger, ist kaum anzutreffen, er gleicht eher einem theoretischen Konstrukt. Das sind die Menschen, die im Leben nicht angekommen sind, weil sie in kindlichem Trotz verharren und jegliche Verantwortungsübernahme verweigern. Sie stehen für sich und ihre Handlungen weder im Privaten noch im Professionellen ein.

Die Teilzeitverantworter übernehmen Verantwortung vielleicht nur zögernd, ängstlich, möchten sie am liebsten abwälzen. Manche suchen sie aber auch und freuen sich, wenn sie fündig werden. Verantwortungsübernahme erfolgt in Teilen, im privaten oder im professionellen Bereich, vielleicht auch oszillierend. Entscheidend ist das »Ja« zu den Konsequenzen des eigenen Handelns. Das ist der *individualpsychologische Beginn von Demokratie*. Keine Mitbestimmung, keine Partizipation, keine Selbstorganisation ohne Verantwortungsübernahme. Wer den Mut dazu aufgebracht hat, tritt von der Reservebank aufs Spielfeld. Dieser Typus ist nach meiner Erfahrung der, den wir am häufigsten finden.

Schließlich gibt es die andere Seite der Gauß'schen Normalverteilung: Typ drei, die Vollverantworter. Diese Menschen geben sich bezüglich der Verantwortungsübernahme keinen irgendwie gearteten Illusionen mehr hin. Ihnen ist klar, dass sie die Verantwortung für ihr Leben selber tragen und niemand sonst. Und zum Leben gehört in unserer Gesellschaft das Private und das Professionelle. Der Zenmeister Dogen schrieb einst in seinem buddhistischen Jahrhundertwerk *Shobogenzo*: »The great way is not difficult. Only avoid picking and choosing.« Zugegebenermaßen war der Kontext ein anderer, und doch passt dieses Zitat beinahe perfekt hierher: Es geht darum, sich nicht zu bequemen und nur in dem einen oder anderen Bereich die Verantwortung zu übernehmen, wo es gerade beliebt. Wer kein Abziehbild seines eigenen Lebens sein will, muss die volle Verantwortung übernehmen. No way out. Ansonsten bleiben Reste von Uneigentlichkeit, und das Ergebnis lenkt von der eigenen Verwirklichung ab. Martin Heidegger schrieb einst: »Jeder ist der Andere und Keiner er selbst.« Nur wer es lässt, die Rosinen der Verantwortungsübernahme aus dem Kuchen des Lebens zu picken, gelangt zur eigenen Größe. Leider ist dieser Typus eher rar gesät, aber immerhin: Es gibt ihn.

Zusammenfassend lässt sich bis hierhin feststellen: Wenn der Wille zur Macht geöffnet wird, von beiden Seiten, von oben und von unten, dann wird vieles möglich. Dann greift das alte Sprichwort: Wo ein Wille, da ein Weg.

Schritt 3: Gravitation aufbauen

Sobald dieser erste, schwerste Schritt im Wissen getan ist, dass auch andere Menschen Verantwortung übernehmen möchten, stellt sich die Frage: Wie geht es weiter? Demokratie kann nicht einfach vollumfänglich von oben angeordnet werden. Aber ein Impuls ist möglich. Aus einer Bewegung ins System kann ein Gravitationszentrum werden, das mit der Zeit wächst, seine Wirkung entfaltet und andere anzieht. Es ist Zeit für eine kurze Rückschau auf die Fallbeispiele. Dann wird hoffentlich deutlich, was ich damit meine, Gravitation aufzubauen.

1961 begann Klaus Hoppmann, sein Unternehmen zu verändern. Sein erster Schritt war noch recht gemäßigt. Er begann damit, seine Mitarbeiter am Erfolg zu beteiligen. Als das Modell stand und sichtbar wurde, dass es funktioniert, war der nächste große Schritt die paritätische Besetzung des Wirtschaftsausschusses als höchstes Entscheidungsgremium. In der Folge kritisierten die Mitarbeiter, dass sie in der täglichen operativen Arbeit noch nicht genug selbst entscheiden können. Gravitation.

Thomas Hinderberger von der Volksbank Heilbronn hat mit seinen Vorstandskollegen angefangen, die Bank auf den Kopf zu stellen. Der erste Schritt begann damit, dass Hinderberger den erfrischend frechen

Berater, der einstmals auf den Tisch stieg, nicht wieder nach Hause geschickt hat, sondern anfing nachzudenken. Und er brachte eine wichtige Frage mit ein: Wozu brauchen wir einen Chef? Der Weg der Volksbank ist noch lange nicht zu Ende, es gibt noch Hürden zu nehmen, aber allmählich kommen Menschen zur Volksbank, um dort zu arbeiten, weil sie mehr Verantwortung übernehmen dürfen als anderswo. Gravitation.

Erinnern Sie sich an die Vorgabe von Herrmann Arnold und Marc Stoffel von der Haufe-umantis AG? Die Wahl zum CEO war kein basisdemokratisches Begehren. Der bisherige Vorstandsvorsitzende und sein potenzieller Nachfolger haben ihren Willen zur Macht ins System hinein geöffnet. Sie sind in den Dialog mit ihren Mitarbeitern gegangen und haben sie eingeladen, diesen Schritt mitzugehen, die Macht zu ergreifen und die Verantwortung zu übernehmen. Das war nicht einfach, aber es war das Risiko des Scheiterns wert. Heute werden alle Führungskräfte regelmäßig gewählt. Gravitation.

Ähnlich war es bei den Farbenwerken Wunsiedel. Angelika Nürnberger brachte als Geschäftsführerin die Idee zum Aufgabenpool ins Unternehmen ein. Sie hat die Möglichkeit eröffnet, zukünftig die Aufgaben selbst zu wählen und mitzugestalten, die täglich erfüllt werden müssen. Auch das war nicht einfach. Es hat neben Mut auch Geduld erfordert, den Glauben an die Mitarbeiter und ein positives Menschenbild. Es werden zunehmend mehr Aufgaben über den Aufgabenpool gesteuert, und jeder darf seinen Widerstand äußern. Alle dürfen und können Ideen über das Ideenmanagementsystem Ideefix einbringen. Wohl nicht jeder, aber viele nutzen es, heute mehr als gestern. Gravitation.

Bodo Janssen von Upstalsboom hat in den Spiegel geschaut, statt wegzublicken. Es hatte ihm nicht gefallen, als er erkannte, was seine Mitarbeiter von ihm und dem Unternehmen wirklich hielten. Aber er hat sich dem gestellt. Er hat sich auf den Weg gemacht, um herauszufinden, was ihm wirklich wichtig ist. Er hat daran gearbeitet, sich seiner selbst bewusster zu werden. Als er sein persönliches Leitbild formuliert hatte, konnte er sich ins Unternehmen neu einbringen. Heute arbeiten seine Mitarbeiter freiwillig im Culture Club und in den Kultur-Workshops regelmäßig an der Kultur des Unternehmens mit. Hoteldirektoren haben das Bedürfnis, mit ihren Mitarbeitern gemeinsam in der Arbeitszeit zu meditieren. Gravitation.

Es könnte nicht offensichtlicher sein. Das Prinzip ist immer dasselbe. So unterschiedlich die Branchen, so verschieden die Unternehmen und ihre Wege, die Anfänge ähneln einander auf frappante Weise. Geschäftsführer und Vorstandsvorsitzende beginnen bei sich, öffnen ihren Willen zur Macht und entwickeln in den weiteren Schritten ein Gravitationszentrum, das andere anzieht. Es liegt mir fern zu behaupten, dass dies der einzige oder gar wahre Weg sei. Es ist einfach *ein* Weg. Vielleicht gibt es noch andere, die sich in weiteren Fallbeispielen herauskristallisieren werden. Einstweilen kann dieser Weg als Anregung dienen.

Schritt 4: Loslassen

Die Zukunft ist nicht vorhersehbar. Wir wissen nicht einmal, was morgen geschehen wird. Mit etwas Glück leben wir unser Leben weiter. Nichts ist 100-prozentig planbar, selbst die ausgeklügeltsten Projektplanungen haben die NASA nicht vor ihren bekannten Katastrophen bewahrt. Um dieser Wahrheit ins Auge zu blicken, muss niemand ins All fliegen, es reicht ein wenig Achtsamkeit und Bescheidenheit. Denn schon unser Alltag birgt genügend ungeplante Überraschungen, gute wie schlechte. Infolgedessen lässt sich die Demokratisierung eines Unternehmens, vielleicht Ihres Unternehmens, noch viel weniger vorhersehen. Aus diesem Grund ist eine der wichtigsten Fähigkeiten, Unsicherheit nicht nur auszuhalten, sondern sogar zu begrüßen. Die Unsicherheit darüber, was wann wie genau passieren wird oder auch nicht, ist ein essenzieller Teil des Lebens und der Arbeit. Deshalb gilt es loszulassen. Nur so kann Arbeit lebendig werden.

Mit Abstand am weitesten ist Klaus Hoppmann gegangen. Sich selbst zu enteignen, wenn man doch als Geschäftsführer weiterarbeiten will, hat visionären Charakter. Dem muss niemand folgen, wenngleich es bewegend wäre, öfter solche Geschichten zu hören. Bodo Janssen hat diesen wichtigen Punkt im Gespräch mit mir trefflich verdichtet. Der Erfolg seines Unternehmens mit all den auch wirtschaftlich positiven Entwicklungen seit dem Beginn der Demokratisierung ist zustande gekommen, weil alle sich davon getrennt und losgelassen haben.

Wer nach den Sternen greifen will, kann sich nicht am Boden festhalten. Demokratisierung ist kein Geschäft für Klammeraffen. Kontrolle ist kein Beweis für Stärke, sondern Vertrauen.

Zeichen der Zeit

Von 2005 bis 2008 arbeitete ich unter anderem für die Continental AG. So lange, bis das Unternehmen durch Schaeffler übernommen wurde. Nur zwei Jahre vorher begann Thomas Sattelberger dort seine Arbeit als Personalvorstand und beendete sie 2007. Aus heutiger Sicht ist es amüsant, wie sich unsere Arbeit dort zeitlich überschnitt. Ich hatte Sattelberger nicht persönlich kennengelernt, sondern konnte mir mein Bild nur aus Erzählungen machen. Aber was ich zu hören bekam, war alles andere als sympathisch. Sattelberger, so schien mir, war ein Vertreter eines effizienzgetriebenen Managements, dessen Credo die Gewinnmaximierung als oberstes Unternehmensziel war. Offensichtlich war das nicht ganz falsch. Sattelberger schrieb in seiner 2015 erschienenen Autobiografie: »… meine Zeit bei Conti waren auch meine Saulus-Jahre: Schaffung von Höchstleistungsorganisationen ohne Rücksicht auf menschliche Verluste. Heroische Führungskonzepte und mit abstrakter Strategie vollgestopfte Managementkonzepte, Top-down-Denken, Projektorganisationen und Reorganisationen ohne Unterlass.«[136]

Das war damals. Jetzt ist das Vergangenheit. Sattelberger positioniert sich heute völlig anders: »Wenn ich jetzt noch einmal auf die Dimensionen eines einzelnen fortschrittlichen Unternehmens eingehen darf: Autonomie, Kollaboration, Diversität, Demokratie und Solidarität, dann halte ich das Element Demokratie für eine der tragenden Säulen für unternehmerische Zukunftsfestigkeit.«[137] Wenn sich bei einem erfolgreichen Vertreter der alten Welt dieser innere Wandel vollzogen hat; wenn ein weiterer Saulus zum Paulus wurde und seinen neuen Pflock medial breitenwirksam in den Boden rammt; wenn ein kaum enden wollendes Interesse an einem der hier vorgestellten Unternehmen zu beobachten ist, dann steht es vielleicht nicht schlecht um einen Wandel, der über ein paar Vorzeigeunternehmen hinausgeht.

Die Zeiten der Ausreden sind vorbei. Ein schwarzer Schwan reicht, um die Hypothese immer weißer Schwäne zu widerlegen. In diesem Buch gibt es mehr als das, und so können wir sicher sein: Unternehmensdemokratie kann äußerst erfolgreich sein und ist kein Vorzeichen eines garantierten Untergangs. Trotzdem können wir Unternehmen die nächsten hundert Jahre so weiterführen wie die letzten. Anstatt unsere mentalen Landkarten und Modelle zu ändern, anstatt unsere Unternehmen zu demokratisieren, können wir weiterhin technikversessen so tun, als ob Innovation darin bestünde, neue Technologien im alten Geist anzuwenden. Es ist ganz einfach: Die unternehmerischen Probleme, die wir schon haben und die noch auf uns zurollen werden, können wir nicht dadurch lösen, dass wir Facebook ins Unternehmen integrieren, Stellenanzeigen twittern und noch mehr outsourcen. Eine Erneuerung der inneren Haltung und Kultur ist die wirkliche Innovation. In hundert Jahren vorwiegend demokratisch geführte Unternehmen vorzufinden ist eine deutlich würdigere und originellere Vision als die Besiedelung des Mars. *Diese* Vorstellung ist einen Traum wert.

Dank

Danke an Peter Felixberger, Programmgeschäftsführer von Murmann Publishers. Er war inhaltlich sofort überzeugt und hatte keine Zweifel daran, dass dieses Buch zur rechten Zeit kommt. Wir haben dann noch intensiv über das Marketing diskutiert, und mein Engagement dafür war willkommen. Das und ein hohes Maß an Freiheit beim Schreiben machten mir mein Leben als Teilzeitautor leichter.

Danke an meine Interviewpartner: Hermann Arnold, Thomas Hinderberger, Bodo Janssen, Bruno Kemper, Guido Kroll, Angelika Nürnberger, Thomas Payer, Markus Stegfellner, Wilfried Stenz und Marc Stoffel. Sie haben sich Zeit für mich genommen, mir vertraut und offen mit mir auch über die schwierigen Seiten der Demokratisierung gesprochen. So haben sie die Grundlagen gelegt für das Wesentliche in diesem Buch: die Fallbeispiele.

Danke an Sebastian Campagna von der Hans-Böckler-Stiftung. Er hat dafür gesorgt, dass ich an dieser Stelle auch gleich noch der Hans-Böckler-Stiftung danken möchte. Denn die Stiftung, deren Zweck die Förderung der Mitbestimmung ist, hat mich freundlicherweise bei der Erstellung dieses Buches gleich in zweifacher Weise unterstützt: erstens durch eine finanzielle Förderung und zweitens durch den Fall Rasselstein und die Kontaktanbahnung zum Betriebsratsvorsitzenden Wilfried Stenz.

Danke an Charlotte Daisy Baute. Sie tauchte im März 2015 aus dem Nichts auf und wollte ein Praktikum bei mir machen. Daraus wurde eine inspirierende gemeinsame Arbeit an diesem Buch, die es besser gemacht hat. Das lag vor allem an ungewollten Demokratielehrstunden, die mich motivierten, meine Position neu zu durchdenken. Nach der Manuskriptabgabe hat sie mich noch weiter begleitet und unterstützt, um mein neues Werk in die Welt zu bringen.

Danke an Christian Rüther, den österreichischen Soziokratieexperten. Er hat mich, basierend auf seinen langjährigen Erfahrungen, kollegial bei der Erstellung des Abschnitts über Soziokratie im Methodenkapitel unterstützt. So wurde auch dieser Teil deutlich besser, als ich das alleine hinbekommen hätte.

Danke an meinen Kollegen Gebhard Borck. Er hat einige Passagen gegengelesen und diese bereichert. Vor allem aber hat er mich vor einem wirklich bösen Fauxpas bewahrt. Er war damit mein externalisierter Kritiker.

Danke an Rani Baur. Sie hat sich in einer Woche, in der meine Frau beruflich unterwegs war, liebevoll um unsere Söhne gekümmert. So konnte ich weiterschreiben und mein Manuskript pünktlich abgeben. Ohne sie wäre das Leben in dieser Zeit deutlich stressiger geworden.

Danke an Ansgar Rougemont, meinen Freund aus alten Tagen, als wir noch zusammen Musik machten und die Bühnen der Welt erobern wollten. Er hat in der letzten Woche meines Endspurts zur Manuskripterstellung sein Haus in der Schweiz für mich geöffnet. Die Ruhe dort und der Blick auf die französischen Alpen waren inspirierend. Unsere anregenden Gespräche in dieser Zeit haben zudem an der einen oder anderen Stelle ihren Niederschlag gefunden.

Zum Abschluss danke ich meiner Frau Andrea. Zunächst für einige gruselige Berufsgeschichten, die mir immer wieder verdeutlicht haben, wie wichtig es ist, etwas am Status quo zu ändern, nicht aufzuhören und weiterzumachen. Vor allem aber hat sie den Glauben an mich nicht aufgegeben und mich spüren lassen, dass ich an etwas Wichtigem dran bin.

Anhang

Anmerkungen

1 Wer es genau wissen will, kann hier die Angaben zur Berechnungsgrundlage von Gallup nachlesen, wie ich sie exemplarisch aus dem Pressebericht für den Index 2008 entnommen habe:

Fehlzeiten:

»Berechnungsgrundlage: 33,172 Millionen Erwerbstätige ab 18 Jahre (ohne Selbständige, mithelfende Familienangehörige) gemäß Statistischem Bundesamt, davon weisen 13 Prozent eine hohe emotionale Bindung an ihr Unternehmen auf, 67 Prozent eine geringe emotionale Bindung und 20 Prozent keine emotionale Bindung. Die Anzahl der Fehltage basiert auf der Selbstauskunft der Befragten. Die durchschnittlichen Arbeitskosten pro Stunde betragen laut Statistischem Bundesamt 28,18 Euro. Jeder Fehltag verursacht damit Kosten in Höhe von 225,44 Euro.« (Gallup GmbH [2009]: Engagement Index Deutschland 2008. Pressegespräch, S. 10)

Fluktuation:

»Die durchschnittlichen Fluktuationskosten wurden auf der Grundlage der Arbeitskostenerhebung des Statistischen Bundesamtes für die Bundesrepublik Deutschland aus dem Jahr 2004 (letzte verfügbare Daten) unter Berücksichtigung der Berechnungsgrundlage des Corporate Leadership Council, Corporate Executive Board (Workforce turnover and firm performance. The new business case for employee retention) ermittelt (Summe von 47 129 Euro x 0,41 = Fluktuationskosten). Die ausgewiesenen Fluktuationskosten sind als konservativ anzusehen. Andere Quellen führen als Fluktuationskosten pro Mitarbeiter das Doppelte der reinen Gehaltskosten und Nebenkosten eines Jahres an.

Grundlage für die Berechnung ist der Anteil der Personen, die der Aussage »Ich beabsichtige, heute in einem Jahr noch bei meiner derzeitigen Firma zu sein« bedingungslos widersprechen … Von den Mitarbeitern mit hoher emotionaler Bindung widersprechen zwei Prozent, von jenen mit geringer emotionaler Bindung tun dies sechs Prozent, und bei Beschäftigten ohne Bindung sind es 17 Prozent.« (Gallup GmbH [2009]: Engagement Index Deutschland 2008. Pressegespräch, S. 13).

2 Gallup hat dies nicht so formuliert, warum auch immer. Die Studienteilnehmer konnten nur im Rahmen der standardisierten Befragung vorgegebene Aussagen auf einer fünfstufigen Skala bewerten.

3 DGB-Index Gute Arbeit 2008, S. 9.

4 Semler, R. (1993): *Das Semco-System. Management ohne Manager. Das revolutionäre Führungsmodell*. München: Heyne.

5 Mehr über diesen Fall im Kapitel »Quer durch den Garten«, S. 197–200.

6 Bundesanstalt für Arbeitsschutz und Arbeitsmedizin (Hrsg.) (2008): *Initiative Neue Qualität der Arbeit. Was ist gute Arbeit. Das erwarten Erwerbstätige von ihrem Arbeitsplatz.* Dortmund, S. 16.

7 A.a.O., S. 9.

8 Ballhausen, H. et al. (2012): *Global Workforce Study. Geld, Karriere, Sicherheit? Was Mitarbeiter motiviert und in ihrem Unternehmen hält.* Towers Watson.

9 Kruse, P.; Greve, A. (2014), S. 11.

10 Semler, R. (1993): *Das Semco-System. Management ohne Manager. Das revolutionäre Führungsmodell.* München: Heyne.
   Hier meine Rezension dieses durch und durch lohnenden Buchs:
   www.zeuchsbuchtipps.de/das-semco-system

11 Beim argentinischen Tango besteht ein hohes Maß an Freiheit, es gibt keine einfachen Vorgaben, wie der Tanz abzulaufen hat. Infolge dieses improvisierten Vorgehens wird Führung besonders wichtig. Allein: Ein guter Tanguero wird nur der, der den Tanz nonverbal mit seiner Partnerin aushandelt. Ansonsten macht es der bald keinen Spaß mehr, ständig nur hin und her geschoben zu werden.
   Führung ist hier wichtig, aber im Sinne eines kooperativen Prozesses. Dies ist keine Theorie, sondern fußt auf meiner jahrelangen intensiven Tangoerfahrung.

12 Beispielhaft: Ronay, R. et al. (2012): »The Path to Glory is paved with hierarchy«. In: *Psychological Science 2012*, vol. 23(6), S. 669–677.

13 Anicich, E. et al. (2015).

14 Ulkigerweise gleicht so mancher Unternehmenshäuptling eher einem Stammespriester: Lesen in Gedärmen, um die Zukunft vorherzusagen, Tanz ums goldene Kalb (der Gewinnmaximierung), Opferrituale …

15 Die Beleidigung von (Mit-)Arbeitern als Affen reicht mindestens bis Frederick Winslow Taylor zurück. Er diffamierte Arbeiter in seinem Standardwerk über die *Grundsätze wissenschaftlicher Betriebsführung* als »Gorillas«, die zu blöde seien, die eigene Arbeit zu verstehen. (Vgl. dazu auch: Zeuch, A. [2010]: *Feel it!*, S. 17)

16 Im Internet: http://bit.ly/1q68jEc (Stand: 11.08.2015).

17 Ich möchte mich an dieser Stelle nicht mit fremden Federn besonderer Belesenheit schmücken. Diese Zitate verdanke ich dem herausragenden Werk *Die Weisheit der Vielen* des amerikanischen Wissenschaftsjournalisten James Surowiecki. Dieses Buch ist uneingeschränkt lesenswert für alle, die sich mit dem Thema der Mitbestimmung und Selbstorganisation für Unternehmen befassen.
   www.zeuchsbuchtipps.de/die-weisheit-der-vielen

18 Ich bleibe bei dem Begriff. Auch wenn Gunther Dueck sein Buch *Schwarmdumm* 2015 herausbrachte. Was mich ohnehin nicht überzeugte, denn Dueck kritisiert Aspekte, die gerade nicht einer kollektiven Entscheidung zugänglich gemacht werden.

19 Herzog, R.: »Demokratie darf nicht zur Expertokratie verkommen«. Rede bei der Generalversammlung der Görres-Gesellschaft, 1998.

20 Wesentlich ausführlichere Berichte dieser beiden Fallbeispiele finden Sie im bereits erwähnten Buch *Weisheit der Vielen* von James Surowiecki.

21 Ausführlicher dazu vgl. Zeuch, A. (2010): *Feel it! So viel Intuition verträgt Ihr Unternehmen.* Weinheim: Wiley, S. 94–96.

22 »Die Mitarbeiter wollen gar nicht mitbestimmen.« Diese Aussage in Form einer Generalisierung irritiert mich immer wieder. Denn was würde wohl passieren, wenn man all diesen uninteressierten, passiven Mitarbeitern, die im Job angeblich alles gesagt bekommen wollen, im Privatleben dauernd sagen würde, was sie wann wie machen sollen?

23 Zeuch, A.: »Strategieentwicklung und Belegschaft. Vielfalt schlägt Einfalt«. In: Becker, L.; Gora, W.; Michalski, T. (Hrsg.) (2014): *Business Development Management. Von der Geschäftsidee bis zur Umsetzung.* Düsseldorf: Symposion.

24 Bussmann, K.; Nestler, C.; Salvenmoser, S. (2011): *Wirtschaftskriminalität 2011.* Hrsg. von der PricewaterhouseCoopers AG Wirtschaftsprüfungsgesellschaft und der Martin-Luther-Universität Halle-Wittenberg, S. 7, S. 62.

25 Bund, K.; Lebert, S.; Kotynek, M. (2013): »Macht Geld unmoralisch?« In: *Zeit* Nr. 18/2013. Online: http://bit.ly/1nznARg

26 Ja, ich meine tatsächlich *jede* Arbeit – auch die des Reinigungspersonals. Nicht umsonst formulierte Enja Riegel, ehemalige Direktorin der äußerst erfolgreichen Helene-Lange-Schule in Wiesbaden: »Demokratie fängt beim Putzen an.« Hand aufs Herz: Wer will schon in einem dreckigen Umfeld arbeiten? Insofern ist diese ungeliebte Arbeit wertvoll und wichtig. Und das Reinigungspersonal sieht Dinge, die allen anderen verborgen bleiben. Vielleicht ist deshalb bei den Farbenwerken Wunsiedel auch das Reinigungspersonal bei der Ideenentwicklung dabei (vgl. S. 130–132).

27 Sollte Sie diese Frage ärgern, erinnern Sie sich bitte an die zwei Fragen, die ich kurz zuvor gestellt hatte:
   1. Wer hat all die inkompetent-demotivierten Mitarbeiter in einem Unternehmen eingestellt?
   2. Wenn alle oder die meisten der Mitarbeiter anfänglich kompetent-motiviert waren, warum sind sie es später nicht mehr?

28 Dönhoff, Marion Gräfin (1968): »Krise der Demokratie? Resümee einer Diskussion«. In: *Zeit Online*, 02.02.1968: http://bit.ly/1AtQDea

29 Merkel, W. (2013): »Krise? Krise! Zukunft der Demokratie«. In: *Frankfurter Allgemeine Online*: 05.05.2013: http://bit.ly/1AtLAu4

30 Kleinert, H. (2009): »Krise der repräsentativen Demokratie?« Online-Publikation bei der Bundeszentrale für politische Bildung: http://bit.ly/1trjnlV (Stand: 30.07.2014).

31 Es gibt nichts Neues unter der Sonne. Na ja, fast. Jedenfalls stellte ich nach der Niederschrift dieses Kapitels fest, dass diese Gedanken im Grundsatz (mindestens) schon 1970 durch die englische Politikwissenschaftlerin Carole Pateman formuliert wurden (Pateman 1970).

32 Nicht umsonst gibt es das schöne Sprichwort »Der Glaube versetzt Berge«.

33 Diese Studie basiert auf einem der größten Datensätze in diesem Forschungsbereich: Die amerikanische Professorin Gretchen Spreitzer untersuchte 17 000 Datensätze aus 61 verschiedenen Ländern und 825 Unternehmen.

Natürlich ist, wie bei den meisten anderen Studien, weder ein Kausalitätsnachweis noch eine Wirkrichtung durch diese Untersuchung belegt. Es ist einfach nur plausibel, wenn durch und durch demokratische Länder auch über mehr demokratische Unternehmen verfügen. Denn es ist kaum zu erwarten, dass in totalitären Staaten partizipative Führung in Unternehmen überhaupt zulässig ist.

Trotzdem ist es ein durchweg wichtiges Ergebnis, dass es einen überzufälligen Zusammenhang zwischen der Anzahl an partizipativer Unternehmensführung einerseits und Korruption sowie Frieden/Unruhe andererseits gibt.

34 Rigotti et al. (2014).

35 Interessanterweise stammten die meisten besonders demokratischen Unternehmen aus Deutschland.

36 Eine sehr gute, ausführliche Reflexion über die Aussagekraft bisheriger Studien finden Sie in der Dissertation von Christine Unterrainer über organisationale Demokratie aus dem Jahr 2012.

37 Weber et al. (2007), S. 11, S. 13.

38 Wikipedia.

39 Dass Banken mit gigantischen finanziellen Rettungsschirmen, finanziert durch die Steuerzahler, vor dem Absturz bewahrt wurden, war ebenso wenig ein demokratischer Entscheid wie die Tatsache, dass Banken überhaupt systemrelevant werden konnten.

40 Es ist grotesk. Einerseits regulieren wir den Einsatz von Leuchtmitteln, um den CO_2-Ausstoß zu reduzieren, was schon an sich fragwürdig ist. Andererseits lassen wir Einkommensscheren zu, die das Potenzial haben, die demokratische Grundordnung nachhaltig zu zersetzen.

Weltweite Daten zu den Folgen der sich immer weiter öffnenden Einkommensschere liegen längst vor und sind ausgewertet. Die Folgen dieser Ungleichverteilung lassen sich ohne Übertreibung als katastrophal beschreiben.

Vgl. Wilkinson, R.; Pickett, K. (2009): *Gleichheit ist Glück. Warum gerechte Gesellschaften für alle besser sind.* Berlin: Haffmans & Tolkemitt.

Meine Rezension hierzu: www.zeuchsbuchtipps.de/gleichheit-ist-glueck

41 Wenn rund zwei Drittel der Bevölkerung eine Lebensmittelampel wünschen und die Nahrungsmittelindustrie das durch ihre Lobbyvertreter verhindert, kann wohl kaum noch von Demokratie die Rede sein.

42 Falls Sie irritiert sein sollten, wie ich auf diesen Meilenstein der Geschichte komme: Ich bezweifle beispielsweise, das alle Mitarbeiter echte Meinungsfreiheit im Unternehmen leben dürfen. Das aber ist bereits in der Allgemeinen Erklärung der Menschenrechte in Artikel 19 gefordert. Ein anderer Punkt: Wie viele Ärzte müssen heute so viel arbeiten, dass längst Artikel 24 zur »vernünftigen Begrenzung« der Arbeitszeit verletzt ist? Und so weiter. Wir brauchen an dieser Stelle nicht noch mehr Regelung, sondern endlich die Umsetzung dessen,

was schon 1948 formuliert wurde: UNO-Resolution 217 A (III) vom 10. Dezember 1948.

43 Zur Illustration ein Beispiel: Wenn jemand der Meinung ist, er wiege zu viel, und darunter leidet, wird er versuchen abzunehmen. Dabei ist es völlig unerheblich, ob dieser Mensch tatsächlich übergewichtig ist oder vielleicht sogar schon anorektische Züge aufweist. Umgekehrt wird jemand, der mit seinem Gewicht zufrieden ist oder dem es egal ist, sich nicht weiter darum kümmern. Selbst dann, wenn er massiv übergewichtig ist und nicht mehr durch die Tür seiner Wohnung passt.

44 Auf die Bedeutung gemeinsamer, mithin demokratischer Problemdefinition gehe ich im Kapitel über »Instrumente und Methoden« genauer ein (S. 218–219).

45 Berger et al. (1985), S. 36 f.

46 A.a.O., S. 37.

47 Egger, U. (2011), S. 9.

48 S. 4.

49 S. 5.

50 Der Film gewann 1990 den Oscar für das beste Originaldrehbuch und war in den Kategorien bester Film, beste Regie und bester Hauptdarsteller (Robin Williams) nominiert. Weitere Informationen: https://de.wikipedia.org/wiki/Der_Club_der_toten_Dichter

51 Gysinn; Capriuoli (2015), S. 91; kursiv im Original.

52 A.a.O., S. 90.

53 A.a.O., S. 91.

54 A.a.O.

55 Vgl. dazu meine Ausführungen über die Selbstwirksamkeitserwartung im Kapitel »Arbeit als Demokratielabor«, S. 48–49.

56 Kemper formulierte dies sehr vorsichtig: »Wenn Sie sich engagieren, möchten Sie natürlich gerne eine Wirkung des Engagements sehen. Wenn Sie diese Wirkung nicht sehen, lässt die Motivation üblicherweise nach. Es ist mir noch nie darum gegangen, andere Unternehmer oder Unternehmen zu missionieren, sondern es ging mir nur darum: Ich habe bereitwillig Auskunft gegeben, ich habe erklärt, erläutert, was wir tun und wie wir es tun, in der Hoffnung oder in der Erwartung, damit Anregungen bieten zu können.« Anregen statt missionieren. So verstehe ich Kemper.

57 Vgl. dazu Wächter, H.; Jochmann-Döll, A. (2009): »Das Hoppmann-Mitbestimmungsmodell in Siegen«. Hans-Böckler-Stiftung. Arbeitspapier Nr. 166: S. 5: »In der Debatte um die Novellierung des BetrVG tauchten deshalb auch Forderungen nach einer Verankerung einer Mitbestimmung am Arbeitsplatz auf (Leminsky 1969, Vilmar 1971), und es wurden entsprechende ausformulierte Vorschläge dazu vorgelegt (Matthöfer 1968). Die Gewerkschaften, namentlich die IG Metall, wandten sich gegen diese Vorschläge, die aus ihren eigenen Reihen gekommen waren. Es wurde erwartet, dass die beabsichtigte Einrichtung von Arbeitsgruppensprechern eine Konkurrenzsituation zu den Betriebsräten schaffen und zu deren Schwächung führen könnte. Man befürchtete, dass die

Arbeitsgruppen den Argumenten des Arbeitgebers nach Zugeständnissen sehr viel leichter zugänglich seien und damit die solidarische Politik der Betriebsräte unterminieren könnten. Ferner fürchtete man eine potenzielle Konkurrenz zu den vom BetrVG unabhängigen gewerkschaftlichen Vertrauensleuten. (Zur Dokumentation dieser Argumente vgl. Vilmar 1971.)

Schließlich blieben in dem verabschiedeten Gesetz von 1972 nur Spurenelemente einer Mitbestimmung am Arbeitsplatz übrig (vgl. §§ 90–91 BetrVG), und die Protagonisten dieser Vorschläge verloren ihre Posten in der Gewerkschaftsorganisation.« (Hervorhebung: A.Z.)

58 Henry Ford formulierte das drastischer: »… Gewerkschaftsführer … wollen, dass die Verhältnisse bleiben, wie sie sind – sie wollen Ungerechtigkeit, Provokationen, Streiks, Hass und ein verkrüppeltes nationales Leben verewigen. Jeder Streik bietet ihnen eine neue Handhabe; sie weisen auf ihn hin und betonen: ›Seht ihr! Ihr könnt uns immer noch nicht entbehren‹.« Ford, H. (1926/2014): *Mein Leben, mein Werk.* Kindle E-Book).
Bei aller berechtigten Kritik an Ford könnte da etwas dran sein. Vor allem, wenn man die von Wächter und Jochmann-Döll (2009) genannten Ereignisse über den Kampf um das deutsche Betriebsverfassungsgesetz in den 1970er Jahren in Rechnung stellt.

59 Hoppmann Autowelt (2011): »Mitarbeiterbeteiligung bei Hoppmann«. Broschüre der Martin Hoppmann GmbH, S. 19.

60 Damit ist dieses Unternehmen auch ein schönes Beispiel für meinen Vorschlag, insbesondere Strategieentscheidungen zu demokratisieren. Vgl. Zeuch, A.: »Strategieentwicklung und Belegschaft. Vielfalt schlägt Einfalt«. In: Becker, L.; Gora, W.; Michalski, T. (Hrsg.) (2014): *Business Development Management. Von der Geschäftsidee bis zur Umsetzung.* Düsseldorf: Symposion.

61 Damit leistet die Haufe-umantis AG das, was die Wagner Solar & Co. GmbH versäumt hat. Dieses Versäumnis einer passenden Einstellungspolitik war aus meiner Sicht einer der Gründe für das Scheitern der Unternehmensdemokratie bei Wagner. Mehr dazu im Kapitel »Anfang und Ende«, S. 185–196.

62 Diese Voraussetzungen sind: Vielfalt der Teilnehmer, unabhängige Meinungsbildung, Dezentralisierung, freiwillige Teilnahme und die Bündelung der Daten. Vgl. Zeuch, A. (2014): Strategieentwicklung und Belegschaft. S. 217–230.

63 Dass es die Haufe umantis AG mit der Unternehmensdemokratie ernst meint, wird hoffentlich aus dem Beispiel klar. Ergänzend möchte ich hier noch anmerken, dass das Unternehmen zusätzlich zum Engagement im eigenen Unternehmen eine Umfrage mit gut 16 300 Teilnehmern in Auftrag gegeben hat. Titel: »Mitarbeiter und Mitentscheider«. Die Literaturangabe finden Sie auf S. 262.

64 Da der erste Schritt der Problemdefinition auch der wichtigste Schritt zu einer Problemlösung ist, gehe ich darauf im Kapitel über »Instrumente und Methoden« gesondert ein (S. 218–219).

65 Das Vertrauen in das Vertrauen ist keine Tautologie, sondern ein »Vertrauensvorschuss«.

66 A.a.O., 13.11.2014.

67 S. 446.

68 S. 113.

69 Mehr über diese beiden Unternehmen im Kapitel »Quer durch den Garten«, auf S. 200–209.

70 Damit ist Ideefix eine schöne Variante eines innovativen Möglichkeitsraums, wie ich ihn als Bestandteil einer effektiven Entscheidungskultur in meinem letzten Buch vorschlug: Zeuch, A. (2010), S. 221–226.

71 Kaudela-Baum et al. (2014), S. 165.

72 Das erinnerte mich spontan an den fiktiven Protagonisten Tyler Durden in David Finchers Film *Fight Club*, der an einer Stelle lakonisch anmerkt: »Wir machen Jobs, die wir hassen, und kaufen uns dann Scheiße, die wir nicht brauchen.« Chapeau!

73 Mehr darüber im Kapitel »Instrumente und Methoden« unter »Systemisches Konsensieren«, S. 224–226.

74 Weitere Informationen über das Konzept der Sinnkopplung finden sich in dem Buch *Affenmärchen* von Gebhard Borck (siehe weiterführende Literatur und Quellen).

75 von Fournier (2013), S. 207.

76 Laudenbach (2014), S. 119.

77 Mit dem Begriff Anfängergeist meine ich die Fähigkeit, trotz der im Laufe vieler Jahre hart erarbeiteten Expertise immer wieder mit den Augen des Anfängers auf eine Aufgabe oder ein Problem zu blicken. Wer das nicht leistet, läuft Gefahr, dass die eigene ursprünglich lebendige, neugierige Expertise zu toter Expertokratie versteinert. Expertokraten wissen alles besser, sie haben alles schon verstanden und können immer die einzig wahre und erfolgreiche Lösung aus dem Hut zaubern. (Vgl. Zeuch, A. (2010): *Feel it!*, S. 198–205).

78 Vester wurde vor allem durch drei Werke bekannt: *Neuland des Denkens, Denken, Lernen, Vergessen* und *Die Kunst, vernetzt zu denken*.

79 www.frederic-vester.de

80 Korrekt müsste es heißen: Alfred-Nobel-Gedächtnispreis für Wirtschaftswissenschaften. Es existiert keine offizielle deutsche Bezeichnung für diesen bekanntesten Preis der Wirtschaftswissenschaften.

81 Das Montan-Mitbestimmungsgesetz wurde vom ersten DGB-Vorsitzenden Hans Böckler erkämpft und trat am 7. Juni 1951 in Kraft. Der Name leitet sich vom lateinischen Wort »mons« für Berg ab. Damit soll die Nähe zum Bergbau markiert werden. Allerdings ergab sich bekanntermaßen ein rasanter Rückgang genau dieser Industrie. Die von Böckler erkämpften demokratischen Fortschritte sind also durch diese Veränderungen der Industrielandschaft bedroht.

82 Giesert (2010), S. 14.

83 Giesert (2010), S. 25.

84 Weick, K.; Sutcliffe, K. (2003): *Das Unerwartete managen: Wie Unternehmen aus Extremsituationen lernen*. Stuttgart: Klett-Cotta.

85 Im Sinne der klassischen Unterteilung von Prävention in Primär-, Sekundär- und Tertiärprävention durch Gerald Caplan sind hier nach meinem Verständnis

die Sekundär- und die Tertiärprävention gemeint. Es geht darum, eine Chronifizierung von Krankheiten zu verhindern und für den Fall, dass eine Krankheit bereits voll ausgebrochen ist, Folgeerkrankungen vorzubeugen.

86 Giesert (2010), S. 15.

87 Das schränkt deren Wirksamkeit nachweislich stark ein, denn Gesundheit lässt sich nicht verordnen. Wer will schon gezwungen werden, gesund zu essen oder in regelmäßigen Abständen die Treppe zu nutzen, weil der Aufzug aus Gründen der Gesundheitsförderung gesperrt ist? Das erzeugt eher Widerstand als gesundes Verhalten. Das zeigt auch eine Studie, die 2014 im *Deutschen Ärzteblatt* veröffentlicht wurde: »Mit Blick auf die wichtige Frage, wie viele Mitarbeiter bei exzellenten Rahmenbedingungen auf Präventionsangebote reagieren, ergibt sich ein anderes Bild. Trotz der Möglichkeit, alle Angebote während der Arbeitszeit wahrzunehmen, persönlicher Einladung durch das Leitungspersonal (und dessen aktiver Teilnahme) sowie die für militärische Mitarbeiter (90 Prozent) bestehende Verpflichtung zum Sport nahm die Mehrheit des Personals nicht an der Initiative teil. … Die umfangreichen und aufwändigen Präventionsangebote der vorliegenden Studie lassen sich kaum flächendeckend in der Arbeitswelt realisieren. Daher muss bezweifelt werden, ob mit den derzeit verfügbaren Präventionsinstrumenten eine effektive und effiziente Gesundheits- und Fitnessförderung möglich ist.« (Leyk, D. et al. [2014], S. 325 f.)

88 Natürlich bedeutet dies keine irgendwie geartete Garantie auf Gesundheit. Es heißt nur, dass Menschen wahrscheinlich weniger häufig psychisch oder somatisch erkranken, wenn sie sich der Welt und damit ihrer Arbeit nicht ausgeliefert fühlen.

89 Projekt Bank für Gemeinwohl (2014), S. 2.

90 »Das Firmenbuch ist ein von den Landesgerichten (in Wien vom Handelsgericht, in Graz vom Landesgericht für Zivilrechtssachen) geführtes öffentliches Verzeichnis. Es dient der Verzeichnung und Offenlegung von Tatsachen, die nach den unternehmensrechtlichen Vorschriften einzutragen sind.« www.justiz.gv.at/web2013/html/default/8ab4a8a422985de30122a90fc2ca620b.de.html

91 Mondragon ist seit Jahren eines der Standardbeispiele für Mitbestimmung und Unternehmensdemokratie. Leider musste ich feststellen, dass es schwierig ist, wirklich etwas aus erster Hand über diesen Unternehmensverbund zu erfahren. Meine Anfragen an die beiden deutschen Unternehmen, die zu Mondragon gehören, sind komplett ignoriert worden, so dass kein Interview zustande kam. Das passt nicht so ganz zu dem, wie sich Mondragon insgesamt darstellt. Des Weiteren ist allmählich unklar, wie es eigentlich um die Demokratie bei Mondragon bestellt ist. Vgl. Christiansen, A. A. (2014): »Evaluating Workplace Democracy in Mondragon«. UVM Honors College Senior Thesis. Paper 31.

92 Dass dies alles andere als utopisch ist, zeigt das Beispiel der Volksbank Heilbronn (vgl. S. 72–88), die 2010 über 41000 Mitglieder hatte und in nur fünf Jahren im Rahmen ihrer Demokratisierung fast 6000 Mitglieder dazugewonnen hat – und damit jetzt auf 50000 Mitglieder zusteuert.

93 www.artofhosting.org/de/what-is-it/

94 Systemisches Konsensieren ist – sehr kurz beschrieben – eine konsensnahe demokratische Entscheidungsmethode. Der Kern besteht darin, nicht die Zustimmung der Gruppenmitglieder zu erheben, sondern den Grad des Widerstands. Dazu entwickelt die (Groß-)Gruppe selber Vorschläge, über die nicht abgestimmt wird, sondern bei denen dann der Wiederstand gemessen wird. Umgesetzt wird am Ende der Vorschlag mit dem geringsten Widerstand. Das systemische Konsensieren umfasst, grob skizziert, vier Phasen: Fragestellung entwickeln, Lösungsvorschläge sammeln, Bewertung, Auswertung. Mehr zu dieser Methode finden Sie im Kapitel »Eine Frage der Haltung«, S. 224–226. Dieses Verfahren ähnelt stark der Vorgehensweise der Widerstandsmessung beim Aufgabenpool der Farbenwerke Wunsiedel (vgl. S. 127–130).

95 »Soziokratie ist eine Organisationsform, mit der Organisationen verschiedener Größe … konsequent Selbstorganisation umsetzen können.« (Wikipedia) Mehr über dieses Organisationskonzept im Kapitel »Eine Frage der Haltung« (vgl. S. 231–237).

96 Homepage Solar Wagner, letzter Aufruf 16.03.2015.

97 Brinkmann & Partner (2014).

98 Vorsatz (2014).

99 Deshalb habe ich mich nach einigem Hin und Her auch für ein Kapitel über »Instrumente und Methoden« in diesem Buch entschieden. (S. 217–237).

100 Sunstein, C.; Hastie, R. (2015), S. 6.

101 Mehr dazu im Kapitel über »Instrumente und Methoden« S. 227–230.

102 Eine andere Möglichkeit, das größere Risiko aufzufangen, wurde in der Bank für Gemeinwohl eingerichtet: Sobald eine Entscheidung die persönliche Haftbarkeit der Geschäftsführer betrifft, können diese ein Veto einlegen.

103 Mehr zu diesem Fallbeispiel später im folgenden Kapitel »Quer durch den Garten« ab S. 200–205.

104 Krieger, T. (2014): »Expertise statt Hierarchie«. In: changeX, 06.06.2014.

105 Semler, R. (1993): Das Semco-System. Management ohne Manager. Das neue revolutionäre Führungsmodell. München: Heyne Business.

106 Cecosesola (2013), S. 10.

107 2007 gipfelte dies gemäß UNO in der weltweit höchsten Verbrechensrate mit Hilfe von Schusswaffen.

108 Cecosesola (2013), S. 26. Um keine Irritationen zu erzeugen: So wie die Frage formuliert ist, gibt es einen Widerspruch zu meiner eigenen Aussage, dass es bei der Demokratisierung gar nicht um die Abschaffung von Hierarchie geht, sondern wesentlich um Dynamisierung, also wechselnde Führung statt formal fixierter Führungspositionen. Ich gehe davon aus, dass die Cooperativistas mit Hierarchie die klassische formal fixierte Hierarchie meinten. Und in diesem Sinne ist diese Frage Gold wert.

109 A.a.O., S. 126.

110 A.a.O., S. 125.

111 A.a.O., S. 127.

112 Was in diesem letzten Punkt an das Soziokratie- und Holacracy-Prinzip erinnert, dass jede Entscheidung revidierbar ist. Mehr dazu finden Sie im Kapitel »Eine Frage der Haltung«, S. 231–237.

113 Der chilenische Neurobiologe und Erkenntnistheoretiker Humberto Maturana ist über die akademische Welt hinaus bekannt geworden durch sein populärwissenschaftliches Buch *Der Baum der Erkenntnis.* Maturana erarbeitete dieses Standardwerk konstruktivistischer System- und Erkenntnistheorie zusammen mit seinem Landsmann Francisco Varela, der als Neurowissenschaftler und Erkenntnistheoretiker tätig war. Ein Buch, das auch heute noch lohnenswert ist.

114 Pflüger (2009), S. 195.

115 A.a.O., S. 201.

116 A.a.O., S. 188.

117 Chouinard, Y. (2010), S. 231.

118 A.a.O., S. 223.

119 A.a.O., S. 232.

120 A.a.O.

121 A.a.O., S. 233.

122 A.a.O., S. 227.

123 Den Wert dieser Arbeit können wir zum Beispiel erleben, wenn die Müllabfuhr streikt und es auf den Straßen zu stinken beginnt. Auf diesen noch harmlosen Anfang folgen dann Ratten und Ungeziefer, bis schließlich Krankheiten und Seuchen ausbrechen. Nicht viel anders verhält es sich mit dem Reinigungspersonal in Krankenhäusern. Wir leben auf einer dünnen Schicht von Ordnung. Darunter brodelt das Chaos, von Menschen in Schach gehalten, denen wir zu wenig Respekt zollen.

124 Oltmanns, T.; Nemeyer, D. (2009): *Machtfrage Change.* Frankfurt/Main: Campus, S. 170.

125 Ich hatte Dialogrunden schon in meinem letzten Buch in der Verbindung mit professioneller Intuition dargestellt und reflektiert. Hier gehe ich bewusst nochmals auf diese Methode ein. Diesmal fokussiere ich auf den Wert der Methode bei der Demokratisierung von Unternehmen. Beide Themen, Intuition und kollektive Intelligenz im Sinne gemeinsamen Denkens, sind tief mit der Methode verbunden.

126 Im Dialog gibt es insgesamt zehn Regeln. Aus meiner Erfahrung heraus reichen aber die hier genannten fünf aus.

127 Falls Sie sich wundern, dass die Teilnehmer schon wieder im Kreis sitzen: Das ist nicht weiter überraschend. Der Kreis ist die bestmögliche Sitzanordnung, um demokratische Kommunikation zu ermöglichen. Niemand sitzt in der ersten Reihe oder außen oder innen, niemand steht auf einer Bühne vor einer klassischen Tagungsbestuhlung und gibt den Ton an. Der Kreis ist ein kraftvolles Symbol gleichberechtigter Sitzanordnung. Sobald es nötig wird, innere und äußere Stuhlkreise aufzustellen, verliert dieses Symbol schon an Kraft, weil die Egalität durchbrochen wurde. Allerdings ist die Anordnung in konzentrische Kreise immer noch besser als eine Tagungsbestuhlung.

128 Owen (2007), S. 171.

129 Zur Vertiefung sind die Bücher von Rolf Dobelli und Cass Sunstein empfehlenswert, die Sie auf S. 264 finden.

130 Der etwas sperrig anmutende Begriff hat wichtige Implikationen. Deshalb rate ich dazu, diesen Begriff auch zu verwenden, wenn man dieses Konzept im Unternehmen nutzt. Hintergrund: In dem erwähnten Beratungsmandat regte sich eine der Führungskräfte wiederholt über den Begriff auf, da er so unaussprechbar sei. Er machte daraus immer wieder süffisant »Holla-Crazy« und wollte, dass das Führungsteam eine andere Bezeichnung findet. Glücklicherweise konnte sich das Team trotz der wiederholten phonetischen Lästereien (der Ton macht die Musik) auf den Begriff einlassen.

131 Wittrock (2007), S. 5. Ob die Ergänzungen und Veränderungen tatsächlich Innovationen sind, lässt sich auch noch strittig diskutieren. Dem hier nachzugehen würde jedoch zu weit führen.

132 Einen deutlichen Hinweis auf diese Verschleierung bietet das neue Buch von Brian Robertson: *Holacracy. The NEW Management System for a Rapidly Changing World*. Was außer einigen Variationen zur Soziokratie da genau neu sein soll, ist mir ein Rätsel. Ziemlich offensichtlich ist jedoch, warum das Ganze als »neu« angepriesen wird.

133 Diese Definition stammt von Christian Rüther auf der Basis langjähriger Erfahrung mit Soziokratie (private Mitteilung per E-Mail)

134 Ich unterscheide Prinzipien, Regeln und Verfahrensanweisungen. Diese Begriffe sind für mich durch verschiedene Abstraktionsgrade definiert: Prinzipien sind am abstraktesten, während Verfahrensanweisungen fast keinen Spielraum mehr in der Umsetzung lassen.

135 Ries, E. (2012): *Lean Startup: Schnell, risikolos und erfolgreich Unternehmen gründen*. München: Redline.
Dazu meine Rezension: www.zeuchsbuchtipps.de/Lean-startup/

136 Sattelberger, T. (2015): *Ich halte nicht die Klappe. Mein Leben als Überzeugungstäter in der Chefetage*. Hamburg: Murmann, S. 252.

137 A.a.O., S. 255.

Weiterführende Literatur und Quellen

Mehr Wert!

DGB-Index Gute Arbeit GmbH (2009): DGB-Index Gute Arbeit 2008
Fuchs, T. (2006): Was ist gute Arbeit? (No. 19). inqa.de. INQA
Nink, M. (2009): Gallup Engagement Index Deutschland 2008. Gallup GmbH
Nink, M. (2011): Gallup Engagement Index Deutschland 2010. Gallup GmbH
Nink, M. (2012): Gallup Engagement Index Deutschland 2011. Gallup GmbH
Nink, M. (2013): Gallup Engagement Index Deutschland 2012. Gallup GmbH
Nink, M. (2014): Gallup Engagement Index Deutschland 2013. Gallup GmbH
Kruse, P.; Greve, A. (2014): *Führungskultur im Wandel*. Initiative Neue Qualität der Arbeit.
Towers Watson. (2012): Global Workforce Study 2012. Towers Watson

In welcher Welt wollen Sie leben?

Anicich, E. et al (2015): »Hierarchical cultural values predict success and mortality in high-stakes teams«. In: *PNAS* 2015, 112 (5), S. 1338–1343
Bussmann, K; Nestler, C.; Salvenmoser, S. (2011): *Wirtschaftskriminalität 2011*. Herausgegeben von der PricewaterhouseCoopers AG Wirtschaftsprüfungsgesellschaft und der Martin-Luther-Universität Halle-Wittenberg
Harrison, J.; Freeman, R. E. (2004): »Democracy in and around organizations«. In: *Academy of Management Executive*, 18(3), S. 49–53
Surowiecki, J. (2009): *Die Weisheit der Vielen. Warum Gruppen klüger sind als einzelne*. München: C. Bertelsmann
Zeuch, A. (2010): *Feel it! So viel Intuition verträgt Ihr Unternehmen*. Weinheim: Wiley
Zeuch, A.: »Strategieentwicklung und Belegschaft. Vielfalt schlägt Einfalt«. In Becker, L.; Gora, W.; Michalski, T. (Hrsg.) (2014): *Business Development Management. Von der Geschäftsidee bis zur Umsetzung*. Düsseldorf: Symposion

Arbeit als Demokratielabor

Elden, M. (1980): »Autonomy at work and participation in politics«. In: Cherns, A. (Hrsg.): *Quality of Working Life and the Kibbutz Experience*. Norwood, PA, S. 230–256
Gardell, B. (1983): »Worker participation and autonomy: a multi-level approach to democracy at the work place«. In: Crouch, C.; Heller, F. A. (Hrsg.): *Organizational Democracy and Political Processes. International Yearbook of Organizational Democracy*. Bd. 1. Chichester: John Wiley & Sons, S. 353–387
Goletz, H.-P. (2001): *Partizipation in Kleinbetrieben: Korrelate, Moderatoren und Mediatoren*. Marburg: Unveröffentlichte Diplomarbeit. Universität Marburg, Fachbereich Psychologie

Greenberg, E.; Grunberg, L.; Daniel, K. (1996): »Industrial Work and Political Participation: Beyond Simple Spillover«. In: *Political Research Quarterly 49(2)*, S. 305–330

Karasek, R. A. (2004): »Job socialization: The carry-over effects of work on political
and leisure activities«. In: *Bulletin of Science, Technology & Society*, 24(4), 284–304

Pateman, C. (1970): *Participation and Democratic Theory*. Cambridge: Cambridge
University Press

Rigotti, T.; Holstad, T.; Mohr, G.; Stempel, C. (2014): Rewarding and sustainable
health-promoting leadership (Projekt Nr. F 2199). Bundesanstalt für Arbeitsschutz
und Arbeitsmedizin (Hrsg.), Dortmund, Berlin, Dresden

Spreitzer, G. (2007): »Giving peace a chance. Organizational leadership, empower-
ment, and peace«. In: *Journal of Organizational Behavior, 28(8)*, S. 1077–1095

Unterrainer, C. (2012): *Organisationale Demokratie. Der Einfluss von strukturell ver-
ankerter und individuell wahrgenommener Mitbestimmung auf demokratieförderliche
Handlungsbereitschaften der ArbeitnehmerInnen in Wirtschaftsbetrieben*. Dissertation
an der Fakultät für Psychologie und Sportwissenschaft der Leopold-Franzens-Universität Innsbruck

Vilmar, F.; Weber, W. G. (2004): »Demokratisierung und Humanisierung der Arbeit –
ein Überblick«. In: Weber, W.; Pasqualoni, P.-B.; Burtscher, C. (Hrsg.) (2012): *Wirtschaft, Demokratie und soziale Verantwortung*. Göttingen: Vandenhoeck & Ruprecht,
S. 105–143

Weber, W.; Schmidt, B.; Unterrainer, C. (2007): »ODEM-Organisationale Demokratie – Ressourcen für soziale, demokratieförderliche Handlungsbereitschaften«. For-
schungsbericht im Auftrag des Bundesministeriums für Bildung, Wissenschaft und
Kultur im Rahmen des Programms »new orientations for democracy in europe«

Weber, W. G. (2014): Demokratie in Unternehmen. Präsentation auf der Konferenz
Global Campus-Students for Global Justice, 03.04.2014

Unternehmensdemokratie

Berger, J. et al. (1985): *Alternativen zur Lohnarbeit? Selbstverwaltete Betriebe zwischen
Anspruch und Realität*. Hille: AJZ Verlag

Crouch, C.; Heller, F. (1983): *International Yearbook of Organizational Democracy*.
Bd. I: *Organizational Democracy and Political Process*. Hoboken, NJ: John Wiley &
Sons

Hatcher, T. (2007): Workplace Democracy: A Review of Literature and Implications
for Human Resource Development. Unveröffentlichtes Manuskript

McDonnell, D.; Macknight, E.; Donnelly, H. (2012): *Democratic Enterprise*. Co-ope-
rative Education Trust Scotland & University of Aberdeen

Pejovich, S. (1992): »Why Has The Labor-Managed Firm Failed«. In: *Cato Journal*
12 (2), S. 461–473

Poutsma, E., Hendrickx, J.; Huijgen, F. (2015): »Employee Participation in Europe«.
In: *Economical and Industrial Democracy,* 24(1), S. 45–76

Unterrainer, C. et al. (2011): »Structurally anchored organizational democracy: Does
it reach the employee?« In: *Journal of Personnel Psychology,* 10 (3), S. 118–132

Unterrainer, C. (2012): *Organisationale Demokratie. Der Einfluss von strukturell ver-ankerter und individuell wahrgenommener Mitbestimmung auf demokratieförderliche Handlungsbereitschaften der ArbeitnehmerInnen in Wirtschaftsbetrieben.* Dissertation an der Fakultät für Psychologie und Sportwissenschaft der Leopold-Franzens-Universität Innsbruck

Vliet, M. van der (2012): An Alternative Organizational Model: Workplace Democracy. Master Thesis. Department of Organization & Strategy, Faculty of Economics and Business Administration, Tilburg University

Weber, W. G. (1999): »Organisationale Demokratie«. In: *Zeitschrift für Arbeitswissenschaft,* 53(25NF), S. 270–281

Wegge, J. (2004): *Führung von Arbeitsgruppen.* Hogrefe-Verlag

Auf den Kopf gestellt

Egger, U. (2011): »Eine Bank baut um«. In: *Genograph* 7/201, S. 8–11

Gysinn, A.; Capriuoli, T. (2015): »Die hierarchiefreie Bank – Umsetzungsschritte und Erfahrungen«. In: Seidel, M.; Liebtrau, A.: *Banking & Innovation 2015. Ideen und Erfolgskonzepte von Experten für die Praxis.* Wiesbaden: Springer Gabler, S. 85–91

Volksbank Heilbronn (2012): Geschäftsbericht

Volksbank Heilbronn (2013): Geschäftsbericht

Volksbank Heilbronn (2014): Geschäftsbericht

Zeuch, A. (2014): Interview mit Thomas Hinderberger. April 2014

Unternehmensdemokratie: q.e.d.

Belitz, W. (Hrsg.) (1998): »*Vorwärts und nicht vergessen …« Das Reformunternehmen Hoppmann 1961–1997.* Hille: Ursel Busch Fachverlag

Czada, R. (2010): »Erfolg ohne Nachahmer«. In: *Zeitschrift für Personalforschung* 24(3), S. 297–311

Frühbrodt, L. (2014): »Das soziale Stiftungsunternehmen. Modell für eine reformierte Wirtschaftsordnung? Gegenblende«. In: *Das gewerkschaftliche Debattenmagazin* Nr. 25, Januar/Februar 2014. Online erschienen 09.01.2014

Hoppmann-König, K. (2006): *Mehr Gerechtigkeit wagen. Autobiographische Collage.* Münster: LIT Verlag

Hoppmann Autowelt (2011): »Mitarbeiterbeteiligung bei Hoppmann«. Broschüre der Martin Hoppmann GmbH

Wächter, H.; Jochmann-Döll, A. (2009): »Das Hoppmann-Mitbestimmungsmodell in Siegen. Analyse der Entwicklungen seit 1961«. Hans-Böckler-Stiftung, Arbeitspapier 166

Wächter, H. (2009): Economic Democracy – Mission Impossible? (unveröffentlichtes Manuskript)

Wächter, H. (2010): »Möglichkeiten und Grenzen der Wirtschaftsdemokratie: Der Fall Hoppmann«. In: *Zeitschrift für Personalforschung,* 24(1), S. 7–28

Zeuch, A. (2014): Interview mit Bruno Kemper. April 2014

Evolution der Revolution

Haufe-Lexware GmbH & Co.KG. (2014): »Express-Umfrage zum Thema ›Mitarbeiter und Mitentscheider‹«. Studie 2014. Haufe-Lexware GmbH & Co.KG. (Download: http://bit.ly/1d2pk3g)

Stoffel, M. (2014): »Gewählt führen«. Interview von Tatjana Krieger. *changeX*, 11.02.2014

Stoffel, M. (2014): »Energie durch Demokratie«. Vortrag bei der Messe Personal Süd, 20.05.2014

Zeuch, A. (2014): »Strategieentwicklung und Belegschaft. Vielfalt schlägt Einfalt«. In: Becker, L.; Gora, W.; Michalski, T. (Hrsg.): *Business Development Management. Von der Geschäftsidee bis zur Umsetzung.* Düsseldorf: Symposion, S. 217–230

Zeuch, A. (2014): Interview mit Marc Stoffel. Mai 2014

Zeuch, A. (2015): Interview mit Hermann Arnold. April 2015

Rundum bunt

Borck, G. (2011): *Affenmärchen. Arbeit frei von Lack und Leder.* Edition sinnvoll · wirtschaften.

Hergert, S., Wocher, M. (2014): »Mehr Platz für Querdenker«. In: *Handelsblatt.* http://bit.ly/1IvlY3B (Stand: 11.06.2015)

Kaudela-Baum, S. et al. (2014): *Innovation Leadership. Führung zwischen Freiheit und Norm.* Wiesbaden: Springer.

Müller, U. R. (1997): *Machtwechsel im Management.* München: Heyne

Nürnberger, A. (2014): »Farbenwerke auf einem alles außer gewöhnlichen Weg«. In: *Durchblick,* 12/2014, S. 10

Pfläging, N. (2003): *Beyond Budgeting. Better Budgeting.* Planegg/München: Haufe

Zeuch, A. (2010): *Feel it! So viel Intuition verträgt Ihr Unternehmen.* Weinheim: Wiley

Zeuch, A. (2014): Interview mit Angelika Nürnberger. Oktober 2014

Vom Glück inspiriert

AusZeit. Das Upstalsboom-Magazin. Edition No. 1, 2014

Braun-Hoeller, X. (2014): »Vom Hamsterrad zum Fels in der Brandung«. Interview mit Bodo Janssen. http://bit.ly/1DOIUuT (Stand 12.02.2015)

Fournier, C. von (2013): *Exzellente Unternehmen.* Band 1: *Dienstleistung.* Neudrossenfeld: SchmidtColleg Verlag, S. 198–2011

Gründling Wertekommunikation (2013): »Der Upstalsboom Weg«. https://www.youtube.com/watch?v=WpssQiPJx08

Laudenbach, P. (2014): »Wir haben keine Angst mehr«. In: *brand eins,* 05/2014, S. 118–123

Upstalsboom (2013): Leitbildentwicklung. https://www.youtube.com/watch?v=fwUBOC3f89A

Zeuch, A. (2010): *Feel it! So viel Intuition verträgt Ihr Unternehmen.* Weinheim: Wiley

Zeuch, A. (2015): Interview mit Bodo Janssen. März 2015

Mitbestimmt gesund

Giesert, M. (2010): *Zukunftsfähige Gesundheitspolitik im Betrieb. Betriebs- und Dienstvereinbarungen. Fallstudien.* Eine Schriftenreihe der Hans-Böckler-Stiftung. Frankfurt: Bund Verlag

Leyk, D.; Rohde, U.; Hartmann, N. (2014): »Ergebnisse einer betrieblichen Gesundheitskampagne: Wie viel kann man erreichen?« In: *Deutsches Ärzteblatt*, 111(18), S. 320–327

Zeuch, A. (2015): Interview mit Wilfried Stenz. März 2015

Anfang und Ende

Projekt Bank für Gemeinwohl

Projekt Bank für Gemeinwohl (2014): »Vision. Bank für Gemeinwohl«. (PDF, Stand Dezember 2014)

Projekt Bank für Gemeinwohl (2015): Kurzinformation Projekt Bank für Gemeinwohl. (PDF, Stand Januar 2015)

www.mitgruenden.at-Homepage des Projekts Bank für Gemeinwohl

Zeuch, A. (2015): Interview mit Markus Stegfellner. März 2015

Wagner & Co. Solartechnik GmbH

Brinkmann & Partner (2014): Wagner & Co. Solartechnik GmbH stellt Insolvenzantrag. www.brinkmann-partner.de, 24.04.2014

Heup, J. (2014): Niederländer übernehmen deutschen Solarpionier. www.neueenergie.net, 08.09.2014

Ntemeris, A. (2014): Firma aus Holland kauft Wagner Solar. www.op-marburg.de, 08.09.2014

Sunstein, C.; Hastie, R. (2015): »Die intelligente Gruppe«. In: *Harvard Business Manager*, Februar 2015, S. 2–12

Vorsatz, W. (2014): Sanderink übernimmt Wagner & Co., http://bit.ly/1L7EK4v, 09.09.2014

Zeuch, A. (2015): Interview mit Thomas Payer. März 2015

Zeuch, A. (2015): Interview mit Guido Kroll. April 2015

Quer durch den Garten

Cecosesola (2013): *Auf dem Weg. Gelebte Utopie einer Kooperative in Venezuela.* Berlin: Die Buchmacherei

Chouinard, Y. (2010): *Lass die Mitarbeiter surfen gehen! Die Erfolgsgeschichte eines eigenwilligen Unternehmers.* München: Redline

Krieger, T. (2014): »Expertise statt Hierarchie«. In: *changeX*, 06.06.2014

Lohmann, D. (2012): *... und mittags geh ich heim. Die völlig andere Art, ein Unternehmen zum Erfolg zu führen.* Wien: Linde International

Maturana, H.; Varela, F. (2009): *Der Baum der Erkenntnis: Die biologischen Wurzeln menschlichen Erkennens.* Frankfurt/Main: Fischer

Pflüger, Gernot (2009): *Erfolg ohne Chef. Wie Arbeit aussieht, die sich Mitarbeiter wünschen.* Berlin: Econ

Eine Frage der Haltung

Dobelli, F. (2011): *Die Kunst des klaren Denkens: 52 Denkfehler, die Sie besser anderen überlassen.* München: Hanser

Hartkemeyer, M.; Hartkemeyer, J. F.; Dhority, L. F. (1999): *Miteinander denken. Das Geheimnis des Dialogs.* Stuttgart: Klett-Cotta

Hartkemeyer, J. F.; Hartkemeyer, M.: (2005): *Die Kunst des Dialogs. Kreative Kommunikation entdecken. Erfahrungen, Anregungen, Übungen.* Stuttgart: Klett-Cotta

Ottmanns, T.; Nemeyer, D. (2009): *Machtfrage Change.* Frankfurt/Main: Campus

Owen, H. (2007): »Opening Space für Nichtwissen«. In: Zeuch, A. (Hrsg.): *Management von Nichtwissen in Unternehmen.* Heidelberg: Carl-Auer, S. 151–176

Owen, H. (2011): *Open Space Technology: Ein Leitfaden für die Praxis.* Stuttgart: Schäffer-Poeschel

Paulus, G. et al. (2010): *Systemisches Konsensieren. Der Schlüssel zum gemeinsamen Erfolg.* Holzkirchen: Danke-Verlag

Rüther, C. (2010): *Soziokratie. Ein Organisationsmodell.* Seminarunterlagen und Einführungstext. Erhältlich unter: www.soziokratie.org

Sunstein, C. (2009): *Infotopia. Wie viele Köpfe Wissen produzieren.* Frankfurt/Main: Suhrkamp*

Sunstein, C.; Hastie, R. (2015): »Die intelligente Gruppe«. In: *Harvard Business Manager*, Februar 2015, S. 2–12

Waldherr, G. (2009): »Die ideale Welt«. In: *brand eins*, 01/2009, S. 1–7

Wittrock, D. (2007): Was heißt »integrale Organisation«? In: *Integrale Perspektiven, (5)*, 4–11.

www.soziokratie.org/was-ist-soziokratie/

Zeuch, A. (2005): »Unternehmenstheater im Mittelstand«. In: Schettgen, P.; Niederhammer, U. (Hrsg.): *Zündstoff Personal!? Managementperspektiven für den Mittelstand.* Augsburg: Ziel Verlag, S. 78–91

---

* Nähere Informationen zu diesem Buch finden Sie in meinem Rezensionsblog unter www.zeuchsbuchtipps.de/infotopia/